국가직무능력표준(NCS)에 따른

일식조리

오혁수 · 이성희 · 김홍열 · 송청락
김현룡 · 정수식 · 송승헌 · 송용도 · 여서구 공저

光 文 閣
www.kwangmoonkag.co.kr

머리말

1986년 아시안게임과 1988년 서울올림픽을 계기로 발전한 외식산업.
대학을 졸업할 그 즈음 많은 고민 끝에 결정한 조리사라는 직업……
호텔 조리가 이제 막 알려지기 시작했지만 그 당시 대학 졸업장을 꺾고서
'조리' 직종에 뛰어든 나를 기이하게 바라보던 주변 시선들……

그 후 뼈저리게 피곤함을 느끼면서도 별을 보며 출퇴근하는 생활 속에서
다시 시작한 공부.
동료들에게 뒤지지 않기 위해 틈틈이 공부했던 일본어와 컴퓨터
두 번의 대학원 진학의 고배를 마신 뒤 시작한 동국대학교 식품공학 석사 과정,
그 과정을 철저하게 충실코자 날마다 밤을 지새우던 날들……

그 결과 1996년도에 석사학위를 수여받고
1998년 국내 최초 일본요리 전임교수로 임용받아
대학교단에서 조리하기 시작한 지 벌써 15년째……
그 후 계속 공부하여 박사학위도 받고
관련된 여러 단체에서 활발한 활동을 하였지만
아직도 많은 부족함이 느껴지는 것이.

세상도 변하고 요리도 변하지만 아직도 변하고 싶지 않은 그때의 열정으로
새로이 일본요리를 배우고자 하는 분들을 위해
뜻을 같이 하시는 여러 교수님들의 뜻을 모아 정성스럽게 만들어 보았습니다.
이 작은 정성이 조리업계에 첫발을 들여 놓을 여러분들에게 등대와 같은 역할을
할 수 있기를 소망합니다.
끝으로 이 책이 출판되기까지 깊은 관심과 애정을 가지고 애써 주신
광문각출판사 박정태 대표님과 임직원 여러분께 깊은 감사 드립니다.

2020년 3월
저자

목차

[복어조리]

[중급 일본요리]

01

일본요리의 개요

일본요리는 눈으로 먹는 요리이며, 외부로부터 맛을 첨가하는 것이 아니고, 소재가 가지고 있는 본래의 맛과 멋을 내부로부터 이끌어 내는 요리라고 할 수 있다. 그 때문에 사계절을 중요시 하고, 소재의 맛과 색을 살려내어 섬세한 감각의 그릇과 조화를 이루며 아름답게 담아내는 것이다. 이와 같은 일본요리는 외국의 조리법을 받아들여 자신들의 것으로 재창조 하여 낸 경우도 적지 않다. 그러나 그러한 요리도 외국인들에게 일본요리로서 인정을 받고 있으며, 현재 세계인들의 입맛을 이끌고 있는 것이다. 이러한 일본요리를 올바르게 이해하기 위해서, 일본요리의 역사적인 흐름과 전통, 식생활의 흐름, 기본적인 조리법 등에 대한 지식이 필요하다고 하겠다.

Japanese Food

01 일본요리의 개요

1. 일본과 일본음식

1) '일본' 이라는 나라

동아시아 끝자락에 위치하였으며 태평양 연안에 있는 섬나라로서, 북쪽으로는 홋카이도에서 시작하여 혼슈와 시코쿠에서 규슈에 이르기까지 4개의 큰 섬과 4,000개 이상의 작은 섬들로 이루어져 있으며, 면적은 한반도의 2배 정도인 38만 ㎢이다. 일본의 지형은 거의 산이 차지하고 있어 경작 가능한 땅은 16%에 불과하다. 주거 지역이 상당히 제한되어 있음에도 불구하고 인구는 세계에서 7번째로 많은 나라이고, 인구 밀도는 세계 4위나 된다. 또한, 일본 열도는 지구상에서 가장 지층이 불안정한 지역에 속해 있어서, 지진과 화산 활동이 활발하다. 환태평양 화산대에 속하는 일본 열도 전체가 화산과 온천으로 이루어져 있어 항상 지진과 화산 폭발의 가능성을 가지고 있기 때문이다. 남아 있는 활화산은 약 67개이며, 일본에서 가장 높은 산인 후지산(해발 3,766m)이 대표적인 화산으로 1707년을 마지막으로 오랜 휴면 상태에 들어갔다.

길게 뻗어 있는 지형으로 인하여 기후도 큰 차이를 보이고 있는데, 북쪽의 홋카이도는 겨울이 길고 눈이 많이 오며, 남쪽으로 내려오면서 고온 다습한 기후를 보이고 있다.

일본은 섬나라이면서도 한쪽으로는 대륙과 반대편으로는 대양과 마주하고 있어, 중국과 한국, 서구 문물의 영향을 쉽게 받아들이면서 문화의 발전을 이루었다. 쌀을 주식으로 하면서도 해산물과 채소류 등의 조리법을 발달시키면서, 대륙과 대양의 문화를 흡수하여 식문화를 재창조해 내는 결과를 내보였다. 그리하여 색상과 계절감을 살린 조리법이 개발되었으며, 서구의 메뉴를 일본식으로 받아 들여 일본요리의 메뉴로 만들거나, 일본의 요리에 서구의 방식을 도입하여 잘 조화시킨 요리들이 발전하게 되었다.

● 일본지도

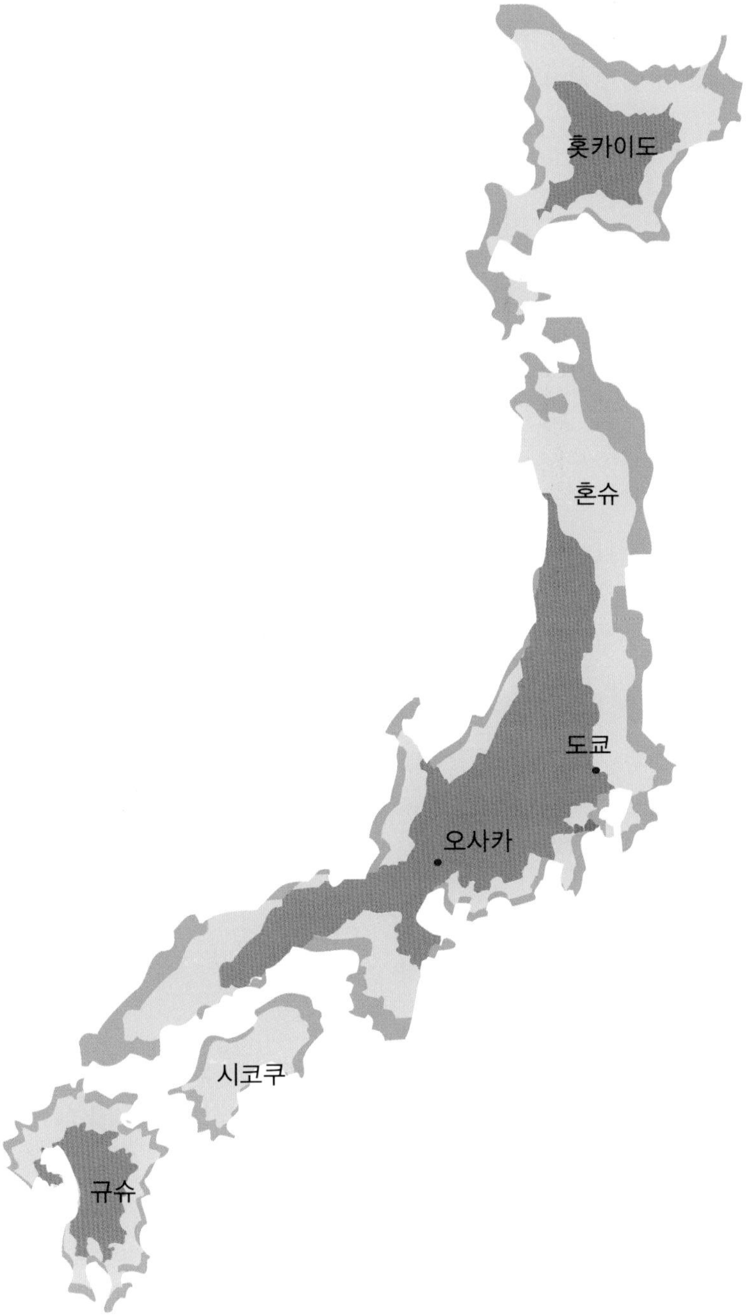

일본요리를 연구해 보면 일본식의 음식으로 느껴지는 것들도 많지만, 그 조리법이나 형태에서 중국풍, 서구풍, 한국풍 등의 향취를 느끼게 되는 대목들을 만나게 되기도 한다. 따라서 현대에 오면서 다국화되어진 일본 가정의 식탁을 엿볼 수 있게 되었으며, 길거리에서도 어렵지 않게 국제화된 일본요리의 모습을 발견할 수 있지만, 그래도 일본 전통의 방식을 고집하며 맛과 형태를 지켜오는 자존을 보이는 부분도 발견되곤 한다.

2) 일본요리의 역사

일본요리의 형식이 완성된 것은 에도시대(1600~1867)지만, 특별히 크게 변화가 있었던 것은 나라시대(710~784)와 근대라고 할 수 있다. 나라시대에는 당나라의 양식이 들어왔고, 근대에는 온갖 모든 나라의 양식이 가정생활에까지 영향을 미쳤다. 나라시대에는 사상, 종교와 같이 식사 양식이 유입되어 일본요리의 기초가 되었고, 현재까지 풍습, 습관과 같이 생활 가운데까지 잔재해 있는 것도 많이 있다.

(1) 원시시대(기원전 6,000년~서기 200년)

죠몬식토기시대(繩文式土器時代)라고도 하며, 그 기간이 무척 길지만 변화는 별로 없다. 공동생활과 자연 채집을 하였고, 석기는 식물 채집이나 조리용으로 사용하였으나 농업을 한 흔적은 찾아볼 수 없다. 곡물이나 어패류, 해조류, 채소류, 새, 짐승 등의 고기를 초기에는 주로 생식을 했으나, 나중에는 구워서 먹었을 것으로 추측된다.

(2) 고대시대(3~4세기경)

야오이식토기시대(弥生式土器時代)에는 쌀, 보리 등의 농산물들을 재배하였으며, 주식과 부식이 분리된 때이기도 하다. 청동기와 철기를 동시에 사용한 것이 특징이다. 산초가 향신료로 쓰이기 시작했고, 아마즈라(담쟁이, 돌외)의 즙을 감미료로 사용하였다. 조리 도구로서는 토기, 석기에 목기까지도 사용하였다.

(3) 야마토시대(4~8세기경)

농업이 촉진되고 밭의 소유가 시작되었다. 씨족사회 및 가부장적이며, 귀족과 농노의 계급이 분명하였다. 식물의 가공이 시작되었고, 발효품으로 감주나 탁주,

그리고 간장의 전신인 히시오 등이 사용되었다. 동물성 식품의 산이나 들의 짐승으로는 사슴, 산돼지, 원숭이, 토끼, 여우, 살쾡이 등이고, 조류로는 산새, 학, 기러기, 오리, 도요새 등이며, 어류로는 도미, 농어, 참치, 다랑어, 오징어, 문어, 게, 은어, 붕어, 잉어와 패류로는 전복, 대합, 소라, 굴, 섬게, 해삼류 등이다.

(4) 나라시대(710년~784년)

당나라와 정식 국교가 시작되면서 정치, 경제, 문화 등의 모든 분야에서 당을 모방하게 되었다. 바로 이전에 들어온 불교의 영향으로 일절 육식을 금하기도 하였다. 설탕이나 참기름 등이 조미료로 쓰이기 시작하였으며, 매실에서 식초를 얻고, 향신료로 와사비와 생강순을 사용하였다. 생선은 생식하기도 하고, 밥과 소금을 넣어 발효시킨 것도 있었다.

(5) 헤이안시대(794~1192년)

귀족과 서민과의 식생활의 차이가 현저히 나타났으며, 식탁은 조미나 영양보다는 담는 것에 주의하여 눈으로 보는 요리를 만들게 되었다. 이것이 후세의 일본요리의 형식의 기초가 되었다. 장아찌나 어묵 등이 이때부터 시작되었으며, 향응상이나 접대상 등이 발전하기 시작하였다.

(6) 가마쿠라시대(1192~1333년)

전통적인 일본요리인 화식이 발달한 시대. 그러나 식사에 관해서는 형식적인 것보다는 간소하지만 자유스럽게 선택할 수 있었다. 중국과 불교의 영향을 받아 전래된 쇼진요리(精進料理)와 후차요리가 독자적으로 발전한 시기이다.

(7) 무로마치시대(1392~1573년)

이 시대의 정식으로 향응요리로서 혼젠요리가 자리를 잡았으며, 이것의 발전과 차의 보급으로 인하여 가이세키요리가 등장하게 되었다.

(8) 모모야마시대(1573~1600년)

도요토미히데요시가 대부분 집권하던 시대로서 문화가 발전한 무사시대이다. 무로마치시대에 시작된 다도를 완성한 가이세키요리가 확립이 되고, 남만요리(파를 소고기나 닭고기에 생선 등을 섞어서 졸인 음식)의 도래로 일본요리가 발전되었다.

(9) 에도시대(1600~1867년)

시대가 발달하면서 영양, 소화, 진료, 보건, 질병 예방 등의 지식도 조금씩 식생활 속에 나타나게 되었다. 이때에는 각 시대의 각종의 요리를 흡수하고, 그 위에 발전하여 온 일본요리의 융성의 시기이다. 새로운 형태의 가이세키요리가 발달하였다.

(10) 메이지, 다이쇼시대(1868~1926년)

메이지덴노시대의 일본의 연호로서 메이지유신 이후 천황을 중심으로 근대적 개혁과 발전을 이루었다. 문명의 개화와 함께 외국의 요리도 급격히 들어오게 되어 일본의 식생활에 엄청난 변화를 일으켰다. 그동안 금기시해 오던 육류의 식품 사용이 가능해지고, 수입식품과 양식조리법이 보급되었으며, 각종 유제품과 빵, 요리 등을 받아들여 독특한 형태로 발전시킨 시기이다.

(11) 제2차 대전 전(1925~1945년)

메이지 이후 문명개화 운동의 하나로서 서양식 식품과 요리, 또는 조리법이 정부의 방침으로 수입되었다. 백화점의 식당에 일본식, 서양식, 중국식의 요리가 줄지었으며, 지방의 역이나 여관을 중심으로 음식점들이 생겨났으며, 가정요리의 재료까지도 서양과 중국풍으로 근접해 있었다.

(12) 제2차 대전 후(1945~1975)

종전 후 식량난이 이어졌으나 미국으로부터 다량의 식품(주로 옥수수와 밀가루), 조미료(설탕 등)가 공급됨으로 인해 일본인의 식생활도 상당히 큰 변화가 초래되었다. 빵이 밥보다 영양이 좋다고 선전도 하였으며, 과자도 생겨나게 되었다. 그러나 된장, 두부, 김 등의 일본적인 것의 소비량은 감소하지 않았고, 간장 등은 해외로 수출하여 세계의 조미료로서 알려지게끔 하였다. 프로판 가스의 배급과 조리기구의 전자식으로의 변화, 냉동식품 및 캔 제품의 등장 등이 일본의 식생활 문화에 큰 변화 및 발전을 가져다주었다.

(13) 근대 이후

현대로 접어들면서 일본의 음식문화는 세계 속으로 들어가 싹을 틔우고 꽃을 피웠다. 그 가장 중요한 요인 중의 하나는, 일본의 음식 모형을 그대로 유지하기보다는 현지의 재료와 현지인들의 입맛에 맞는 조리법을 개발하여, 외국인들이 일본음식 메뉴로서 거리감이나 부담감 없이 접근할 수 있도록 친근감 있는 담백한 음식으로 각인시키는데 성공했기 때문이라고 할 수 있다. 날생선을 기피하는 서구인들에게 오징어, 새우, 장어, 문어 등의 익힌 재료나, 가공한 참치캔과 훈제 연어 등을 이용한 롤스시 등을 재개발해 냄으로써 거부감 없이 받아들이도록 한 것을 기점으로 하여 포르투칼의 튀김의 영향을 받아 만들어낸 일본식 튀김 '덴푸라'를 동반시켜 더욱 친밀감을 느끼게 하였던 것이다.

이러한 노력의 시작은 1964년 동경올림픽에서 열매를 맺었다. 일본요리에 쉽게 접근할 수 있도록 하는 방안을 고민한 결과로 개발된 일명 '뎃판야키(철판구이)'의 탄생인 것이다. 이것은 서양인들이 좋아하는 버터와 채소, 육류 등을 철판에서 즉석으로 볶아 주는 요리이다. 얼핏 보면 서양요리에 가깝지만, 사용하는 간장과 참깨, 양파, 겨자 등을 사용하는 소스에서 일본요리의 맛과 정취를 은근하게 풍겨주고 있는 것이다. 더욱이 고객 앞에서 즉석으로 조리하는 과정을 보면서 대화와 조리 액션과 함께 식사가 진행되는 매력에 상당한 인기를 끌었던 것이다.

우리나라에서의 일본요리는 일본요리 전문 레스토랑의 모습에서 회전초밥, 스시 및 해산물 뷔페 등으로 변화무쌍하게 발전하고 있으며, 단품점으로는 일식주점, 면요리, 덮밥, 횟집 등의 모습으로 성업 중에 있다. 이제는 스시, 사시미 하면 당연히 일본요리로서 세계 어디를 가나 각광과 인기를 한 몸에 누리면서 값비싼 고급 요리로서 확고한 위치를 차지하고 있다. 대한민국의 한식 요리도 이러한 행보에 민감하게 반응하여 한국요리의 세계화를 위한 노력을 게을리 하지 않도록 해야 할 것이다.

3) 일본의 음식문화

(1) 일본 음식의 특징

① 식재료가 지닌 고유의 맛과 색, 향과 모양 등을 중요시한다.

복잡하게 강한 향신료 등으로 맛을 내는 것이 아니라, 재료의 맛을 그대로 살려 내려는 노력이 일본요리의 조리법이다.

② 다시가 기본이다.

다시마, 가다랑어포(가쓰오부시), 정어리, 고등어, 멸치, 닭고기, 말린 표고버섯 등의 재료를 사용하여 국물을 우려내어 사용한다.

③ 계절감을 중시한다.

일본의 음식은 '눈으로 먹는다.' 라는 말이 있을 정도로 계절의 표현과 색감을 중요하게 여긴다. 음식이나 그릇, 곁들임 장식으로서 계절을 느끼게 한다. 또한 계절적으로 순(제철)에 맞는 재료를 사용하여 재료의 형태와 맛을 살리는데 주력한다.

(2) 일본음식 문화의 특징

① 주식과 부식이 구분

우리나라와 같이 밥을 주식으로 하며, 부식으로 반찬이 이용된다. 사용하는 채소나 식재료도 거의 유사하나 조리 및 가공 방법에서 다소 특성의 차이가 난다.

② 콩과 콩을 가공한 식품의 사용

콩을 가공하여 두부, 유부, 된장, 간장, 낫또(일본식 청국장) 등을 만들어 직접 먹거나 또는 조리 및 재가공하여 이용한다.

③ 식기의 사용

일본요리의 식기는 용도별로 우리보다 더욱 세분화되어 있으며, 요리마다 1인분씩 따로 담아 먹으며, 대체적으로 소식한다. 요리를 담을 때에도 기물과 공간 및 색상의 조화를 이루며, 그릇에 담는 요리의 양도 적고 섬세하고 화려하다.

④ 젓가락의 사용

숟가락은 없고 젓가락만을 사용하여 음식을 먹으며, 국을 먹을 때에는 건더기는 건져 먹고 국물은 젓가락을 대고 누르면서 건더기가 흐르지 않도록 하면서 마신다. 최근에는 달걀찜이나 우동국물 등을 수저로 먹기도 하며, 죽을 먹는 수저는 중국의 영향을 받아 만든 것을 사용한다.

⑤ 어패류의 이용

섬나라로서 특히 해산물의 요리가 발전하였고, 날로 먹을 수 있는 조리 방법이 다양하게 개발되어 있으며, 신선도와 위생을 제일 중요시한다.

(3) 절기 및 행사 음식

우리나라와 유사하게 농경생활을 영위했었던 일본은 절기에 따라 음식을 다양하게 만들어 먹는 풍습이 이어져 오고 있다. 이는 자연신을 믿던 우상숭배의 기본이 깔려 있기도 하지만, 축제에 가까운 절기 행사로 가족이나 친지, 손님들에게 대접하기 위한 음식문화로서도 자리 잡혀 있다.

적색을 기쁨과 행운의 색이라 생각하여 개인 또는 국가의 경축일에 팥을 섞어 넣은 찰밥(세키항)을 지어 먹으며 축하의 의미를 되새긴다.

정초나 축하일에는 찰떡을 만들어 먹고, 생일에는 등이 휠 때까지 장수하라는 의미로 새우나 가재를 삶아 조리하여 먹으며 지낸다.

또한, 새해 음식으로 대표적인 것이 오세치요리인데 멸치, 토란, 고구마, 연근, 새우, 청어알, 다시마, 콩조림 등의 요리가 들어가는데, 이는 장수와 건강을 비는 의미가 있다.

4) 식사법

(1) 일반적인 마음가짐

음식이라는 것이 본디 굶주림을 견디기 위한 행위로 시작되었지만, 그 후 먹는다는 행위가 풍속, 습관, 취미, 기호 등에 따라 각각의 형식이나 유행을 만들고, 지방이나 나라의 전통의 영향을 받아 모양이 만들어졌다. 일본은 특히 행사나 예법의 전통을 중시하여왔다. 그러나 식습관의 근대화, 서양화, 사회화에 의해 식사의 형식이나 예법이 어리석다고 하거나, 젓가락질을 잘 하지 못하는 사람들도 많이 생겨나고 있다.

자기 혼자서 먹는 식사는 아무래도 상관이 없지만, 현대는 가정에서 하는 식사 이외에도 회식의 기회도 많이 있다. 타인과의 회식은 뭔가 형식적이어야만 한다는 얘기는 아니다. 식사에 제한받지 않는 것도 있지만, 가장 중요한 것은 남에게 폐를 끼치거나 불쾌함을 느끼지 않도록 하는 것이다. 자기 혼자 식사를 하는 경우에는 큰 그릇에 입을 대거나 손으로 붙잡고 먹어도 상관이 없다. 하지만, 몸에 붙은 습관은 사람들 앞에서 조심하여도 나타나는 경우가 많다. 보통 때의 마음가짐으로 자연스럽게 나타나는 것이 중요하다. 그것을 위하여 최소한의 규칙을 알아두어 일상적으로 지켜가며 생활하는 것이다. 형식이나 체제를 숙지하고, 즐기는 분위기 중에서도 절도가 있는 태도가 요구되는 것이다.

(2) 식사 예절

밥은 작은 공기에 두 세 번 정도 먹고 더 먹고 싶다면 조금 남긴다. 젓가락에서 젓가락으로 음식을 옮기는 것은 금기이다. 한 그릇만 먹으면 실례다(한 번만으로는 인연이 끊어진다고 생각). 식사 중 자연스레 이야기하지만 음식물이 입 밖으로 튀어나오는 말, 재채기, 하품 등은 금물이다. 음식을 먹을 때 소리를 내지 않지만, 우동이나 소바류는 후루룩 소리를 내며 먹어야 맛있게 먹는 것으로 이해한다. 이상은 일반적인 일본요리 예절의 기본이고, 다음에 나오는 것은 정찬 모임에서의 식사예절이다.

① 요리의 형식에 따라 음식이 나오는 순서를 미리 숙지한다.
② 요리가 주빈부터 앉은 순서대로 제공되므로, 자기 앞에 식사가 왔을 경우 다음 사람에게 "먼저 실례하겠습니다."라고 양해를 구한 다음에 식사를 하며, 이런 말을 듣게 되는 경우에는 가볍게 응답한다.
③ 음식이 나오면 주인은 일동에게 인사하며 편하게 먹도록 권한다. 주빈은 일동에게 인사하고, 일제히 음식의 뚜껑을 양손으로 동시에 잡는다. 서로들 인사하며 뚜껑을 열어 음식의 좌우 측에 놓는다.
④ 젓가락을 잡고 국과 음식을 먹는다. 처음에는 음식의 우측을 향해 놓았었지만, 일단 음식을 묻힌 젓가락은 묻어있는 방향이 좌로 향하게 놓는다.
⑤ 전채 요리를 먹고 국을 마신 다음 생선회를 먹는다. 국은 뜨거울 때 마시고, 스이구치는 향을 즐긴 다음 나중에 먹으며, 다 먹은 다음에는 뚜껑을 닫아 놓는다.
⑥ 보통은 구치도리, 야키모노, 니모노, 스노모노, 도메완, 고항, 쓰케모노의 순으로 제공되고, 맨 나중에 과일과 녹차가 나오는 경우가 많지만, 순서는 메뉴를 계획하는 사람의 의도에 따라 일정하지 않을 수도 있다.

⑦ 음식은 남지 않도록 다 먹는 것이 좋고, 도저히 먹을 수 없는 경우에는 조금이라도 맛을 보고, 많이 남긴 경우에는 싸달라고 하여 가져가도 좋다.

⑧ 가이세키(회석)요리의 경우 나오는 음식을 어떻게 먹어도 상관은 없으나, 흘리지 않도록 주의해야 한다.

⑨ 술을 전혀 마시지 못하더라도 첫 잔은 받아 한 입 정도만 입에 댄다. 그 후에는 권하는 술잔을 사양하여도 실례가 되지 않는다.

⑩ 냅킨이나 오시보리(물수건)로 입술을 닦지 않도록 한다.

(3) 차(茶 : ちゃ)

일본의 음식문화에서는 차를 빼어 놓을 수 없을 정도로 차를 마시는 것이 생활화되어 있다. 원래는 불교의식에서 전래되었다고 알려져 있으며, 녹차를 즐겨 마시는데 나름대로 다도가 확립되어 있지만, 일반적으로는 두 손으로 찻잔을 들고 왼손으로 찻잔을 받친 다음 오른손으로 잡고 가급적이면 소리 없이 마시는데, 뚜껑이 있으면 마신 후 덮어준다. 차의 종류는 상당히 다양하지만 대표적인 예를 들면 다음과 같다.

① 센차 – 달인 녹차

중국식 달인 녹차로서 어린 잎을 말려 우려낸 차로서 이를 만들고 남은 잎으로 만든 것을 반차라고 한다.

② 호지차

반차를 강하게 볶아낸 녹갈색의 차를 말하며, 특유의 강한 볶은 향취가 있고 맛이 담백하여 일상의 식사에 이용된다. 반차는 우려먹거나 끓여 먹기도 한다.

③ 겐마이차 – 현미차

현미를 볶아 향을 내어 만든 차로서 녹차와 섞어서 사용한다. 구수한 맛이 난다.

④ 교쿠로차 – 옥로차

센차를 건조시킬 때 손으로 비벼서 만들어낸 차로서 고급 녹차이며, 값도 비싸지만 맛과 향이 더욱 강하다.

2. 일본요리의 형태

1) 쿄오료리(饗應料理 : きょうおうりょうり)－향응요리 : 궁중행사요리

헤이안시대 궁중에서 궁중행사 의식이나 대신 임관 등의 행사가 행해진 향응의 연회요리를 말한다. 밤, 마른 감 등의 과자, 전복찜, 연어요리 이외에도 잉어나 농어 등의 생물도 이용되었다. 조미료는 소금, 식초, 간장, 된장 등이 이용되었고 담는 그릇도 은이나 동제 등의 그릇을 사용하였다.

2) 쇼진료리(精進料理 : しょうじんりょうり)－정진요리 : 사찰요리

불교 사상을 기본으로 한 요리로서, 불사의 제에 이용되던 음식이다. 동물성 재료를 피하고 주로 식물성 재료를 이용하였다. 정진이라는 것은 불교의 말에서 잡념을 제거하고 몸을 깨끗이 하며, 마음을 수양하는 것이다. 살생과 육식을 금지한 불교의 가르침으로부터 쇼진요리가 생겨났다. 본래 사원에서의 요리가 있지만 요리의 형식으로서 일반적으로 알려진 것은 가마쿠라시대부터 무로마치시대에 걸쳐 선종이 전하여 보급되는 것에 관계한다. 현재 쇼진요리라고 하는 것은 일반적으로 동물성 재료를 사용하지 않는 요리를 말한다. 동물성 식재료를 사용하지 않고서도 채소, 해조류, 마른 채소, 가공품 등을 식물성 기름, 된장 등을 활용하여 조리하였다. 영양적으로도 밸런스가 좋은 것이다. 다시마와 건 표고버섯에서 다시 국물을 얻고, 채소와 두부 등의 콩 가공품을 주로 사용하였다. 이것들은 서민 사이에서도 보급되어 불사의 식사는 원래부터 일상의 식사로서 현재도 보급되고 있는 것이 많다.

3) 혼젠료리(本膳料理 : ほんぜんりょうり)－본선요리 : 의례요리

무가의 예법 확립을 위해 시작되었으며, 에도시대인 1800년대에 발달한 요리로서 메이지시대까지 이어져 왔었으나 현재는 거의 쇠퇴하였고, 관혼상제 등의 의례적인 요리에 그 자취가 남아있는 정도이다.

혼젠요리는 시대에 따라 그 내용과 형식이 변화하였으며, 무로마치시대, 무가의 예법의 확립을 위하여 향연의 형식이나 요리도 정하여졌다.

4) 난반료리(南蛮料理 : なんばんりょうり)－남만요리 : 남만(포루투갈, 스페인)식 요리

무로마치시대 말기부터 에도시대 초기에 걸쳐서 재외국과의 통상이 성행하게 된다. 통상 대상국인 스페인, 포르투갈 등을 총칭하여 남만이라고 부르고 그들의 나라에 의해 받거나, 경유하여 도래한 조리법이나 재료를 이용한 요리를 중국의 요리 방식과 혼합하여 만들어진 요리를 남반요리라고 칭한다. 유명한 남반요리에는 텐푸라나 난반니, 남반쓰케 등이 있다.

5) 가이세키료리(懐石料理 : かいせきりょうり)－회석요리 : 다도(茶道)요리

차를 마시기 위해 다석에서 제공되는 요리로서, 차가이세키라고도 한다. 진한 차를 공복에 마시면 맛도 없고 위장에도 좋지 않기 때문에, 차를 맛있게 마시기 위하여 가이세키요리가 나온 것이라고 한다. 다석에서 요리가 나오는 것은 무로마치 중기인 1400년대부터 시작되었고, 1500년대 후반인 모모야마시대에 원형이 갖추어졌으며, 에도시대 말기에 거의 완성되어 현대에 전해지고 있다.

가이세키(懷石)라는 말은 선승이 추위와 공복을 견디기 위하여 뜨거운 돌을 품은 것에서 유래하여, 그것과 같은 정도의 공복을 견딘다고 하는 의미로부터 명칭이 유래되었다. 가이세키는 차를 맛있게 마시기 위하여 차사의 일부로써 구성되어 차를 마시는 좌석의 초대된 손님이 먹는 것이다. 에도시대 말기에는 가이세키를 전문화하는 출장 요리 가게가 출현하기도 하고 보통의 요리점에서도 가이세키(懷石)와 가이세키(会席)라는 용어를 사용하게 되는데, 본래의 차를 마시는데 관계한 요리를 구별하는 의미로서 차가이세키(茶懷石)라고 부르는 경우도 많이 있었다. 가이세키의 구성은 유파나 다도의 종류에 의해서도 다소 차이가 있지만 밥, 국, 무코쓰케(생선회), 니모노완(조림), 야키모노(구이)의 일즙삼채의 하시아라이(맑은국), 핫승(최후에 내는 음식), 꼬우노모노(채소 절임), 유토(더운물)를 추가한 것이 기본이 되었다. 야키모노와 하시아라이의 사이에 시이자카나(안주)나 밧찌라고 하는 이름의 조림이나 무침, 초회를 몇 가지 더하는 경우도 많다.

6) 싯포쿠료리(卓袱料理 : しっぽくりょうり)-탁복요리 : 일본식 중국요리

에도시대 초기인 1600년대에, 일본 최초의 개항 도시였던 나가사키에 산재한 중국인의 영향을 받아 알려지기 시작한 요리법으로서, 식기는 중국풍이지만 재료나 맛은 일본인의 기호에 맞게 담백하게 변화하였다. 화풍중국요리라고 하는 싯포쿠요리가 탄생한다. 싯포쿠라는 것은 책상이라는 의미가 있어, 싯포쿠요리는 식탁요리라고도 한다. 장시간 격식에 따른 식사 습관을 가진 일본인들에 의해서는 큰 그릇이나 접시에 담은 요리를 각자 나누어 먹는 형식의 신선한 느낌을 주었다. 메뉴는 오히레라고 불리는 맑은 국이 나온 후 술과 요리가 들어온다. 쇼우사이(냉채), 구치도리(입가심), 싯포쿠요리의 대표격의 톤포로우(돈육조림)를 담아낸 나카바치, 오오바치, 지루, 고항, 쓰케모노, 미즈카시(과일)와 계속해서 우메완이라고 하는 명칭의 시루코(단팥죽)로 끝나는 것이 일반적이다.

7) 후차료리(普茶料理 : ふちゃりょうり)-보차요리 : 중국식 사찰요리

에도시대 초기(1654년)에 중국의 승려 인겡고가 교토에서 포교를 하면서 전한 중국풍의 요리를 말한다. 후차라는 것은 넓은 대중에 차를 제공한다는 의미로서, 승려들이 차를 마시면서 협의하는 차례의 뒤에 나오는 식사를 말한다. 중국식 쇼진요리로서 원형탁자에 4명이 2명씩 마주보며 앉아 하나의 접시에 담겨 있는 요리를 각자 취하며, 회전식으로서 나누어 먹기 때문에 일일이 배식을 해 줄 필요가 없다. 재료 역시 쇼진요리와 마찬가지로 어류나 육류를 사용하지 않고, 채소 등의 식물성을 주로 사용한다. 현재의 후차요리는 일본에 처음 전래되었을 때보다 기름이 사용량이 적어졌고, 맛도 담백해 지는 등 일본인의 기호에 맞게 변화하여 가고 있다.

8) 가이세키료리(会席料理 : かいせきりょうり)-회석요리 : 연회요리

연회에 나가는 요리로서 술을 즐기기 위한 음식을 말한다. 에도시대 때부터 시작되었으며, 혼젠요리의 잔재가 남아있고 편안하게 앉아 순서대로 천천히 요리를 즐긴다. 현재는 요리점이나 호텔 등에서 제공되는 주연 요리를 말한다. 회석이라는 것은 노래와 안무를 즐기기 위한 모임을 말하는 것으로서, 당초에는 예의바르게 모임이 끝날 때 술을 조금 마시는 정도였으나, 나중에는 변화되어 도중에서 술과 요리가 나오게 되었다. 도시인의 재력이 크게 된 에도시대 중기부터는 요리점에서 모임이 열리는 경우가 많게 되어 그것까지의 혼젠요리나 가이세키 형태의 국한되지 않는 자유스런 실질 본의의 요리가 탄생하였으나 구성은 혼젠요리를 많이 따랐다. 요리점 문화와 왕성했던 에도시대 후기가 되면 실질적인 상류 요리의 영향도 있어 가짓수도 많고 화려한 요리가 나옴에 따라 요리도 일품씩 나오는 형식이 등장하였다. 메이지시대가 되면서 관서풍, 관동풍 등 지역적인 특징을 갖게 되고 요리인의 생각도 변하여 새로운 것들이 고안되게 된다. 특징으로서 혼젠요리나 가이세키와 같은 밥을 먹기 위한 총체가 아니고 술을 마시기 위한 주체를 중심으로 하게 되어, 밥 종류는 식사라고 하여 최후에 나오게 된다. 현재는 일품, 일품씩 나오는 요리와 연회 등에서 볼 수 있는 가케아이요리의 두 가지 형식이 있다.

9) 현대 일본요리

현재의 대표적인 일본요리라 말하면 가이세키를 들고 일품요리, 전문요리는 쇼진요리, 혼젠요리, 가이세키 등 많은 요리가 보이지만, 에도시대 때 생겨난 가이세키 요리나 마찌가타 요리가 메이지시대부터 쇼와시대에 걸쳐 발달하여 완성하게 된 것이다. 옛날 일본요리가 순을 중요시하는 요리인 것은, 계절이 변하는 것에 의해 각 계절의 식재료를 구할 수 있었기 때문이었다. 동시에 재료를 구하는 범위가 좁아 보존 기술도 없었으므로 당연히 그 계절의 것을 사용할 수밖에 없었다고 할 수 있다. 현재는 양식이나 재배 기술이 발달하여 냉동법에 대표적인 보존 기술이나 유통 경로의 발달에 의해 여러 가지 재료가 장기간 또는 1년 중 지역에 의한 변화에 관계없이 구할 수 있게 되었다. 또, 프랑스요리, 이탈리아 요리, 중국요리의 한계가 없어지고 세계 각국의 요리가 유입되어 정보화되고 사람들의 기호도 다양화하게 되었다. 요리 소재에 있어서도 외국으로부터 여러 가지 종류의 것을 수입하고 새로운 식품 재료나 세계 각지의 여러 가지 풍토에 의한 독자적인 조미료도 사용할 수 있게 되었다. 풍부한 식재료와 안정된 공급이 얻어진 것은 요리하는 측에서 편리하지만 반면에 예부터의 일본요리의 특색이나 개념과 이러한 상황을 연결하는데 애로사항이 많다. 요리는 사람의 생활에 밀착되어 있으므로 시대가 변하고 있다. 엄연히 일본요리의 정식이나 본질을 바라보고 이러한 음식에 관련된 상황의 변화를 잘 받아들여 새로운 영역을 개척해 나가는 것이 무엇보다 중요하다.

일본 음식문화 연표		
서기(AD)	일본력(和曆)	일어난 일
239년		논농사를 위한 관개수로, 창고에 쌀 저장
288년	応仁天皇 19年	예주(醴酒)를 천황에게 바침
325년	仁德天皇 30年	정미(精米)에 관한 기록
552년	欽明天皇 30年	불교 전래, 육류식을 죄악시 여김
647년	大化 30年	착유술을 습득하여 천황에게 우유를 바침
668년	天智天皇 7年	마늘이 도래하다
675년	天武天皇 4年	칙령에 의해 소, 말, 개, 조류 등 육식금지, 후에 어류도 포함됨
701년	大宝 元年	제정에 의하여 장원(간장, 된장을 만드는 곳)을 설치
725년	神亀 元年	당나라로부터 귤이 들어옴
735년		신라에 의해 한반도의 통일
752년	天平勝宝 4年	1년간 살생 금지, 어부들에게 양식 지급
754년	天平勝宝 6年	당나라 사람으로부터 약용으로 흑설탕 등을 받음
801년	延曆 20年	당나라로부터 설탕 전래
927년	延長 5年	미장(장의 전신)의 재료인 쌀, 콩, 술, 소금 보급
935년	承平 5年	당나라의 과자 사용
1053년	天喜 元年	천황의 상에 김, 파래 등이 쓰임
1126년	大治 元年	살생금단 명령으로 자국의 어망을 버림
1191년	建久 2年	송나라로부터 차 종을 받아 기름
1227년	安貞 元年	대륙으로부터 쇼진요리 전래 받음
1229년		몽골제국의 유럽 원정
1252년	建長 4年	막부, 금주령을 공포
1338년		영국과 프랑스 100년 전쟁 시작 (~1453년)
1347년		전 유럽에 페스트 대유행 - 인구 급감
1378년		로마교회의 대분열(~1417년)
1407년	応永 14年	조선에 의해 소주를 받음
1492년		콜롬부스의 대륙 발견
1517년		마르틴 루터의 종교개혁
1519년		마젤란 세계 일주
1525년	天文 4年	경산사의 된장에 의해 호박을 제조
1541년	同 10年	포르투갈인 표착, 호박 종자 전달
1543년	同 12年	포루투갈인 표착, 일본인들에게 빵을 먹게 함
1579년	天正 7年	포루투갈에 의해 옥파, 호박, 감자, 옥수수, 포도주 도래
1624년	寛永 元年	나가사키에 포루투갈인들에게 배워서 카스테라 제조

서기(AD)	일본력(和暦)	일어난 일
1657년	明暦 3年	동경 시중에 식당이 생겨나기 시작
1659년	万治 2年	후차요리 시작
1661년	寛文 2年	메밀국수 판매 개시
1680년	延宝 8年	오사카스시를 동경에 전달
1683년	天和 3年	동경에 나라차반, 채반 등을 판매하는 음식점이 나타남
1687년	貞亨 4年	동경에 처음으로 초밥집 개업
1705년	宝永 2年	오사카에 쌀시장이 세워져 1760년대까지 전국 미곡상 주도
1768년	明和 5年	음식에 영양을 설명, 영양이라는 용어 사용 시초
1775년	安永 3年	미국 독립전쟁(~1783)
1785년	天明 5年	덴푸라 판매대 등장, 이 무렵 동경에서는 장어구이가 유행
1804년	亨和 4年	나폴레옹 황제 즉위
1825년	文政 8年	에도마에의 니기리스시가 고안됨(현대의 초밥 모양)
1833년	天保 4年	식량난으로 유부에 내용물을 넣어 먹는 유부초밥의 원형 고안
1840년		아편전쟁(~1842년)
1858년	安政 5年	미일수호통상조약으로 요코하마 개항, 영국인의 위스키 전달
		나가사키에 서양요리점 개점
1860년	万廷 元年	요코하마에 일본인 최초로 제빵점 개업
1861년		미국의 남북전쟁(~1865)
1863년		런던 지하철 개통
1865년	慶応 元年	서양식 제당기 도입, 근대적 제당개시
1868년	明治 元年	메이지 유신, 미국인이 요코하마에 맥주공장 설립
1872년		육식 장려의 일환으로 우육 시식
1874년		기무라에 의해 앙꼬빵 발매
1878년		프랑스에서 통조림 기술 습득, 연어통조림 제조 개시
1883년		오사카에 기츠네우동 탄생
1896년		제1회 근대 올림픽 대회
1905년		일본산 카레분 발매
1914년	大正 3年	제1차 세계대전(~1918), 오사카에서 오코노미야키 일반화
1923년		관동대지진
1937년	昭和 12년	중일전쟁
1939년		제2차 세계대전(~1945)
1941년		전국에 걸쳐 복어 판매 영업에 관한 규칙 제정
1958년		최초로 즉석 라면 발매
1960년		인스턴트커피 발매

3. 일본요리의 특성

일본요리는 자연으로부터 얻은 식품 고유의 맛과 멋을 최대한 살릴 수 있는 조리 방법 때문에, 눈으로 보는 아름다움만을 강조한 요리로 오해하기 쉽다. 하지만, 이것은 일본요리를 잘 모르는 일부 사람들의 편견에 지나지 않음을 우리는 알아야 한다. 일본요리를 연구해 보면, 맛과 색상과 기물, 그리고 공간의 조화를 예술적으로 승화시키고자 노력한 흔적을 곳곳에서 찾아볼 수 있다. 요리는 한 나라의 문화의 일부분이므로 일본요리에 관한 올바른 이해를 위해서는 일본 문화에 대한 전반적인 이해가 먼저 필요할 것이다.

1) 지역적 특성

(1) 간토료리(關東料理 : かんとうりょうり) – 관동지방요리

도쿄를 중심으로 발달하였으며, 에도요리라고도 한다. 달고, 진하고, 짜고, 농후하며 아주 진한 맛이 특징인데, 이러한 것은 거친 토양과 수질의 불량에서 기인된 것이라 전해지고 있다. 이곳은 부유층과 집권자들이 많이 모여 살았던 지역으로서 정치·경제·문화의 중심지로 발달하였기 때문에 음식문화도 앞서 나감과 동시에 강한 맛으로 그 정신을 나타내고 있다. 여기에서 개발된 요리들이 전국으로 번져나가며 발전을 주도했다고 할 수 있다.

(2) 간사이료리(關西料理 : かんさいりょうり) – 관서지방요리

교토와 오사카를 중심으로 발달하였으며, 이전에는 가미가타요리로 불리었다고 한다. 에도요리에 비해 긴 역사를 가지고 있으며, 국물이 많고 연한 맛을 내는 간장을 사용해 왔다. 그러나 지금에 와서는 교통과 조리 기술의 발달로 지역적 특성이 거의 사라져가고 있는 실정이지만, 아직도 오래된 음식점들은 각 지방 특유의 맛과 색을 유지하고 있다.

4. 일본요리의 기본 능력단위 [1301010401_14v2 / 일식 조리실무(5)]

1) 조미료

(1) 사토(砂糖 : さとう) – 설탕

설탕은 사탕수수를 분쇄, 농축하여 얻은 원당을 정제하여 얻은 것으로서, 정백당인 백설탕이 대표적인 감미료이다. 흑설탕, 황설탕, 백설탕 등으로 분류되며, 가공 방법에 따라 각설탕, 분설탕, 빙설탕 등으로도 분류할 수 있다. 조리 시 용도에 따라 선택하여 사용하는데 주로 백설탕을 이용한다.

(2) 시오(塩 : しお) – 소금

소금은 요리에 짠맛을 더해주는 조미료로서의 역할 외에도, 다른 조미료와 함께 식품에 첨가하였을 때 단맛을 돋우어 주기도 하며, 신맛을 줄이는 억제 효과도 낼 수 있다. 정제염이나 가공한 맛소금을 주로 많이 사용하고 있다. 일본의 소금은 이온교환막법으로 만든 것과 수입한 천일염을 원료로 하는 것, 그 외에 특수 제법 소금, 그리고 공업용, 특수용 소금 등으로 크게 분류된다.

① 식염: 이온교환막법에 의한 것, 염기성 탄산마그네슘을 첨가하지 않은 것으로 용해되기 쉽다. 조리용, 조리용으로 일반적으로 사용된다.
② 정제염: 해외에서 수입된 천일염을 녹여서 재제 가공한 것. 염기성 탄산마그네슘을 첨가하였다.
③ 식탁염: 정제염과 같이 만들어졌지만 염기성 탄산마그네슘을 많이 첨가하고 있다. 식탁에서 요리에 뿌리는 소금으로서 맑은 국 등에 사용한다.
④ 지물염: 해외에서 수입된 천일염을 세정하고 분쇄하여 사과산, 구연산 등을 첨가한 것. 입자가 굵어 직접 식용하지는 않는다.

짠맛은 온도가 높은 만큼 혀가 느끼는 순도가 낮아 뜨거울 때 딱 좋은 맛이, 식으면 짠맛이 줄어들므로 넣을 때 주의한다. 니모노 등에 설탕과 같이 사용할 때는 설탕을 먼저 넣어 간을 한 후 소금을 넣는 편이 좋다. 소금은 재료로부터 물을 빼앗기 때문에 조직이 절여져서, 설탕이 스며들기 어렵게 되기 때문이다.

(3) 쇼유(醬油 : しょうゆ) – 간장

대두 혹은 탈지대두, 소맥을 원료로 하여 누룩을 만들어 식염을 가하여 발효, 숙성시킨 것이다. 숙성에 의해 독특한 향과 색, 맛이 생겨난다. 간장에는 염분이 많이 함유되어 있어 삼투압이 강하므로 재료의 수분을 탈수시키며, 어류나 육류의 냄새를 제거하고 방부 효과가 있다.

① 고이구치쇼유(진간장) : 관동지방의 대표적인 간장이다. 전체 생산량의 8할을 차지하며, 보통 간장이라고 하면 이것을 말한다. 색이 진하고 맛이 좋은 것이 특징이며, 요리에 일반적으로 폭넓게 사용되고 있다.

② 우수구치쇼유(연간장) : 관서지방을 중심으로 서일본에서 주로 사용하였으며, 제조공정은 고이구치와 같으나 철분이 적은 물을 사용하고, 전국에 아마자케를 넣어 연한 색이 난다. 맛과 향이 담백하므로 채소나 생선요리에 재료의 맛과 색을 손상시키지 않고 은은한 향기를 낸다.

③ 시로쇼유(백간장) : 소맥을 주원료로 하여 삶은 대두와 함께 누룩을 만들어서 염수를 가하여 만든다. 우수구치 간장보다도 색이 연하고 맛은 별로 없지만, 독특한 균의 향이 있어 스이모노, 니모노에 사용된다.

④ 다마리쇼유(색을 내는 간장) : 대두를 주원료로 하여 다른 간장과는 달리 소맥은 사용하지 않는다. 숙성된 전국의 추출액을 열을 가하지 않고 그대로 제품으로 만든다. 맛이 진하고 약간의 단맛이 나지만 향이 좋지 않다. 사시미 간장, 다레, 니모노의 색을 내는 데 사용된다. 온도와 효소의 영향을 받기 쉬우므로 반드시 밀봉하고 냉장고에 보관하는 것이 바람직하다.

(4) 스(酢 : す) – 식초

양조식초(곡물, 과실류)와 합성식초로 나눌 수 있다. 양조식초는 곡물, 과실 등을 초산균을 이용하여 발효시킨 것이며, 합성식초는 빙초산을 물로 희석하여 여러 가지 식품첨가물을 넣어 만든 것이다. 또한, 다이다이, 가보스, 스다치, 레몬 등의 과즙도 향기가 좋아 식초의 일종으로서 초회 등의 요리에 사용된다. 식초는 신맛을 내기도 하지만, 식품의 방부제 역할과 식욕을 증진시키기 위해서도 쓰이는 중요한 조미료이다.

(5) 미소(味噌 : みそ) – 된장

콩과 쌀, 밀가루에 소금과 누룩을 넣어 발효시킨 것으로서 염분의 농도와 숙성의 정도에 따라 보존 기간이 다르다. 된장은 원료, 색, 맛, 산지 등의 따라 분류된다. 향기와 맛에 특징을 잘 살려 적당히 혼합하여 사용한다.

(6) 미림(味醂 : みりん) – 미림

소주에 누룩과 찐 찹쌀을 혼합하여 당화시킨 단맛의 술로서, 일반적으로 알코올 14% 정도를 함유하고 있다. 조미료로서 단독으로 사용되기보다는 간장 등의 다른 조미료와 함께 섞여 사용되고 있다. 요리에 단맛과 감칠맛을 한층 높여주며, 광택을 나게 하기도 한다. 또한, 초회 등의 비가열 요리에 사용되는 경우에는 알코올을 태워서 사용하는데 이것을 니기리미림이라고 한다.

(7) 사케(酒 : さけ) – 청주

생선 등의 냄새를 제거하거나 요리에 맛을 내기 위하여 사용된다. 미림과 마찬가지로 가열하지 않는 요리에는 가열하여 알코올 성분을 태운 다음에 사용한다. 청주는 단지 향기 부여 역할뿐 아니라 식재료의 질감도 부드럽게 해주는 효과도 있어 거의 모든 국물요리에 미림과 함께 사용되고 있다.

2) 향신료

(1) 와사비(山葵 : わさび) – 와사비

와사비는 우리말로는 고추냉이라고도 하며, 그 뿌리를 강판에 갈아서 생선회 등에 이용된다. 매운맛과 향기가 일품이다. 생물로도 유통이 가능하지만, 갈아서 진공 냉동하여 포장하거나 분말가루로 유통되는 경우가 많다. 분말인 경우는 차가운 물과 섞어 나무젓가락으로 힘차게 저어 주면 매운맛이 증가한다. 잎사귀 부분을 뜯어서 도마 위에 놓고 칼등으로 두드려도 매운맛과 향기가 난다.

(2) 가라시(辛子 : からし) – 겨자

평지과 채소인 갓 종자의 분말을 이용한 것으로 미지근한 물에 개어 사용한다.

토종 겨자와 서양 겨자(mustard)가 있는데, 일반적으로 겨자라고 하면 토종 겨자를 말한다. 현재는 서양 겨자도 많이 사용되고 있다. 어묵, 육류요리 등의 양념으로 많이 쓰이고 있으며, 최고의 시제품들의 종류가 다양하여 요리의 성격에 따라 선택의 폭이 넓어졌다.

(3) 도가라시(唐辛子 : とうがらし) - 고추

가지과의 식물로서 단맛 종과 매운맛 종으로 구별하는데, 매운맛 종은 매의 발톱이라고도 불리고 있는 빨간 고추가 대표적이다. 생물을 사용하거나 건조하여 사용하기도 하고, 분말을 사용하는 수도 있다. 생고추를 강판에 갈아 무즙과 섞어 사용하는데 이것을 모미지오로시, 혹은 아카오로시(빨간 무즙)라고 하며 야쿠미(양념)에 이용된다.

(4) 산쇼(山椒 : さんしょう) - 산초

귤과의 식물로서 어린 잎사귀와 열매를 향신료로서 사용한다. 어린 싹은 기노매라고 하는데, 손바닥에 놓고 치면 독특한 향기가 나며, 맑은 국 등의 고명으로 이용된다. 건조 분말은 고나산쇼라고 하며, 장어 양념구이에 뿌려주거나 시치미토가라시(일곱 가지 맛이 난다는 일본식 고춧가루 - 우동 등에 곁들임)의 재료로 쓰인다.

(5) 쇼가(生薑 : しょうが) - 생강

생강과의 식물로서 식용, 약용, 향신료 등으로서 널리 사용된다. 재배, 수확 방법에 따라 뿌리 생강, 잎 생강 등으로 분류할 수 있다. 뿌리 생강을 갈거나 가늘게 썰어서 생선이나 육류요리의 냄새 제거에 사용한다. 잎 생강은 손질하여 식초 등에 절여서 초밥이나 생선구이의 곁들임 등에 사용한다.

3) 조리 도구

(1) 호쵸(包丁 : ほうちょう)

① 칼의 종류와 용도

일본요리에 사용하는 칼은 여러 가지 모양과 크기가 다양하여, 그 종류가 수십 종에 이른다. 용도와 재료의 성질에 따라 사용법이 다르므로 잘 이해하고 활용해야 하며, 여기서는 가장 기본적인 칼만 소개하기로 한다.

• 우스바보쵸(薄刃包丁 : うすばぼうちょう)

주로 채소를 취급하는 칼로서, 칼날이 거의 도마의 표면에 닿도록 되어 있다. 가쓰라무키(돌려 깎기)에 적합하며, 관동형은 칼끝이 각이 졌고, 관서형은 봉의 선단이 둥글게 되어 있다.

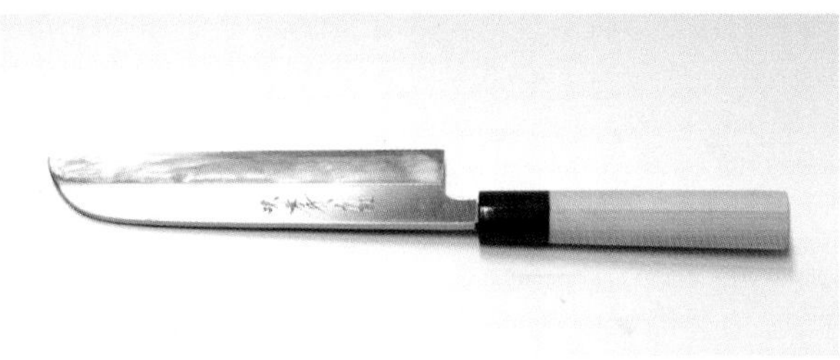

• 데바보쵸(出刃包丁 : でばぼうちょう)

주로 어류나 수조육류를 오로시(손질)하는데 사용하며, 사바쿠(뼈에서 살을 발라냄)하거나 뼈를 자르는데 사용된다. 칼의 크기와 날의 두께는 재료에 따라 적당한 것을 선택하도록 되어 있다.

• 사시미보쵸(刺身包丁 : さしみぼうちょう)

생선회를 썰거나 요리를 가르는데 사용된다. 칼날이 예리하며 폭에 비해 길이가 길다. 칼날의 끝이 날카로운 것이 마치 버드나무같이 생겼다 하여 야나기바라고 불리는 관서형이며, 칼끝이 각이 진 것이 다코히키라 불리는 관동형 생선회 칼이다. 두 가지 모두 사용되지만 관서형의 야나기바가 더욱 많이 쓰이고 있다.

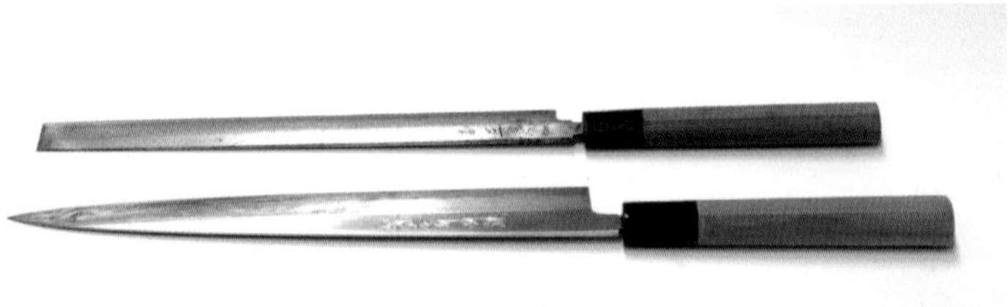

• 우나기보쵸(鰻包丁 : うなぎぼうちょう)

장어를 오로시하는데 편리한 칼로서, 지방마다 칼의 생김새가 다양하다. 어느 칼을 사용하든 메우치(장어 고정용 송곳)로 장어를 도마에 고정시켜 사용한다.

② 칼의 선택 방법

칼은 우선 칼날이 한쪽으로 넘어 가지 않은 깃, 비뚤어짐이나 상처가 없는 것, 손잡이가 견고한 것 등의 품질을 확인해 봐야 한다. 게다가 자신의 손에 맞는 크기나 무게를 고려해야 하며, 들기에 약간 무거운 듯한 것이 작업하기에 적당하다. 도마에 칼날을 밀착시켜 빈틈이 없는지도 잘 살펴보아야 한다.

③ 칼의 취급 방법

칼은 자신의 손과 같이 뜻대로 움직일 수 없으므로 확실한 연습이 필요하다. 장시간에 걸쳐 많을 일을 하게 되는 경우에는, 정확한 칼질을 위하여 바르게 칼을 잡고 올바르게 서 있는 자세가 중요하다.

④ 칼 잡는 법

• 단단한 것을 자를 때 : 손잡이를 쥐고 엄지와 집게손가락으로 각각 칼날의 좌우측을 잡아, 칼이 좌우로 흔들리거나 넘어가지 않도록 한다.

• 생선회를 자를 때 : 칼자루를 손으로 가볍게 쥐고, 집게손가락을 칼등 위에 올려 놓아 지긋하게 누르면서 칼질을 하도록 한다.

⑤ 칼로 써는 법

칼날이 예리하더라도 재료가 쉽게 절단되지는 않는다. 재료 위에 칼날의 시작하는 부분을 대고 칼을 당기면서 내리 썰거나, 재료 위에 칼날의 끝 가까운 부분을 대고 칼을 밀면서 내리 썰도록 한다.

⑥ 칼 가는 법

- 숫돌에 수분이 충분히 배어들게 하기 위하여 한 시간 전부터 물에 담가 둔다.
- 테이블에 행주를 깔고 그 위에 숫돌대 또는 숫돌을 올려놓고 숫돌의 표면에 물을 적시어 사용한다.
- 칼에 물을 한 번 적시고, 숫돌을 향해 발을 고정시킨다.
  (어깨너비로 벌리고 오른쪽 발을 조금 뒤로 뺀 자세가 안전하다.)

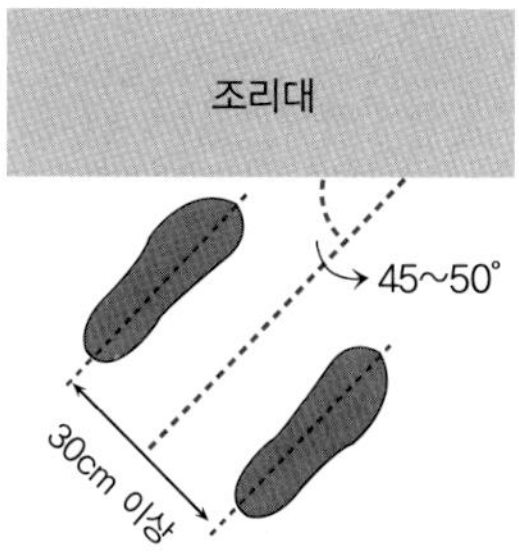

- 칼을 오른손으로 꼭 잡고 왼손의 손끝으로 칼 표면을 누르고 칼을 숫돌에 간다. 이때 칼의 각도는 숫돌 표면과 45~60° 정도로 한다.

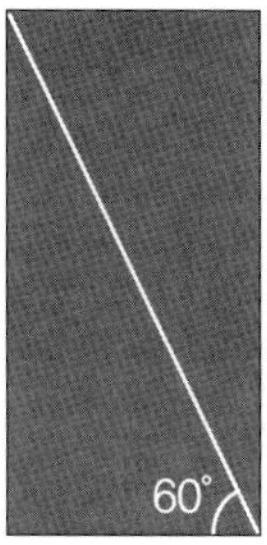

- 숫돌의 앞쪽 부분에서 반대쪽을 향해 칼을 힘을 주어 밀면서 이동하고, 원 위치로 당길 때는 힘을 빼도록 한다.
- 양날의 경우에는 양면을 같은 힘과 횟수로 갈도록 한다.
- 칼날이 한쪽으로 넘어가지 않도록 양쪽에 고루 힘을 주어 간다.
- 다 간 후에는 칼을 손잡이까지 잘 닦고 마른 행주를 사용하여 물기를 제거한다.

[칼가는 법]

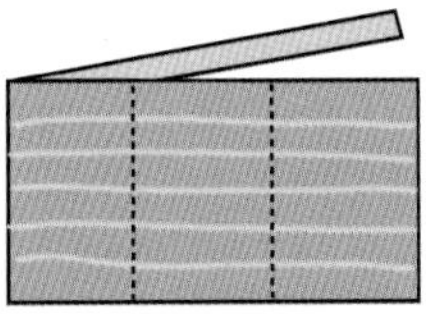

일식칼의 단면의 꺾어진 부분을 숫돌에 밀착시킨다.

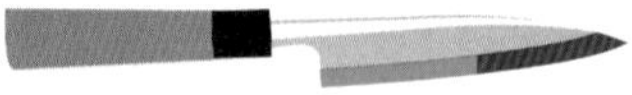

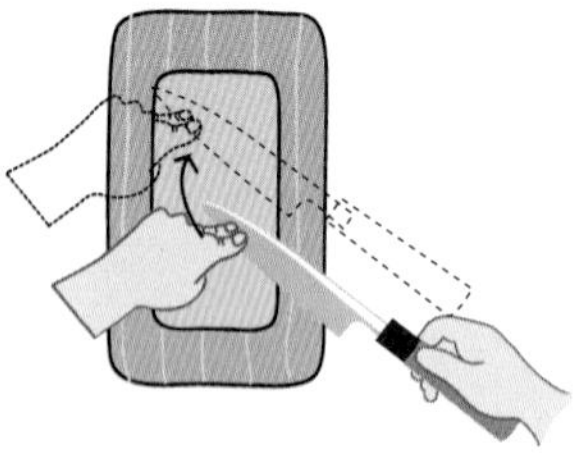

데바칼의 경우에는 휘어진 부분을 두 개로 나누어 갈도록 한다.

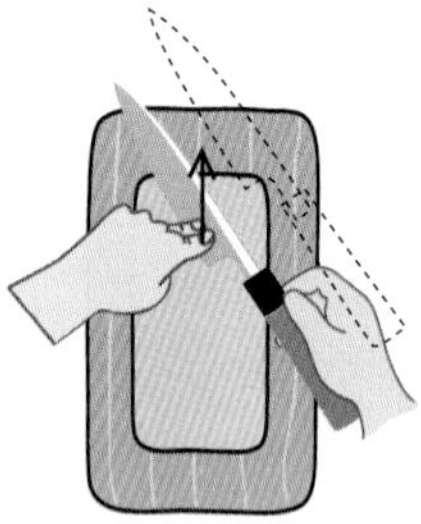

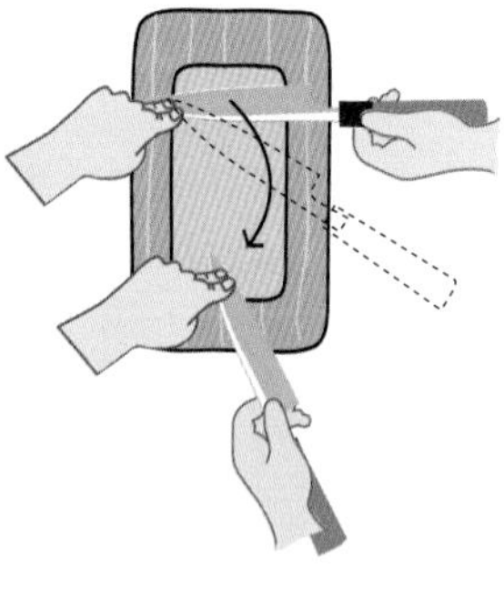

칼날의 두 부분을 다 갈고 나면 뒤집어 칼을 회전시키면서 당겨간다.

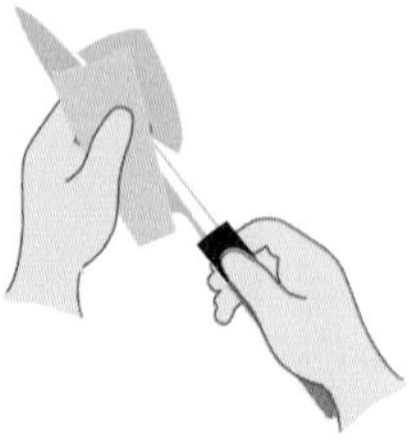

칼을 간 후 반드시 세제를 이용하여 닦아주고 물기를 완전히 제거해 준다.

야나기바 생선회칼은 세부분으로 나누어 갈도록 한다.

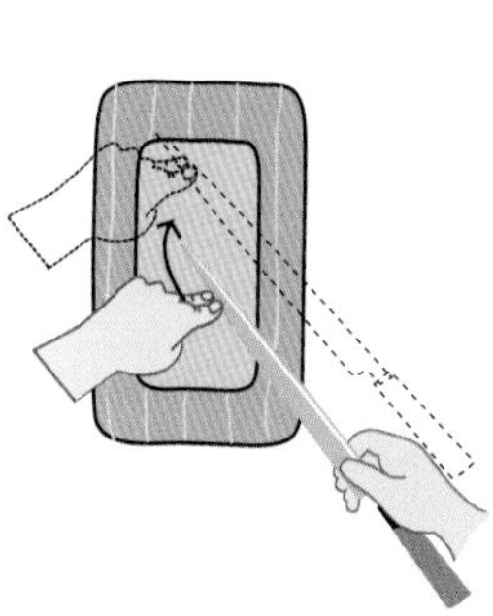

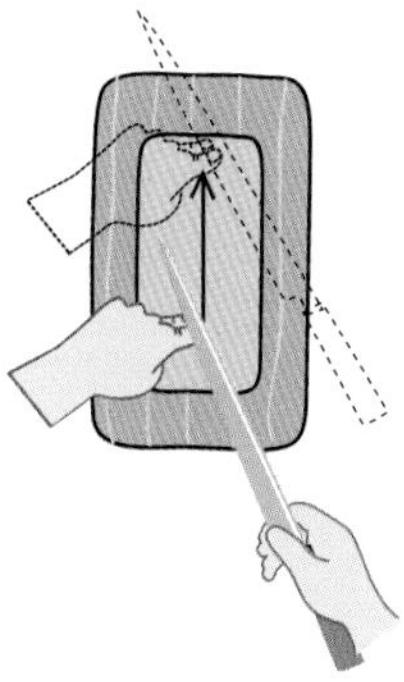

날부분은 약간 회전을 하면서 갈고, 가운데 부분은 직선으로 갈아 준다.

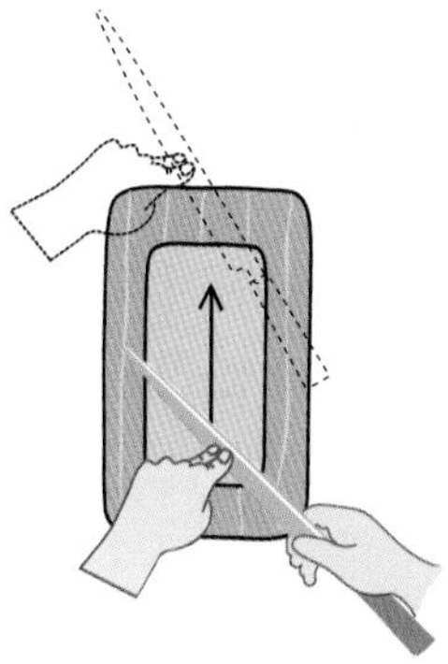

끝부분도 직선으로 간 후, 뒤집어 우측으로 당기면서 회전하면서 갈아 준다.

(2) 나베(鍋 : なべ) – 냄비

삶거나, 조리거나, 튀기거나, 굽거나, 찌는 것 등 냄비는 조리를 하는데 없어서는 안 되는 기본적인 기구이다. 재질의 특징을 잘 알고 두께, 크기, 깊이 등도 고려하여 용도에 맞는 것을 사용해야 한다.

① 재질에 의한 분류

- 알루미늄, 알루미늄합금

  알루미늄은 가볍고, 녹슬지 않고, 열전도가 좋지만 산이나 알칼리, 고온에 약하다. 그래서 알루마이트 가공(알루미늄 표면 산화막을 만들어 표면을 견고하게 한 것)을 하여 내산성, 내알칼리성을 강화하고 알루미늄합금(알루미늄과 동등의 합금)으로서 내열성이나 강도를 높인 것이다. 냄비의 두께가 얇은 것은 불이 닿는 부분만 고온이 된다. 냄비를 두껍게 하면 강도와 보온성이 높아지므로 될 수 있으면 두꺼운 것을 선택한다. 얏또꼬나베(손잡이 없이 집게를 들어내는 냄비)나 편수냄비 등이 폭넓게 이용되고 있다.

- 동제

  구리를 사용하며 일반적으로 붉은 냄비라고 불린다. 열전도가 매우 좋다. 또, 열이 균일하게 전달되므로 장시간 가열하는 요리에 적합하다. 구리는 공기 중의 탄산가스, 물과 결합하면 녹청색을 띤다. 내측은 주석 등으로 도금을 하게 되어 있지만, 손으로 할 수 없는 조건에서는 제한된다. 도금을 한 내측은 세제와 스폰지로 닦기고, 구리 부분은 식초와 소금과 밀가루를 섞어서 문지른 후 잘 씻어내어 충분히 건조한다. 다른 재질과 같은 두께가 좋지만 무거운 것은 취급하기가 어렵고 또한, 고가이므로 수요가 그다지 많지 않다. 오뎅 냄비나 달걀구이판 등에도 사용된다.

- 철제

  쇠를 이용한 것으로서 튀김요리 냄비, 프라이팬, 스키야키 냄비 등에 잘 이용된다. 그중에서도 수철재의 것은 두께가 있어 튼튼하고 열전도도 비교적 좋아 보온력도 우수하다. 다만 녹슬기 쉽고, 철 특유의 냄새가 나오므로 사용 후에는 뜨겁게 하여 물로 씻어 잘 건조하여 둔다. 새것은 녹이 슬지 않았으므로 사용하기 위해서는 한 번 불에 태워 그대로 냉각시킨다. 그 후 스키야키 냄비는 쌀뜨물에서 냄새와 거품이 나올 때까지 반나절 정도 삶는다. 프라이팬이나 튀김냄비는 뜨겁게 달구었다가 물로 씻어 채소 자른 면 등을 기름에 볶아 기름을 친숙하게 한다. 사용 후에는 기름을 얇게 발라 두는 것이 좋다.

• 토기

거의 모든 토기는 흙으로 구운 것으로 냄비 요리의 식탁 위에서 이용되는 경우가 많다. 열전도는 좋지 않지만, 일단 가열이 되면 보온력이 우수하여 열이 쉽게 식지 않으므로 재료가 식기 어렵다. 사용하기 전에 물에 담그어 수분을 함유하게 만들고 쌀뜨물이나 전체를 넣어 약한 불에서 끓이면 냄새가 없어지고 강도도 증가된다. 다만, 급격한 온도 변화에 약하므로 사용 시는 냄비의 안쪽에 물을 묻혀 약한 불에서 서서히 가열하도록 한다. 사용 후에는 충분히 건조한다.

• 스테인리스제

스테인리스는 철과 니켈, 크롬의 합금으로 거의 녹이 슬지 않는 장점을 가지고 있다. 냄비로서는 스테인리스 자체는 열전도가 좋지 않으므로 전체의 균일한 열이 전달되지 않는다. 일부분이 타기 쉬운 결점이 있다. 다만, 최근에는 동, 알루미늄 등을 사이에 넣어 다중 구조로 하여 이것들의 약점을 보관하는 제품이 많이 있다. 새것은 주방용 세제로 깨끗이 닦아 사용한다.

• 기타

- 불소수지 가공 – 불소수지를 금속 표면에 코팅한 것으로서 재료가 녹슬지 않고 사용하기 편리한 것이 이점. 프라이팬이나 냄비 등에 널리 이용되고 있다. 다만, 금속재의 젓가락이나 수세미 등으로 닦거나 과열시키면 수지 피막이 벗겨지므로 취급에 주의를 요한다.
- 호로 – 철에 글라스질의 유약을 구워 붙인 것으로 산이나 알칼리에 강하다. 비교적 두껍고 평균적으로 열이 전달된다. 과열하거나 문질러 닦으면 글라스 층이 벗겨지기 쉽다.
- 내열글라스 – 열전도율이 작아서 사용하기 어렵다. 보기에 예쁘고 금속재에 비해서 보기 좋으나 내구성이 약하다.

② 모양에 의한 분류

• 우치다시나베(打出し鍋 : うちだしなべ)

우치다시나베는 알루미늄이나 동을 쇠망치로 두들겨 완성한 것. 금속의 입자가 평균적이 되어 열전도가 균일하지 않고 강도는 강해진다. 현재는 손으로 두들기는 것보다 기계로 두들겨 만든 것이 많으나 손으로 한 것은 냄비 바닥과 측면의 자국이 남아 있어 보기에 좋지 않다. 다음에 나오는 얏토코냄비, 편수냄비, 양수냄비, 돈부리를 만들 때 이용되는 돈부리나베 등 일본요리에서 사용되는 냄비는 이 제법으로 만들어진 것이 많다.

• 얏토코나베(やっとこ鍋 : やっとこなべ)

손잡이가 없이 깊이가 낮은 평평한 모양으로 잡을 때 얏토코(집게)를 이용하므로 이름이 붙여졌다. 일본요리의 주방에서 가장 많이 쓰이고 있으며, 재질은 알루미늄이나 동으로 되어있다.

• 가타테나베(片手鍋 : かたてなべ)

손잡이가 하나 달린 냄비로서 국물을 따라내는 주둥이가 하나 있으면 편구, 양쪽에 있으면 양구하고 채소를 따를 때 편하다.

• 모로테나베(兩手鍋 : もろてなべ)

냄비 양측에 잡을 수 있는 손잡이가 있다. 다량의 요리를 삶거나 조릴 때 이용된다.

(알루미늄)

(동)

③ 용도에 의한 분류

• 아게나베(揚鍋 : あげなべ)

튀김전문용 냄비로서 기름의 온도를 일정하게 유지하고, 두껍고 어느 정도 깊어 바닥이 평평한 것이 좋다. 재질은 구리 합금이나 철이 대표적이고, 양은이나 알루미늄, 스테인리스 등도 있다. 처음 사용할 때 구워서 사용하고, 사용 후 오래된 기름을 사용할 때에는 채소의 자른 면을 기름에 볶아 사용하고, 사용한 후에는 세제나 염화제로 부드럽게 닦아낸다.

• 다마고야키나베(卵焼鍋 : たまごやきなべ)

마키야키, 또는 다시마키나베라고도 불린다. 불소수지 가공의 알루미늄 재질도 있지만, 열전달 방법이 균일한 구리재가 좋다. 내측에 도금되어 있으며, 사용 전 채소를 잘라 기름에 볶아 낸다. 도금된 곳은 고온에 약하므로 과열로 굽는 것을 피한다. 사용 후에는 물로 닦아 기름을 얇게 발라둔다.

• 돈부리나베(丼鍋 : どんぶりなべ)

닭고기 덮밥이나 달걀 덮밥 등 덮밥을 만들 때 사용된다. 1인분의 적당한 양을 담아, 만들기 편하고 손망치로 두들긴 알루미늄제와 구리가 대표적이다. 밥 위에 재료를 냄비로부터 올려놓기 때문에 모양을 유지하여 담을 수 있다.

• 스키야키나베(鋤焼鍋 : すきやきなべ)

비교적 열전도율이 적고, 전체 평균적으로 열을 전달하여 기름의 퍼짐성이 좋은 철재나 합금재가 많다. 비교적 두껍게 만들어 육요리의 익힘성을 높여준다.

• 호로쿠나베(焙烙鍋 : ほうろくなべ)

크고 편편한 뚜껑이 없는 그릇. 때로는 2개를 겹쳐 재료를 넣어 무시야키 하는데 쓰이기도 한다. 현재는 야키모노의 모리쓰께 용기로서의 용도로 쓰이고, 참깨를 볶을 때도 사용된다. 최근에는 뚜껑이 달려서 나오는 제품도 있다.

• 도나베(土鍋 : となべ)

양측에 잡는 손잡이가 있고, 두꺼운 뚜껑이 있는 냄비. 열전도율는 좋지 않으나 보온력이 우수하므로 냄비요리에 이용된다. 냄비 요리용 냄비 중에서 그릇의 요소를 겸비하여 1인분 용으로 식탁에 오르는 냄비로서 재질을 여러 가지이다.

(3) 마나이타(俎板 : まないた)-도마

도마는 사용하는 공간을 고려하여 크기와 두께를 정한다. 위생 면에서는 특히 신경을 써서 항상 청결을 유지하도록 하고 어패류, 육류, 채소용 또는 생선의 세척용과 요리의 절단용 등 될 수 있으면 많은 목적에 따라 사용을 구분하여야 한다. 재질에는 목재와 플라스틱재가 있으며 특징에 따라 사용하고, 각각 적합한 사용법에 따라 사용하여야 한다.

① 목재

히노키(노송), 야나기(버드나무), 호오(후박나무), 이초우(은행나무), 도찌(상수리나무) 등이 사용되며, 사용 시에는 재료의 냄새나 색, 흡수력 등에 의한 물의 흐름 등을 고려한다. 적시기 곤란한 재료를 자를 때에는 물을 묻히지 않는다. 사용 후에는 충분히 물로 씻어서 소금으로 문질러 닦는다. 열탕을 가하여 소독하고 건조한다.

② 플라스틱

재료가 거의 자르기 어렵고 칼날에 대한 탄성이 강한 결점이 있으나, 잡균을 제거하기 쉬우므로 생식용에는 플리스틱재를 사용하는 것을 권장한다. 사용 시에는 밑에 행주를 깔고 미끄러지지 않게 하며, 사용 후에는 물로 씻어 주방용 세제나 수세미로 닦아 열탕을 하여 소금으로 소독한다.

(4) 무시키(蒸し器 : むしき)–찜통

재료의 증기를 통해 열을 가하는데 이용된다. 스테인리스, 알루미늄, 합금 등의 금속재와 목재가 있어 각형이나 원형이 있다. 일반적으로 금속제품을 널리 사용하고 있다. 목재 제품은 열효율이 좋고 나무가 여분의 수분을 적당히 흡수하는 이점이 있다.

알루미늄

스테인리스

(5) 우라고시(裏漉 : うらごし)–체

원형의 목판에 망을 씌워 입힌 기구. 체를 내리거나 가루를 거르거나, 다시를 거를 때, 재료의 건더기를 걸러내는 등 여러 가지 용도가 있다. 망의 재질은 말꼬리털, 스테인리스, 나일론 등이 있다. 망의 눈이 가는 것으로부터 굵은 것까지 여러 단계가 있다. 말털로 만든 것은 가루를 거를 때 이외에는 절대로 물에 적시지 않도록 하고 망이 파손되지 않도록 한다.

(6) 오도시부타(落し蓋：おとしぶた)-조림용 뚜껑

주로 니모노(煮物)를 만들 때, 냄비 중앙에 깊숙이 떨어뜨려 재료나 국물에 직접 닿게 하는 뚜껑을 말한다. 나무로 만든 것과 종이로 만든 것이 있다. 조림 요리를 하는 경우, 많지 않은 국물에도 오도시부타가 쓰여서 재료의 윗부분부터 국물에 젖게 하여 전체에 맛이 배기 쉽다.

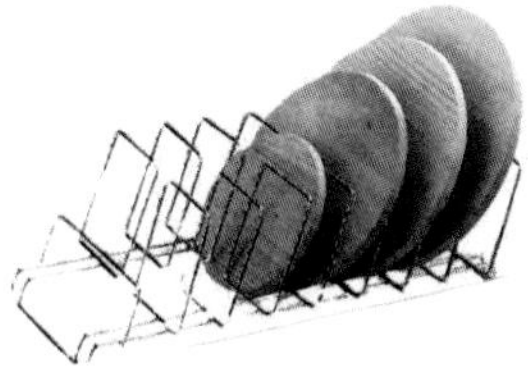

(7) 오로시가네(卸金：おろしがね)-강판

오로시가네는 무나 와사비, 생강 등을 갈 때 사용된다. 동, 알루미늄, 스테인리스, 도기 등 여러 가지 재질이 있다. 안과 밖에 눈의 크기가 틀린데, 무는 굵은 눈에, 생강이나 와사비는 가는 눈을 사용한다. 즙을 가는 용도 외에 손잡이는 전복의 몸을 껍데기에서 떼어내는 데 편리하다. 사용 후에는 물로 세척하여 눈 사이에 남아있는 섬유질을 제거하도록 한다. 잘 떨어지지 않는 경우에는 대나무 구시(꼬챙이, 꼬치)를 이용하며, 수세미를 사용할 때는 조심스럽게 닦아야 한다.

(8) 스리바치, 스리코기(擂鉢, すりこ木)-일본식 절구, 봉

재료를 으깨어 잘게 하거나 끈기가 나도록 하는데 사용한다. 스리바치는 흙으로 만들어 구운 절구로서, 내부에 잔잔한 빗살무늬의 홈이 파여져 있다. 스리코기는 막대 봉으로서, 재료를 짓이겨 부수며 잘 섞어 주는데 사용한다. 사용 후 홈에 남아 있는 찌꺼기들을 잘 제거해 주어야 한다.

(9) 나가시칸(流缶, ながしかん)-찜틀

달걀두부 등의 무시모노(찜요리), 고마도후(깨두부) 같은 네리모노(굳히는 요리), 한천을 이용한 요세모노 등을 만드는데 이용하는 사각 상자로서, 이중으로 되어 있어 사용이 편리하다. 스테인리스로 만든 것이 많다.

(10) 오시바코(押し箱, おしばこ)-눌림틀

밥을 넣어 눌러 모양을 찍어내는 것과, 상자초밥을 만들기 위한 것의 두 종류가 있다. 목재로 되어 있으며, 밥이나 초밥을 넣어 위에 재료를 넣고 뚜껑으로 누르면 모양이 잡힌다. 뚜껑과 몸체를 들어내면 밑판에 모양이 잡힌 밥이나 초밥이 남는다. 사용 전에 반드시 물을 축여 주어야만 밥알이 달라붙지 않으며, 사용 후에는 물로 세척하여 건조시켜 보관한다.

(11) 구시(串, くし)-꼬치

주로 생선구이에 사용하는 것으로서, 쇠구시는 스테인리스로 되어 있으며, 굵기와 길이가 용도별로 차이가 있다. 최근에는 대나무로 만든 꼬치가 많이 사용된다.

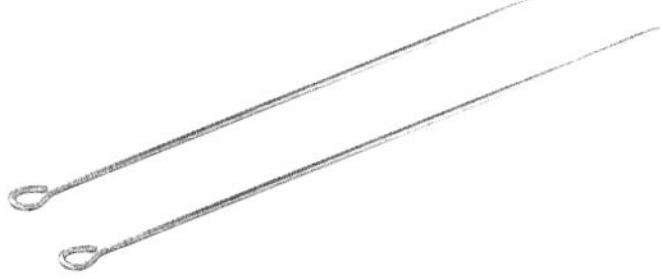

(12) 자루(笊, ざる)–소쿠리

재료를 넣어두거나, 물기를 빼거나, 재료를 넣은 채로 데치는 등 폭넓게 사용된다. 재질은 대나무로 된 것과 스테인리스로 된 것이 가장 많다. 용도에 따라 편편한 것과 깊은 것, 둥근 것과 사각진 것, 큰 것과 작은 것 등 종류가 다양하다. 사용 후에 부착물이 남지 않도록 세척하여 건조한다.

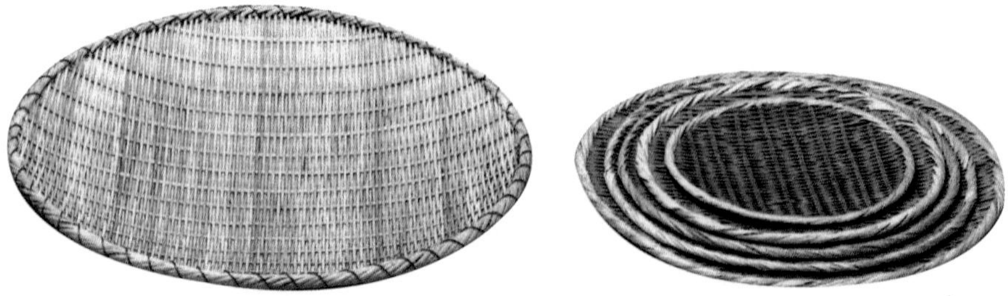

(13) 한기리(半切り, はんぎり)–초밥 비빔통

초밥을 만들 때 사용한다. 거의 모두가 히노키(노송)라 부르는 목재를 이용한다. 사용 시에는 반드시 물을 듬뿍 축여 수분을 흡수하도록 한 후 사용한다. 그래야 밥알이 달라붙지 않을 뿐더러 초밥초가 나무에 스며들지 못하기 때문이다. 사용 후에는 세척하여 건조시켜 뒤집어 놓고 보관하도록 한다.

(14) 마키스(巻き簾, まきす)-김발

김초밥 따위의 재료를 마는데 사용하거나, 삶은 채소를 말거나 찜요리에 재료를 고정하기 위하여 사용한다. 대나무로 되어 있어 견고하며, 강한 열에도 변형되지 않는다. 대나무의 표면이 보이는 곳이 바깥 면이며, 오니스다레로 불리는 것은 삼각형의 굵은 대나무를 엮어 만든 것으로서, 재료의 표면에 파도 모양이 남도록 되어 있다.

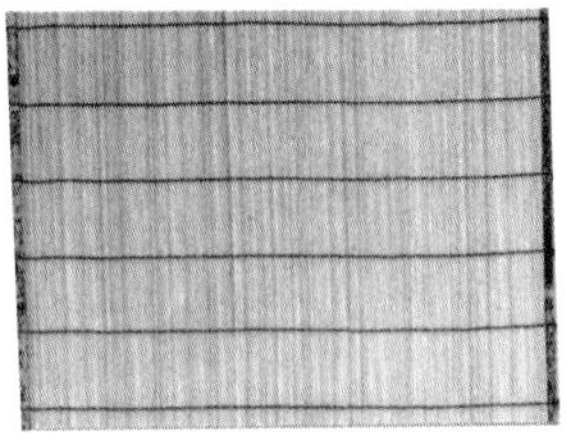

(15) 우로코비키(鱗引き, うろこびき)-비늘치기

생선이 비늘을 제거하는데 이용하며, 고케히키라고도 한다. 살이 부드러운 생선에는 사용할 수 없으며, 모양도 다양하다.

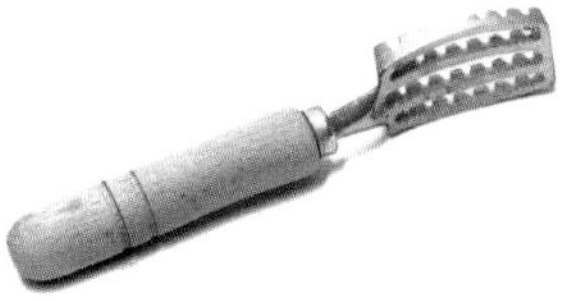

(16) 이치몬지(一文字, いちもんじ)-뒤집개

저분으로 잡기 곤란한 크거나 부드러운 재료를 뒤집거나 하는데 편리한 도구로써, 주걱의 일종이다. 또한, 나가시칸에 요세모노 재료를 편편하게 잡아주는데 사용할 수도 있다.

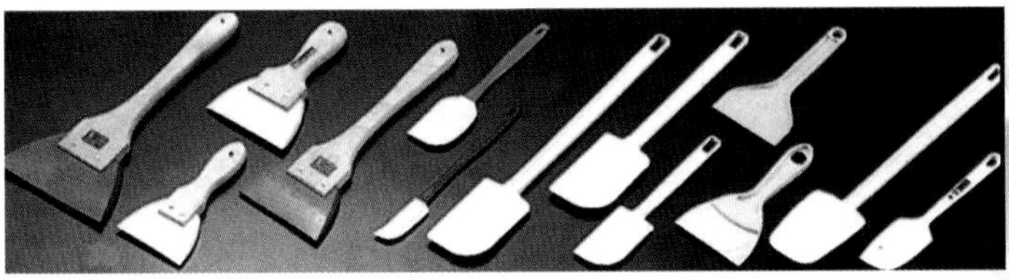

(17) 하케(刷毛 : はけ)-요리용 붓

생선구이에 다레를 바르거나 재료에 가루를 얇게 바를 때 사용하는 요리용 붓이다. 털의 재질이나 길이는 용도에 따라 상이하며, 털이 빠지지 않는 제품이 좋다.

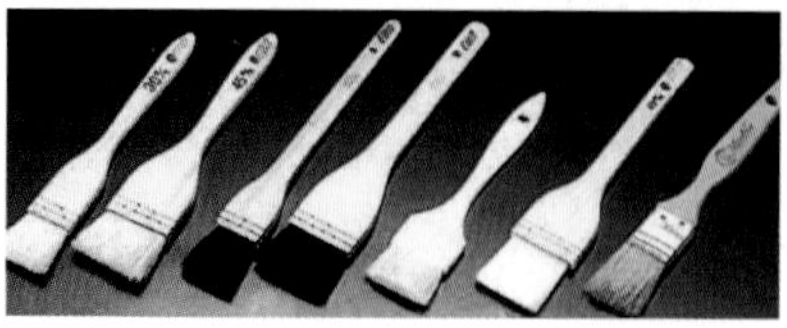

(18) 하시(箸 : はし) – 젓가락

조리용 젓가락으로 대나무 제품이 미끄럽지 않고, 가벼우며, 견고하여 사용하기 편리하다. 튀김용은 철재로 되어 있고 손잡이는 플라스틱으로 되어 있다.

4) 그릇

그릇은 그 안에 담는 요리와 조화를 이루며, 요리를 맛있어 보이게 하는 역할을 갖는다. 일본요리의 그릇은 재질, 모양, 색 등의 변화가 풍부하다. 이곳에서는 그릇의 재질에 의한 취급 방법 등에 관하여 기초적인 지식을 나타내 보았다. 아래에 나열한 것 외에도 조개의 껍데기(전복, 가리비, 대합)이나 식물을 이용한 것(유자, 레몬, 스다치 껍질) 등이 있다.

(1) 도자기

원료의 점토나 흙 등을 섞어 물로 반죽하여 균혀 성형하여 고열로 구운 것을 말한다. 원료의 성분과 굽는 온도에 따라 토기, 도기, 석기, 자기 등으로 분류한다.

① 토기

점토와 물을 반죽하여 성형한 것을 건조하여 구운 것으로서, 굽는 온도는 가장 낮다. 흡수성이 높고 깨지기 쉬우며, 유약을 바르지 않고 굽는 것이 대부분 호우로쿠, 카와라케 등이 있다. 현재는 식기로서는 거의 사용하지 않고 있다. 옛날부터 신사 등에 일회용으로 사용하는 경우가 많았다.

② 도기

성형한 반죽을 구운 후 유약을 발라 다시 구운 것으로서, 굽는 온도는 석기와 같이 약한 불로 하며, 다시 유약을 바르지 않는 것도 있다. 흡수성이 있고 자기만큼 강하지 않으므로 바탕이 두터운 것이 많다. 보기에 부드럽고 따뜻한 느낌을 준다.

③ 석기

돌과 같이 단단하게 구운 것을 의미한다. 굽는 온도가 높고, 흡수성을 없으며 불투명하다. 거의가 유약을 바르지 않고, 야끼시메라고도 한다.

④ 자기

도석, 장석 등과 점토를 섞어 가장 높은 온도로 구워 낸 것으로서, 흡수성을 거의 없으며 글라스와 같이 투명성이 있다. 채색이나 그림을 그려 넣어 섬세한 표현이 가능하고, 투명성을 살려 내는 경우가 많다.

도자기 그릇은 사용하기 전에 물로 씻어 열탕에 넣어 삶아 자연 건조한다. 이렇게 하면 소독이 됨과 동시에 깨지기 어렵게 된다. 사용 후에는 찌꺼기가 남지 않도록 세척하고, 공팡이가 생기는 경우를 방지하도록 한다. 유약을 바르지 않은 그릇과 석기는 물에 담갔다가 사용한다.

(2) 칠기

표면에 도장으로 옻칠을 사용한 그릇으로서, 옻은 옻나무과의 식물의 수지를 도료로 하여 내수성, 내열성, 내구성이 뛰어나다. 재질로는 천연목과 합성수지, 합성수지와 천연목의 혼합품이 있지만, 천연목에 옻칠을 하는 것이 잘 받아 융합이 잘

된다. 신제품은 옻칠의 냄새가 나므로 직사광선이 통하지 않는 어두운 그늘의 통풍이 잘 되는 곳이 두면 좋다. 급한 경우에는 쌀통에 며칠 넣어 두거나 식초물에 담그면 냄새 제거 시간을 줄일 수 있다. 사용 하루 전에 더운 물에 담가 충분히 물을 머금도록 하며, 사용 후에는 바로 더운 물로 세척하여 둔다. 남은 수분은 부드러운 천으로 닦아 내며, 장시간 사용하지 않는 경우에는 종이나 천으로 싸서 나무상자에 넣어 냉암소에 보관한다.

(3) 목기

대나무를 사용하는 경우가 많으며, 푸른 대나무는 청량감이 있어 음식을 담을 때 물을 묻혀주면 색이 더욱 살아난다. 그러나 색이 변하기 쉬우므로 비닐 랩으로 싸서 보관하도록 한다. 백색 대나무는 푸른 것을 불에 말려서 햇볕에 건조시킨 것으로서, 부드러운 탄력이 있어 바구니나 자루를 만들어 사용한다. 비교적 오랫동안 아름다움이 보존되며, 도자기와는 다른 부드러운 풍경을 식탁에 안겨준다.

(4) 글라스

적당한 무게와 냉기를 가지고 청량감이 있다. 옛날부터 식기로 이용되어 왔으나, 에도시대 이후에 기술이 발전되어 현재는 무색투명한 것으로서, 거기에 칠을 한 것 등 다양한 종류가 있다. 특수한 가공에 의해 내열성과 경도가 높으나 급격한 온도 변화에 민감하므로 취급에 주의를 요한다. 부드러운 스폰지를 사용하여 세척하고 자연건조하도록 한다.

(5) 금속기

금, 은, 주석, 동, 철, 알루미늄, 합금 등 재질이 다양하다. 파손의 우려가 적으나 화학적인 변화에 의해 변색이 생기기 쉽다. 표면에 상처가 생기지 않도록 주의하며, 각 금속에 적당한 광약을 사용하여 닦아 준다.

5. 조리 기초 기능 능력단위 [1301010401_14v2 / 일식 조리실무(5)]

1) 조리 실습 자세

조리 실습을 행함에 있어서 복장, 두발, 손, 재료, 조리기구, 그리고 조리 실습실에 이르기까지 위생적이지 않으면 안 된다.

(1) 복장

흰색의 조리복, 위생복, 앞치마는 필수적으로 착용하고, 더구나 항상 청결한 상태를 유지해야 한다. 복장은 기름이나 혹은 그 외의 것으로 인해 오염되기 쉬우므로 실습의 시작부터 끝날 때까지 주의해야 한다. 실습실이나 조리장에서는 바지도 실습 전용으로 사용하고, 조리복장으로 외출을 하거나 화장실에 가는 행위 등은 삼가도록 한다.

(2) 두발, 손

식품을 취급하기 위해 긴 머리는 좋지 않다. 항상 잘 씻고 손질하여야 한다. 아무리 훌륭한 요리라 해도 머리카락이 하나 발견되면 먹는 사람에게 불쾌감을 줄 수 있기 때문이다. 또한, 위생적으로도 허락될 수 없는 일인 것이다.

손은 비누로 잘 씻고, 또한 역성비누로 소독하고서 조리장에 들어오도록 하고, 조리 중에도 자주 씻어 주도록 한다. 손톱은 항상 짧게 깎고, 조리 중에는 반지나 시계를 착용하지 않는 것이 바람직하다. 손가락이 상처를 입어 화농이 생긴 경우에는 식중독의 원인이 되기 쉬우므로 직접 식품에 닿지 않도록 주의한다.

(3) 재료의 취급 방법

생선, 육류, 채소 등은 각 재료에 따라 손질하여 적정한 저장고에 정돈하여 보관하고, 속히 조리에 사용하도록 한다. 생선이나 육류는 용기에 넣어 냄새가 나거나 베이지 않도록 비닐 랩을 씌워 냉장고에 보관한다. 채소류, 과일류는 부패되지 않을 정도의 온도를 유지하고 물러지지 않도록 하는 것이 중요하다.

(4) 조리 기구의 정리정돈

큰 기구부터 작은 도구에 이르기까지 사용 후 정리를 잘 하도록 하며, 보관하는 장소를 일정하게 정하여 필요할 때 바로 사용할 수 있도록 정돈을 잘 하여 놓도록 한다. 주요한 조리기구의 정리정돈은 다음과 같다.

① 나무도마

사용 전에는 반드시 물로 씻어 도마에 수분이 베이도록 한다. 사용 후에는 잘 씻어 식품의 냄새가 남지 않도록 한다. 이따금 소금으로 문질러 세척하거나 열탕으로 소독하여 건조해 놓도록 한다.

② 칼

칼은 사용 후에는 반드시 갈아 마른 행주 등으로 물기를 잘 닦아준다. 칼은 조리에 종사하는 사람에게 있어서 그 마음이 나타나 있다고 해도 과언이 아니다.

③ 레인지

화로 부분은 사용 후 먼지나 국물의 찌꺼기 등의 끼인 것을 제거하고, 필요에 따라 와이어브러시 등을 사용한다. 가스의 나가는 구멍이 막혀 있으면 불완전 연소의 원인이 될 수 있음을 명심하도록 한다. 또한, 항상 가스 불꽃의 색에 유의하고, 공기 구멍을 조절하여 파란색의 불꽃이 나도록 한다.

④ 냄비류

사용 후에는 반드시 잘 닦아주고, 용도와 크기별로 정리하여 놓는다. 만일 시커멓게 탄 자국이 있는 경우에는 약간의 식초를 넣어 두었다가 닦아주도록 한다.

⑤ 냉장고

내부는 위생을 고려하여 항상 청결을 유지하고 재료별로 정리하여 놓고, 주기적으로 냉장고 속의 식품을 전부 꺼내어 내부의 오염원을 제거하는 것을 게을리 하지 않도록 한다. 냉장고는 살균을 시키는 곳이 아니므로 과신해서는 안 되며, 문을 자주 여닫거나 식품을 가득 넣어두지 않도록 한다.

⑥ 조리장의 청소

조리장이나 실습실의 청소를 할 때, 바닥은 물비누를 풀어 구석구석 걸레로 닦은 다음 물로 깨끗하게 씻어내도록 한다. 작업대는 수세미 등을 이용하여 닦은 다음 물로 헹구어 준 다음 행주 등으로 물기를 닦아준다. 조리 기구나 식기류 등은 위치를 일정한 장소를 택하여 두도록 한다.

2) 기본 썰기

일본요리를 조리하는데 있어서 칼로 식재료를 써는 방법은 상당히 그 종류가 다양하지만, 재료나 조리법에 의해 각각 자르는 방법이 상이하다. 먹기 좋고, 조리하기 편리하며, 맛을 내기 쉽고, 보기에도 아름다운 썰기 방법을 결정하는 것이 중요하다. 같은 조리법이라도 담는 그릇이나 방법에 따라 써는 방법을 달리할 수 있으며, 무한히 응용할 수 있으므로 기본적인 썰기 명칭과 방법을 습득하고 연습하여 확실히 습득하도록 한다.

다음은 몇 가지 기본 썰기 방법의 종류를 나타내고 있다.

(1) 와기리(輪切り : わぎり, 仏 : Rondelle)

무, 당근과 같이 둥근 모양의 것을 그대로 써는 것을 말하며, 두께는 용도에 따라 다르게 한다. 재료를 통채로 한 쪽 손으로 잡아 주고, 칼을 슬며시 밀면서 썰어준다. 조리사에 따라서는 당기면서 썰기도 하지만, 중요한 것은 조리사가 편하고 일정 모양과 크기를 유지할 수 있도록 습관이 들어야 하는 것이다. 따라서 처음부터 올바른 자세로 썰 수 있도록 기본 썰기 중 특히 와기리를 충분히 연습해 두도록 한다.

(2) 한게쓰기리(半月切り : はんげつぎり)

와기리 한 것을 반으로 자른 모양. 둥글고 긴 모양의 재료를 길이로 이등분하여 와기리처럼 자른다. 즉 반달 모양으로 자르는 것을 말한다.

(3) 이쵸기리(銀杏切り : いちょうぎり)

원형을 십자로 나누어 자른 모양. 은행잎을 생각나게 하는 모양에서 이름이 지어졌다. 원통형의 재료를 1/4로 갈라 용도에 따른 두께로 썰어 사용한다.

(4) 구시가타기리(櫛形切り：くしがたぎり)

반월형의 양단을 잘라낸 모양. 어묵 등의 자르기에 주로 사용된다. 또한, 양파, 토마토, 레몬 등의 둥근 모양의 것을 반으로 갈라 중심에서부터 방사형으로 잘라낸 것을 말한다.

(5) 고구치기리(小口切り：こぐちぎり)

주로 가늘고 긴 재료를 끝에서부터 적당한 두께로 자르는 것을 말하며, 실파 등을 썰 때 주로 이용된다. 칼날이 잘 들도록 손질하여 가급적 곱게 썰도록 한다.

(6) 효시기기리(拍子木切り：ひょうしぎぎり, 仏：Batonnet)

길이 4~5㎝, 두께 1㎝의 크기 정도의 사각 막대 모양으로 써는 모양. 주로 무나 당근 등의 채소 재료에 주로 이용한다.

(7) 사이노메기리(采の目切り：さいのめぎり, 仏 ：Des)

약 1㎝ 길이의 정육면체 주사위 모양. 재료를 우선 두께가 1㎝ 정도의 막대 모양으로 썬 다음, 1㎝ 정도의 폭으로 썰어서 사용한다.

(8) 나나메기리(斜め切り：ななめぎり)

재료를 어슷하게 자른 모양. 대파와 같이 긴 채소에 주로 이용된다.

(9) 아라레기리(霰切り：あられぎり, 仏 ：Brunoise)

재료를 8㎜ 정도의 입방체로 자른 모양. 사이노메기리보다 작게 자르는 것이므로 정확한 칼질이 중요하다.

(10) 센기리(千切り : せんぎり, 仏 : Julienne)

재료를 5~6㎝ 길이로 얇게 썰어서 포갠 다음 가늘게 채 썬 모양.

(11) 미징기리(微塵切り : みじんぎり, 仏: Hacher)

채로 썬 것을 다지듯이 썬 모양.

(12) 센록폰기리(千六本 : せんろっぽん, 仏 : Allumette)

센기리의 하나로서 성냥개비 두께로 채 썬 모양.

(13) 하리기리(針切り : はりぎり)

바늘과 같이 가늘게 썰어 놓은 모양. 주로 생강이나 구운 김 등을 썰 때 이용한다.

(14) 단자쿠기리(短册切り : たんざくぎり, 仏: Rectangle)

재료의 높이 1cm, 폭 4~5cm 크기로 얇게 썬 모양. 주로 무나 당근 등에 이용된다.

(15) 가쓰라무키(桂剝き : かつらむき, 仏 : Ruban)

무나 당근, 오이 등의 채소를 전체를 돌려가며 얇게 껍질을 벗기듯 깎아내는 모양.

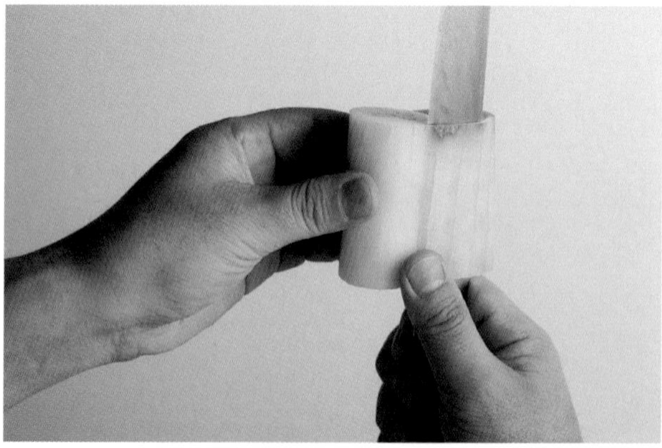

(16) 란기리(亂切り：らんぎり)

당근, 우엉, 오이 등의 채소를 손으로 돌려가며 자른 면의 각도를 어슷하게 하는 모양.

(17) 사사가키(笹掻：ささがき)

대나무 잎 모양. 연필을 깎듯이 재료를 손으로 돌려가며 대나무 잎 모양이 되도록 자른다. 주로 우엉에 이용된다.

(18) 멘도리(面取り : めんどり)

무, 당근, 등의 채소를 자른 모서리 부분을 다듬는 것. 조리 중에 서로 부딪쳐 모양이 변하는 것을 방지하기 위하여 사용된다.

3) 생선

일본은 주변이 바다로 둘러싸여 있으므로 해산물이 풍부하다. 오래전부터 여러 가지의 어개류를 그대로 생선회 또는 조림, 구이, 찜, 튀김 등으로 조리하여 갖가지 요리에 이용하여 왔다. 일본요리가 발달하는 과정에 있어서 중요한 역할을 맡고 있는 것이다. 또한, 보존을 겸한 된장조림이나 건조품을 만들기도 하며, 소금에 절여 액상으로 된 것을 조미료로서 사용하는 등 생선의 모든 부분을 적절히 이용하여 왔다. 육식이 완전히 보급된 지금에도 일본요리의 메뉴에는 어개류를 중심으로 한 것이 많다.

(1) 어개류의 선택 방법

① 어류

눈이 팽팽하고 검은 눈동자가 맑으며 육질에 탄력이 있는 것이 좋다. 배가 단단하고 비늘이 떨어지지 않으며, 아가미가 선홍색으로서 변색되지 않은 것이 신선한 것이다. 생선 본래의 색이 유지되어 있으며 점액 물질이 생기지 않은 것이 좋으나, 점액이 있는 생선은 그 점액이 투명한 것이 선도가 좋은 것이다.

• 참돔 : 눈 위가 청색으로 빛나고, 전체적으로 금색과 적색이 비친다.
• 옥돔, 갯장어 : 신선한 것은 점액이 액상이지만, 선도가 떨어지면 희게 변색된다.
• 민물장어 : 둥글고 윤기가 흐르며 상처가 없어야 한다.
• 가다랑어 : 표면이 껄끔거리는 것.
• 고등어 : 등의 무늬가 선명한 것.

② 패류

냉동 유통되는 것을 제외하고는 가급적 생물을 사용하도록 한다. 신선한 것은 껍질을 까서 조갯살을 만지면 급히 수축한다. 대합 등의 조개류는 가볍게 두들겨 보았을 때 딱딱거리는 맑은 소리가 나며, 피조개는 무거운 소리가 나는 것이 좋다. 조갯살은 살이 두텁고 색이 선명하며, 탄력이 좋고 냄새나 점액이 없는 것을 선택하도록 한다.

• 게 : 죽은 것은 급속히 선도가 떨어지므로 반드시 살아있는 것을 이용한다. 특히 참게는 물에서 꺼내면 즉시 선도가 떨어지기 쉬우므로 바로 조리하도록 한다. 어느 종류의 게도 집게가 떨어지지 않도록 하고, 껍데기가 비교적 단단하며 묵직함이 느껴지는 것이 좋다.
• 문어 : 손가락으로 가볍게 눌러보면 색이 약간 변하고, 다리의 빨판의 흡착력이 강한 것이 좋다.
• 오징어 : 신선한 것의 몸은 선명하며, 내장이 보일만큼 투명하고, 다리의 흡착력이 강하다. 또한, 가볍게 손을 대면 체색이 변하고, 신선도가 떨어지면 체색이 변하며, 투명감이 떨어진다.
• 성게알젓 : 신선한 것은 색이 선명하고, 입자의 구분이 확실하며, 표면이 봉긋한 모양을 하고 있다. 표면이 젖어 있거나 녹은 듯한 모양을 한 것은 피하도록 한다.
• 새우 : 껍질이 선명하고 깨끗하며 중량감이 느껴지는 것이 좋다. 머리나 껍질 부분이 검게 변색한 것은 피하도록 한다.

(2) 생선의 손질법

① 비늘 제거

생선은 물이나 염수로 수세미를 사용하여 재빨리 씻어 표면에 점액이 없도록 한다.

• 바라비키

거의 모든 생선에 일반적으로 사용하는 방법인데 비늘이 '바라바라' 하는 소리를 내며 떨어져 나간다고 해서 붙여진 이름이다. 생선의 머리를 왼손으로 잡고, 오른 손으로 우로코비키를 잡아 좌측으로 비늘을 긁어낸다. 꼬리 쪽부터 시작하여 머리까지 벗겨 내면서, 특히 지느러미 옆 부분과 등, 배 부분의 비늘을 잘 떼어 내도록 한다. 도구가 없을 때는 데바칼을 사용하기도 한다.

• 스키비키

육질이 부드럽거나 비늘이 작은 생선에 적합한 방법이다. 좌측에 꼬리를 왼손으로 잡고 오른손의 칼을 눕혀 꼬리부터 머리 쪽으로 비늘을 벗겨 낸다. 칼을 상하 운동하며 우측으로 진행하며 생선 껍질이 상하지 않도록 주의한다. 가자미, 광어, 방어 등의 생선에 쓰이는 방법이다.

• 제이고

전갱이과의 생선 좌우 측면에 붙은 비늘을 말하며, 이것을 젠고라고도 한다. 가시와 같이 모양으로 있는데, 생선의 머리를 좌측으로 가도록 놓고, 사진처럼 몸통 쪽에서 꼬리 방향으로 칼을 넣어 제거하거나, 꼬리 쪽에서부터 칼을 넣어 제거하기도 한다.

② 아가미와 내장 제거

머리를 그대로 둔 채 아가미와 내장만을 먼저 제거하는 것이 거의 모든 생선에 통용되는 일반적인 방법이다. 특히 머리를 요리에 사용하는 경우에는 아가미를 미리 제거하는 것이 편리하다.

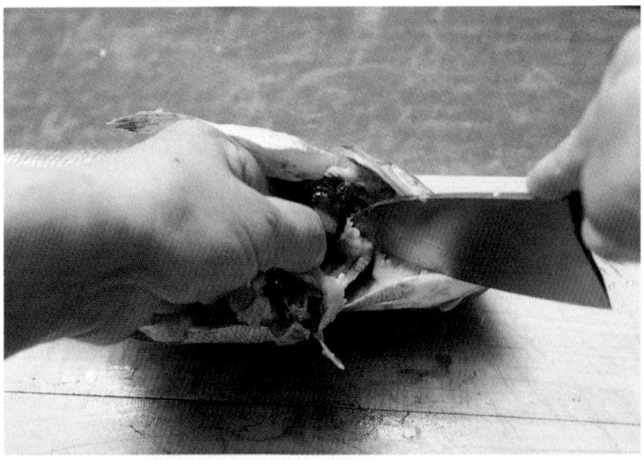

③ 머리 자르기

머리를 떼어내기 전에 머리를 요리에 사용할 것인지의 여부, 사용한다면 어떤 요리에 어떻게 사용할 것인지를 먼저 결정하고 나서 용도에 맞게 잘라낸다.

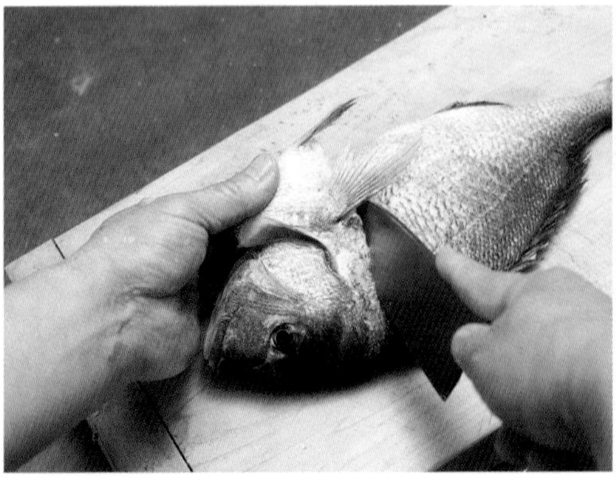

④ 오로스

기본적으로 산마이 오로시(석 장 뜨기) 방법을 가장 많이 이용하며, 큰 생선이나 광어, 또는 가자미 종류들은 고마이 오로시(다섯 장 뜨기)로 하는 경우도 있다.

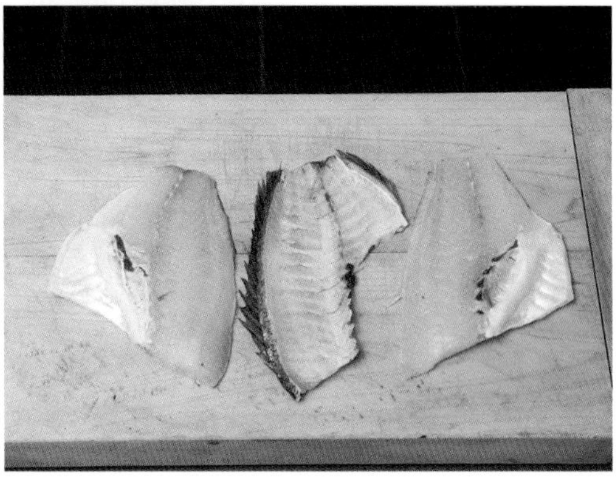

⑤ 껍질 벗기기

좌우 힘의 균등을 이용하며 칼을 사선으로 벌려가며 껍질을 벗겨 낸다.

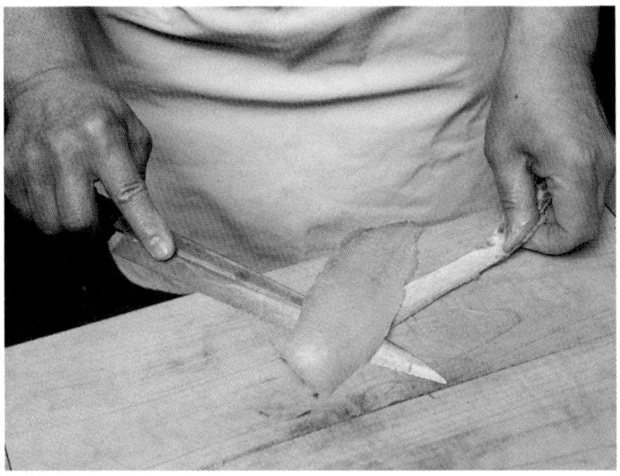

⑥ 가와시모

도미 등의 껍질을 끓는 물을 이용하여 생선회로 이용하기 위한 방법으로, 국자나 주전자로 도미 껍질 부분에 끼얹은 다음 얼음물로 식혀 물기를 재거하여 사용한다.

⑦ 광어 손질법

광어의 비늘을 벗기고 머리와 내장을 재거한 후 세 장 뜨기 하여 손질하는 모습을 사진으로 나타내었다.

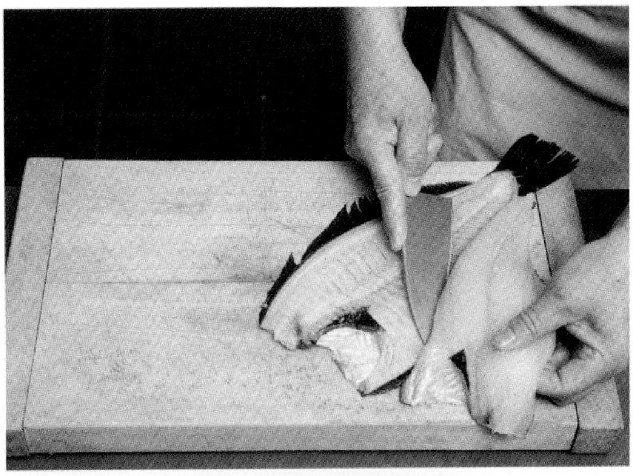
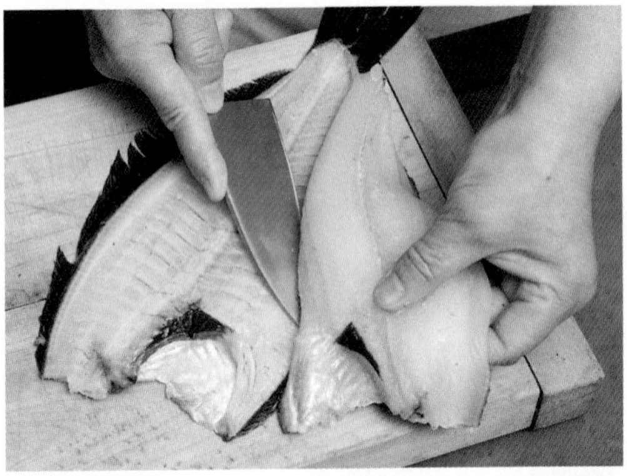

(3) 생선의 보관법

물로 씻은 생선은 즉시 오로시하여 냉장고에 보관하면 선도를 오래 유지시킬 수 있다. 생선회용으로 손질한 생선을 냉장고에 넣을 때 우수이다(얇은 종이같은 나무)로 겹겹이 싸서 수분으로 인한 변질을 최대한 억제한다. 또한, 지리나 조림에 사용할 생선은 대바구니에 넣어 얼음을 채워 놓도록 한다.

(4) 소금 뿌리기

생선에 소금을 하는 것은 단순히 맛만을 위한 것이 아니고, 수분의 탈수로 살이 단단하게 하며 냄새를 제거하는 역할을 갖는다. 또한, 염장으로 인한 방부 효과도 있으며, 소금으로 처리하는 방법은 목적에 따라 다음의 네 가지로 분류된다.

① 후리지오

생선에 직접 소금을 뿌리는 것으로서, 가장 일반적으로 많이 사용하고 있는 방법이다. 소금을 뿌리는 양에 따라 고쿠우수지오, 우수지오, 고우지오로 구별되며, 생선의 크기와 두께, 종류, 선도, 조리법을 감안하여 방법을 선택한다. 소금을 뿌리는 방법은 손에 소금을 한 줌 쥐고 생선에서 40~50cm 정도 떨어진 곳에서 손을 흔들며 손가락 사이로 소금을 조금씩 떨어뜨린다. 생선은 껍질이 바닥으로 향하도록 놓고 살코기 부분에 소름을 뿌리며, 전체적으로 균일하게 뿌려지도록 한다. 소금을 뿌린 후 스쿠리이타에서 소금이 스며들게하며, 30분 정도 후 생선을 물로 씻어 생선에서 나오는 이취를 제거해준다.

② 타테지오

맛이 담백한 작은 생선은 살이 얇고 그다지 크지 않으므로 후리지오 방법으로는 우수지오가 곤란하다. 이러한 경우에는 생선에 소금을 직접 뿌리지 않고 염수에 침지시킨다. 원칙적으로 해수 염도인 3% 정도의 염수를 만들어 생선의 선도와 크기를 고려하여 시간을 조절한다. 이 염수를 다떼시오라고 하며, 다시마를 담가 지미 성분이 우러나오게 하면 더욱 좋다.

③ 마부시지오

생선 전체에 소금을 듬뿍 묻히는 방법으로서, 냄새가 강한 고등어나 전갱이 등의 등푸른 생선에 이용한다. 또는 시메사바를 만드는 전 단계로 마부시지오를 해 주어도 좋다. 후리지오와 같은 소금의 양으로서는, 생선으로부터 나오는 다량의 수분으로 인하여 소금이 녹아버리고 만다. 또한, 비교적 지방이 많은 생선이므로 소금이 침투하기 어려운 이유도 있다.

④ 가미지오

종이를 통하여 생선에 염분이 약하게 배이도록 하는 방법으로서, 여분의 수분이나 악취를 종이가 흡수하는 효과가 있다. 생선이 가지고 있는 수분 외에도 소금이 녹아서 생기므로 타테지오보다 염분의 가감이 훨씬 용이하다. 생선의 맛이 빠져나가지 못하고, 여분의 수분을 제거하며, 씹힘성과 맛이 증가한다. 보리멸, 공미리, 가리비, 키조개 등을 처리하는 경우에도 이용할 수 있다.

4) 채소 손질

(1) 세척

채소에는 흙이나 이물질, 농약, 세균, 기생충 등이 붙어 있는 것도 있다. 조리하기 전에 그 오염원을 깨끗하게 씻어낼 필요가 있다. 채소 종류에 따라 흐르는 물을 효율적으로 이용하여 신속하게 처리함으로써 채소가 가지고 있는 맛과 영양분의 손실을 최대한 줄이도록 한다. 몇 번이라도 깨끗해질 때까지 물을 바꾸어 헹궈서 그대로 먹을 수 있도록 해야 한다. 필요하다면 전용 세제를 이용하여도 무방하나 이런 경우에는 물에 충분히 헹궈주어야 한다.

① 엽채류

시금치 등은 큰 용기에 물을 가득 받아 채소를 담가 흔들면서 흙 등의 이물질을 제거하며, 뿌리 부분은 흐르는 물에서 완전히 부착물들을 떼어 내도록 한다. 한꺼번에 많은 양을 하지 말고 한 줄기씩 씻어 내도록 한다.

② 근채류

무나 당근은 수세미를 사용하여 흙은 닦아내는 것이 효율적이다.

③ 버섯류

수분에 의해 변색의 우려가 있고 향이 달아나기 쉬우므로 사용하기 직전에 씻어 준다. 특히 자연 송이버섯은 물에 가급적이면 접촉하지 않도록 하며, 물에 젖은 것은 마른 행주로 물기를 가볍게 닦아주도록 한다.

(2) 절단

채소는 주로 얇은 칼을 사용하여 자른다. 먹기 쉽고 불에서 잘 익으며, 모양이나 크기가 요리에 어울리도록 두께를 잘 조절하는 것이 중요하다. 이렇게 하면 보기에도 아름다울뿐더러, 이런 과정에서 재료의 조직이 어떤 상태인지 파악해 둘 필요가 있다.

① 부드러운 채소

섬유 방향으로 자르면 약간 질겨져서 씹는 촉감을 좋게 할 수 있다.

② 단단한 채소

섬유 방향의 직각으로 자르면 조금 연한 느낌을 줄 수 있다.

같은 썰기 방법도 재료나 용도에 의해 크기나 두께에 변화를 주는 것이 중요하며, 다량 조리 시에는 일정한 크기를 유지하도록 해야 한다.

(3) 채소의 아쿠(灰汁, おく)

채소가 가지고 있는 아린맛, 떫은맛, 쓴맛, 매운맛 등의 원인이 되는 성분을 아쿠라고 한다. 아쿠 중에는 갈변을 일으키는 것도 있으며, 수용성인 것이 많으므로 껍질을 벗겨서 뜨거운 물에 데쳐서 냉수에 담그는 방법으로 제거할 수가 있다. 그러나 아쿠 제거가 지나치면 재료가 가지고 있는 맛과 영양도 빠져나가기 때문에 적당히 조절하는 것이 중요하다.

① 옥살산

아린맛을 느끼게 하는 성분으로서 시금치나 죽순에 다량 함유되어 있다. 수용성이므로 물에 씻으면 어느 정도 제거가 가능하다.

② 폴리페놀계 화합물

우엉, 땅두릅, 연근, 산마, 백합근, 가지, 감자, 사과 등에 함유되어 있으며, 껍질을 벗기면 산화되어 갈변이 일어난다. 이것을 방지하기 위해 껍질을 벗김과 동시에 물에 담가 공기와의 접촉을 차단하도록 한다. 여기에 약간의 소금이나 식초를 넣으면 더욱 효과적이다.

(4) 삶기

채소를 삶으면 색이 더욱 선명해지고, 또한 조직이 부드럽게 되며, 전분의 호화를 일으켜 소화를 용이하게 한다. 채소를 삶는 것은 불을 이용하는 것 이외에도 아쿠를 물에 용해시키던지, 갈변을 일으키는 효소는 불활성화시키는 방법을 생각할 수도 있다. 또한, 깨끗하게 색을 내도록 하거나 맛을 잃지 않게 하는 목적으로 삶을 때 물에 조금 첨가하면 효과적인 것도 있다.

① 삶는 요령

- 물의 양을 많이 한다.
- 물에 담가서 데칠 것인지, 물을 뿌려서 할 것인지를 결정한다.
- 푸른색의 채소는 단시간 데친다.
- 근채류는 속이 익을 수 있도록 반쯤 익으면, 냉수에 헹구지 않고 건져 둔다.

② 소금

거의 모든 채소에 이용되고 있다. 조직이 부드러워지고, 약간의 소금기를 함유하고 있어서, 엽록소가 안정되므로 채소의 색이 선명해진다.

③ 식초

땅두릅, 연근 등의 흰색 채소를 보다 흰색으로 보이게 하기 위하여 사용하는 방법이다. 재료가 너무 많으면 딱딱해지고, 식초의 맛이 배일 수도 있으므로 요리에 따라 사용을 자제하는 경우도 있다.

④ 쌀뜨물

죽순이나 우엉 등의 아쿠가 강한 채소에 사용하는 방법으로서, 아쿠 성분을 흡착시키며 재료를 부드럽게 한다. 또한, 무나 순무, 감자류 등에 이용하여 표백 효과를 볼 수 있으며, 양이 줄어드는 것을 방지할 수 있다.

⑤ 중조

알칼리성이므로 단단한 섬유가 많은 채소를 부드럽게 하고, 녹색도 선명하게 한다. 그러나 사용량이 너무 많으면 조릴 때 부서지기 쉬우므로 주의해야 한다.

⑥ 명반

물에 적당량 용해시키거나 재료의 표면에 문질러 바른다. 재료를 졸여들게 만드는 작용이 있어 가지의 경우에는 껍질이 질겨지고 색이 빠지게 된다. 사용량이 많으면 재료가 단단해 지므로 주의한다.

(5) 냉각

물에 데친 채소를 냉각하는 주목적은 그 이상 가열시키지 않도록 하기 위함과 동시에 신선한 색의 발현을 유도하기 위해서이다. 그 방법은 세 가지로 채소의 성질과 요리에 이용되는 상황에 따라 결정된다.

① 냉수 침지

녹색 채소 등의 깨끗한 색을 보호하기 위해서, 또한 아쿠의 제거를 위해 냉수에 담근다.

② 대류 냉각

물에 담그지 않고 자루 등에 담아 식힌다. 아쿠가 많지 않고 변색하기 어려운 것과 맛이 소실되기 쉬운 것들에 적합한 방법이다. 열이 너무 가해지지 않도록 재빨리 데쳐내는 것이 중요하다.

③ 열수 침지

삶아낸 물에서 그대로 식히는 것. 죽순 등 굵고 단단한 재료에 해당된다. 재료의 중심까지 열을 가하며 동시에 아쿠가 제거된다. 또한, 검정콩을 환원철과 함께 담가 놓으면, 색이 보다 안정되게 나므로 삶은 국물 그대로 냉각시킨다.

5) 수조육류(獸鳥肉類)

일본요리는 어개류를 사용하는 것이 많다. 그것은 사면이 바다라서 해산물의 혜택을 많이 누리며, 불교사상의 영향으로 인하여 주로 농경용 가축을 식용으로 사용하는 것을 금지했기 때문이다. 또한, 오랜 기간 동안 육식을 금해온 까닭에 육식을 추잡한 것으로 생각하는 의식이 침투하여 육식 습관을 긴 시간 동안 가질 수가 없었다. 메이지유신 이후 육식 금지가 해제되면서 외국의 요리도 물밀듯이 들어와 여러 가지의 육요리(肉料理)가 생겨나게 되었다. 일본요리에서 고기를 사용하는 방법은 아직 어육요리에 비해 떨어졌으나, 육류의 안정적인 공급으로 인해 비교적 보존이 쉽고 식재로서 가치도 높아졌다. 식생활의 변화로 인해 어류에 한정되었던 메뉴들이 육요리를 함께 메뉴에 넣는 시도가 계속되고 있다.

(1) 규니쿠(牛肉 : ぎゅうにく) - 소고기

소고기는 부위에 따라 육질의 차이가 크지만, 일본요리에서는 부드러운 육질 부분이 기호에 맞는다. 특히 로스니쿠(loin)는 시모후리니쿠라 불리고 있는데, 살코기 속에 하얀 지방의 교잡도가 높은 것이 상품으로 되어 있다. 지방이 많지 않고 부드러운 히레니쿠(fillet)도 좋아한다. 일본의 대표적인 식용육으로는 마쓰사카우시로 알려져 있는데, 육질의 상강도를 높이기 위하여 특수한 사료와 사과에 맥주를 마시게 하고, 음악을 듣게 하며 소주를 몸에 발라 마사지를 해 준다고 한다.

우육을 이용한 요리로는 스키야키, 미소즈케(샤브샤브, 다타키), 아미야키 등이 있다.

(2) 부타니쿠(豚肉 : ぶたにく) - 돼지고기

돈육은 소고기처럼 부위에 따른 차이가 크지 않으나 비교적 지방이 많고 부드럽다. 선택할 때는 광택이 있는 담홍색으로 탄력성이 높은 것이 좋고, 지방을 흰백색을 나타내는 것을 좋다. 돈육은 기생충이 있으므로 반드시 익혀서 조리하여야 하나, 최근에는 특수한 사료로서 사육된 청정 무균 돈육이 출하되어, 이러한 면에서는 다소 안심할 수 있게 되었다. 지방이 거의 없는 등심은 튀김요리에 사용하고, 적당한 지방이 있는 것은 구이나 냄비, 조림요리에 이용한다.

(3) 도리니쿠(鷄肉 : とりにく) - 닭고기

식용으로 가장 많이 출하되고 있는 것은 미국에서 개량된 브로일러로서, 육질이 부드럽고 냄새가 많지 않으며 수분이 적당히 있어 촉감이 좋다. 우육이나 돈육에 비해 선도가 떨어지기 쉬우므로 구입 후 바로 조리하여 사용하도록 한다. 껍질을 제외한 부분의 육질에 지방이 그다지 많지 않으므로 부드럽고, 특히 다리 부분의 탄력성이 좋아 요리에 자주 이용되고 있다. 구이, 조림, 튀김, 무침 등의 요리에 사용되며, 특히 사사미(안심) 부위는 지방의 거의 없으므로 부드럽고, 냄새가 나지 않아 사시미나 초밥으로도 이용이 가능하다. 뼈로부터 얻고 국물로서 여러 가지 조리에 활용하며, 특히 닭뼈를 이용하여, 만든 다레는 데리야키의 맛을 향상시킨다.

(4) 가모니쿠(鴨肉 : かもにく) - 오리고기

시장에 출하되고 있는 것은 대부분 오히루(おひる)라고 불리는 일종의 집오리로서, 다리의 크기가 작으므로 가슴살을 많이 이용한다. 살에 붙은 지방이 두터워 로스(ロース)라 불리는 부위가 많다. 육질이 선명한 담홍색으로서 지방이 단단하며, 냄새가 나지 않는 것이 좋다. 구울 때는 속까지 열이 전달되도록 하며, 특유의 육향이 있으므로 파 또는 미나리 등을 요리할 때 사용하는 것이 좋다. 냄비요리, 소금구이, 데리야키, 스키야키 등을 조리하는데 사용된다.

(5) 우즈라(鶉 : うずら) - 메추리

닭고기보다 육질이 부드럽고 작으며 담백한 맛이 나지만, 독특한 풍미가 있어 조리에 유의한다. 살은 광택이 있고 냄새가 적은 것이 좋다. 살코기는 쓰케야키, 산쇼야키, 미소즈케 등에 이용된다.

(6) 이노시시니쿠(猪肉 : いのししにく) - 멧돼지

특유의 향과 냄새가 있으므로 맛이 있고, 육질은 단단하나 가열하면 부드러워지며, 냄새로 제거되며 맛이 좋아진다. 다시에 된장을 풀어 채소와 구운 두부 등을 넣어 함께 끓이면서 먹는 냄비요리가 유명하다.

(7) 우마니쿠(馬肉 : うまにく) - 말고기

육질은 적색이며 지방이 적고 우육과 유사하나 글리코겐이 다량 함유되어 있어 씹으면 단맛이 난다. 사쿠라니쿠라고도 하며, 기생충에 대한 항체로 인해 기생충 감염의 우려가 없이 생육을 먹는 우마사시(말고기회)가 유명하다. 스키야키, 샤브샤브 등 소고기와 유사하게 조리에 이용된다.

(8) 슷퐁(鼈 : すっぽん) - 자라

담수거북의 일종으로 턱의 힘이 강하여 물리면 곤란하므로 취급에 주의를 요하며, 반드시 살아있는 것을 요리에 사용한다. 복부는 핑크색이 감도는 백색이 좋고, 색이 너무 검은 것은 피하는 것이 좋다. 껍질은 다시를 뽑고, 4개의 다리는 반등분하여 시모후리하여 냉수에 담갔다가 껍질을 벗겨 사용한다. 부위에 따라 날로 먹을 수도 있으나 대부분 다시마를 이용하여 익혀서 사용한다. 냄비요리, 맑은 국요리가 대표적이며, 냄새가 있으므로 청주, 파, 생강 등을 조리할 때 이용한다.

6) 난류(卵類：らんるい)

달걀을 가장 많이 이용하며 다음은 메추리알이다. 단백질과 지질 등의 영양소가 많아 가치가 높은 식품이다. 알 특유의 성질을 살려 각가지 용도로 요리재료에 사용되고 있다.

(1) 다마고(鷄卵：たまご) – 달걀

달걀은 보통 상온에서 2~3일만 지나면 부패하고, 냉장고 안에서는 2~3주 정도 영양가는 변화가 없지만, 선도가 떨어지고 주위의 냄새를 흡수하므로 주의해야 한다. 조리에 사용할 때에는 별도의 용기에 하나씩 깨뜨려서 이상이 없는지 확인해야 한다. 난백의 단차가 확실하고, 난황의 높이가 높은 것이 신선한 것이다. 껍질에 금이 가거나 물에 담그면, 잡균의 오염의 우려가 있으므로 주의하며, 달걀의 성질을 잘 이용하여 조리에 활용하도록 한다.

① 열 응고성

난황은 65~70℃, 난백은 70~80℃에서 거의 응고된다. 이 온도의 차를 살려서 온센다마고(온천 달걀찜)를 만든다.

② 기포성

거품기를 이용하여 휘저으면 공기를 품고 거품이 되며, 특히 난백이 이 성질이 강하다. 스리미 등에 섞어 부드럽게 하거나 디저트 등에 얹어 눈이 내린 것처럼 보이게 할 수도 있으며, 튀김옷으로 사용할 수도 있다.

③ 유화성

난황에는 물과 기름을 잘 섞어주는 작용을 하는, 레시틴이 다량 함유되어 있어 마요네즈 등을 만드는데 응용된다.

④ 기타

수분을 머금고도 응고되는 보수성을 이용하여 달걀두부를 만들고, 난백의 결착성을 이용하여 어묵이나 구이요리의 데리(광택)를 내는데 이용되기도 한다.

(2) 내장란(内臓卵)

닭의 난소에 들어있는 알로서 색이 진하다. 황색을 내어 강조하는 요리에 착색재료로 이용되며, 탕에 풀어 넣어 맑은 국 재료로 사용하기도 한다.

(3) 우즈라다마고(鶉卵 : うずらたまご)–메추리알

크기가 작으므로 삶아서 여러 요리에 얹어내는 재료로 사용된다. 썰어서 세공하면 상당히 여러 가지 효과를 연출할 수 있다.

7) 건조, 가공품

일본요리에 사용되는 건조물, 가공품, 염장품 등의 종류는 매우 다양하다. 이것들은 보존을 위한 것이지만, 건조나 염장에 의해 독특한 향미를 제공하기도 하며, 특유의 맛이나 촉감을 생겨나게도 한다. 건조품들은 수분에 의한 변질로 곰팡이 등이 생겨날 수 있으므로 필봉하여 냉암소에 보관하도록 한다.

(1) 와카메(若芽 : わかめ) – 미역

염장미역, 건조미역, 열처리한 건미역 등이 있으며, 물에 데치면 선명한 색이 난다. 너무 매끄럽거나 흐물흐물 거리는 것은 좋지 않다. 염장 미역은 물에 담가 소금기를 빼어 내고, 건미역은 물에 불려서 사용하는데, 약 10~15배 정도 중량이 증가 하므로 사용량을 잘 가늠하여야 한다.

① 충분한 양의 물에 30분 정도 담가 불린다.
② 끓는 물에 살짝 데쳐내어 색을 낸다.
③ 냉수에 담가 냉각시킨다.
④ 도마에 올려 줄기를 도려내고 용도에 맞게 잘라 사용한다.

(2) 호시시다께(干し椎茸 : ほししいたけ) – 건표고버섯

표고버섯은 건조시킴으로 인하여 맛과 영양분이 증가한다. 갓은 황갈색이고 줄기는 황백색인 것이 건조가 잘된 것이며, 생표고버섯과는 달리 주로 냄비요리나 조림요리에 이용된다. 일단 물에 불려 사용하며, 버섯을 불린 물은 지미 성분이 용출되어 있으므로 조리에 활용하도록 하면 좋다.

① 충분에 양의 냉수에 담가 오토시부타를 덮어 20분 정도 불린다.
② 조심스럽게 표고버섯에 붙은 이물질과 흙 등을 떼어내고 물을 버린다.
③ 새로이 미지근한 물에 담가 오토시부타를 덮어 6시간 정도 완전히 불린다.

④ 버섯의 물기를 짜낸 다음 용도에 따라 절단하고, 불려낸 물을 요리의 국물로 사용한다.

(3) 간표(干瓢：かんぴょう) – 박고지

호박의 내부 과육을 얇고 길게 깎아내어 건조시킨 것으로서, 줄이 두텁고 일정하며 연한 미색이 나는 것이 좋다.

① 충분한 양의 냉수에 10분 정도 담가 물을 먹게 한다.
② 물에서 건져낸 다음 소금을 뿌려 비벼낸다.
③ 끓는 물에 넣어 삶는다.
④ 삶아낸 것을 자루에 담아 식혀서 용도에 맞게 사용한다.

(4) 고야도후(高野豆腐：こうやとうふ) – 냉동두부

일본에는 고야도후 또는 고오리도후라고 하는 식용 냉동두부가 있다. 이것은 두부를 냉동 건조시킨 것으로서, 현재는 공장에서 생산되어 물에 불린 필요가 없는 것도 있다. 다만 특유의 냄새가 있으므로 물이 맑아질 때까지 계속 세척해 주어야 하며, 조릴 때 부서지지 않도록 너무 불리지 말아야 한다. 지방분이 산화되기 쉬우므로 되도록 빨리 사용한다.

① 넓은 사각 스텐인리스 용기에 두부를 나란히 놓고 뜨거운 물을 부어준다.
② 두부가 뜨지 않도록 오토시부타를 사용하여 눌러준다.
③ 손으로 눌러 다 녹았는지 확인한다.
④ 흐르는 물에서 두부를 짜듯이 씻어낸 다음 사용한다.

(5) 기쿠라게(木耳：きくらげ) – 목이버섯

무색무취의 검은 버섯으로서 사람의 귀와 유사하게 생겼다고 하여 이름이 지어졌다. 잘 건조되어 크고 검은색이 선명한 것이 좋다.

① 물로 잘 씻어 냉수에 6시간 정도 담가 불린다.
② 뿌리 부분을 잘라낸다.
③ 끓는 물에 살짝 데쳐낸다.
④ 자루에 담아 물기를 빼서 사용한다.

(6) 다이즈(大豆 : たいず) – 대두

일반적으로 완숙한 대두의 건조품으로 색이 깨끗하고 입자가 고른 것이 좋다. 유지를 다량 함유하고 있으며, 오래되면 산화되어 맛이 떨어지므로 주의한다.

① 물에 잘 씻어 냉수에 하루 정도 담가 둔다.

② 껍질을 제거하고 돌을 골라낸다.

③ 자루에 건져 물기를 뺀 다음 냄비에 담아 충분한 물로 삶는다. 물이 끓기 시작하면 불을 줄여 약한 불에서 콩이 익도록 한다.

④ 냄비에 냉수를 틀어 서서히 콩이 식도록 하여 사용한다.

8) 다시(出汁 : だし) – 국물

일본요리에 있어서 다시는 국이나 냄비, 조림 등의 요리에 맛을 내는 기본으로서 중요성을 갖는다. "다시를 뽑는다"는 표현에서도 알 수 있는 바와 같이, 다시를 만드는 것은 식품이 가지고 있는 진액을 최대한 이끌어내는 것을 말하고 있는 것이다. 아무리 좋은 재료를 사용하였어도 너무 끓이면 여분의 맛이나 냄새가 나므로 주의하여야 한다. 다시의 재료가 되는 것들도 나름대로 특징이 있어 그 성질을 잘 파악하는 것이 중요하다.

국물을 내기 위해 가장 많이 사용하고 있는 것으로는, 가쓰오부시와 다시마를 들 수 있다. 특히 일번 다시를 잘 만들어 내기 위해서는 재료의 질이 대단히 중요하다. 또한, 물의 냄새도 다시의 맛에 영향을 미치므로, 수돗물을 사용할 때는 미리 받아 두었다가 사용하거나, 활성탄 등으로 여과하여 사용하도록 하면 좋다. 미네랄 성분이 많은 경수보다는 연수가 다시의 맛을 내는 데는 더 적합한 것으로 알려져 있다.

(1) 재료

① 가쓰오부시(鰹節 : かつおぶし) – 가다랑어포

가다랭이를 오로시하여 삶은 것을 훈연하면서 건조시킨 것으로서, 나무토막과 같은 형태이며, 세 장 뜨기 한 것으로 만들었기 때문에 부위별로 맛과 부르는 명칭이 다르다. 시중에는 이것을 잘게 갈아 만든 케즈리부시로 유통되는 경우가 많으나, 특유의 휘발성 향기 성분의 맛을 살리기 위해 고급요리를 취급하는 곳에서는 필요할 때마다 기구(가쓰오부시하꼬)를 이용하여 조금씩 깎아서 사용하기도 한다.

② 곤부(昆布：こんぶ) - 다시마

다시를 뽑기 위해 사용되는 다시마는, 우선 건조가 잘되어 검정색이나 짙은 녹갈색을 띠고 있으며, 감미 성분인 만니톨이 전체적으로 하얗게 묻어 있는 것이 좋다. 보관 시에는 용기에 넣어 습기가 차지 않도록 냉암소에 두도록 한다.

③ 부시류(雑節) - 부시류

가다랑어 이외의 생선을 가공하여 만든 부시류로서 참치, 고등어, 정어리 등이 있다. 향미가 가쯔오부시보다는 다소 떨어지고 맛은 진하므로 용도는 기호에 따라 각각 다르고, 경우에 따라서는 섞어서 사용하기도 하며, 보통은 면요리의 국물이나 된장국에 이용하는 경우가 많이 있다

(2) 만드는 방법

① 이치반다시(一番出汁：いちばんだし) - 일번 다시

가쓰오부시와 다시마를 이용하여 재료의 맛을 단시간에 용출시켜 최고의 풍미를 얻어 낸 국물을 말한다. 가쓰오부시의 맛난맛인 이노신산(inosinic acid)과 다시마의 글루타민산(glutamic acid)이 혼합된 것에 의해 더욱 맛이 강하게 되는 상승 효과가 있다. 맑은 국이나 조림, 찜 요리 등의 국물로서 사용된다.

- 물 1ℓ에 다시마 10g을 넣고 끓인다.
- 물이 끓으면 다시마를 건져내고 가쓰오부시를 10g 넣는다.
- 불을 끄고 거품을 건져낸 다음 체에 소창을 깔고 걸러낸다.

② 니반다시(二番だし: にばんだし) - 이번 다시

일번 다시에서 남은 재료를 이용하여 만든 것으로서 된장국이나 맛이 진한 조림요리에 사용한다.

- 일번 다시에서 남은 다시마와 가쓰오부시에 물 2리터를 붇고 약한 불로 끓인다.
- 새로운 가쓰오부시를 조금 넣어 불을 끈다.
- 거품을 걷고 체에 소창을 깔고 걸러낸다.

③ 니보시다시(煮干しの出汁 : にぼしのだし) – 멸치다시

원래 니보시란 삶아서 말린 모든 재료를 뜻하며, 멸치 외에 정어리, 패주, 새우 등 여러 가지가 있다. 그러나 보통은 멸치 말린 것을 지칭하는 경우가 많고, 잘 건조되어 광택이 나며 껍질이 상하지 않고 단단한 것이 좋다. 사용 전에 머리와 내장을 제거하면 다시의 쓴맛을 방지할 수 있으며, 된장국이나 면요리, 조림요리 등에 이용된다.

– 멸치의 머리와 내장을 제거하여 물에 살짝 씻어낸다.
– 물에 멸치 30g과 다시마 5g을 넣어 냉장고에서 한두 시간 정도 우려낸다.
– 그대로 불에 올려 끓으면 불을 끄고 거품을 제거하여 걸러낸다.

④ 도리다시(鶏の出汁 : どりだし) – 닭다시

닭으로부터 얻어 낸 국물로서 부드럽고 담백하며 동물성 특유의 풍미가 있다. 닭은 신선한 것을 이용하고, 상처가 있거나 냄새가 나는 것은 피하도록 하며, 다시를 만들 때는 뼈나 다리를 이용한다.

– 닭의 발톱을 잘라낸다.
– 닭발(뼈)에 뜨거운 물을 부어 시모후리한다.
– 핏기와 응고된 이물질을 제거한다.
– 용기에 물 8ℓ를 붇고 닭발 1kg 과 다시마 2장을 넣고 끓인다.
– 불을 줄여 약한 불에서 약 절반이 될 때까지 거품을 걷어가며 졸인다.
– 불을 끄고 걸러내어 사용한다.

⑤ 곤부다시(昆布出汁 : こんぶだし) – 다시마 국물

다시마를 물에 푹 담가 우려낸 것으로서 냄비요리용 국물로 이용된다. 쇼진요리의 기본국물로서 다른 다시와 병용하는 경우도 많다.

– 물 2리터에 다시마 60g을 담가 7시간 정도 우려낸다.

⑥ 시다케다시(干し椎茸出汁 : ほししいたけだし) – 건표고버섯다시

표고버섯 건조품을 우려낸 것으로서 맛과 향이 강하여 다른 국물과 혼용하여 사용하는 경우가 많다.

– 물 1리터에 30g의 표고버섯을 담가 30분 정도 불린다.
– 표고버섯을 건져내어 물을 버리고 흙과 이물질을 제거한다.
– 새 물에 다시 버섯을 담가 10시간 정도 불려 우려내어 걸러서 사용한다.

● 다시 뽑는 방법

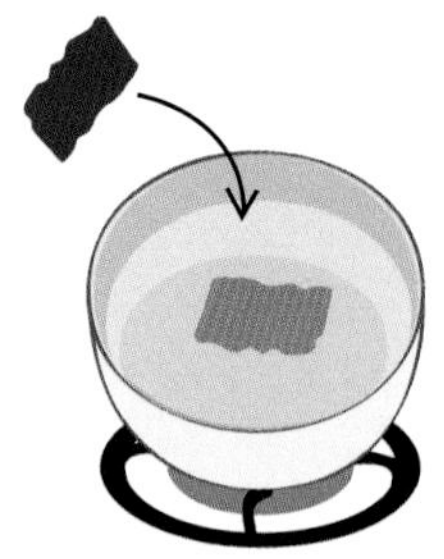

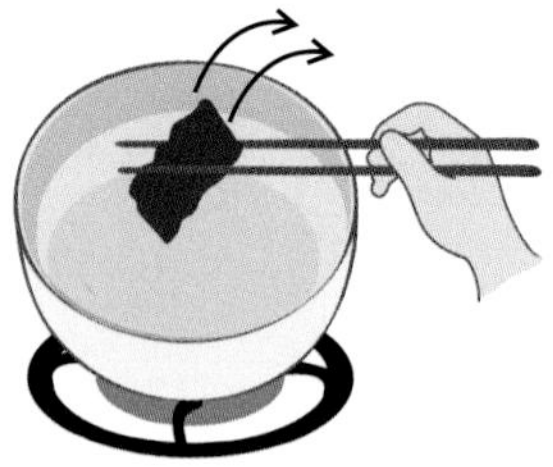

냉수에 다시마를 넣고 가열하다가 끓으면 다시마를 건져낸다.

바로 가쓰오부시를 넣고 잠시 후 체에 면포를 얹어 걸러낸다.

〈생선의 순〉

계절	월	생선
봄	3	가자미, 학꽁치, 삼치, 참치, 문어, 해삼, 왕새우(대하), 차새우, 피조개, 굴, 소라, 재첩, 새조개, 대합, 가리비, 빙어, 붕어
봄에는 거의 모든 생선이 산란하기 전이기 때문에 몸체가 굵고, 지방이 많아서 맛이 좋다. 도미, 삼치, 가자미 등이 특히 맛있고 값싸게 구할 수 있다.	4	노래미, 벤자리, 참가자미, 베도라치, 양태, 학꽁치, 삼치, 날치, 볼락, 참문어, 새우(왕새우 · 차새우), 피조개, 모시조개, 전북, 소라, 재첩, 새조개, 대합, 가리비, 빙어
	5	쥐노래미, 전갱이, 벤자리, 돌가자미, 양태, 학꽁치, 삼치, 날치, 갯장어, 다랑어, 해삼, 차새우, 피조개, 모시조개, 전복, 소라, 재첩, 새조개, 대합, 가리비, 빙어, 멍게
여름	6	쥐노래미, 흑돔, 양태, 날치, 놀래기, 게르치, 볼락, 전갱이, 다랑어, 송어, 차새우, 민물게, 전복, 은어, 곤들매기, 민물장어
농어, 갈치, 갯장어 등의 흰살생선이 맛좋아지는 계절이다. 그러나 더운 날씨 때문에 쉽게 상하는 경우가 있는데 맛은 생선의 신선도가 좌우한다.	7	쥐노래미, 바다장어, 돌돔, 꼬치고기, 보리멸, 흑돔, 농어, 날치, 놀래기, 볼락, 전갱이, 고등어, 민물게, 전복, 재첩, 은어, 곤들매기, 민물장어, 미꾸라지
	8	돌돔, 꼬치고기, 보리멸, 흑돔, 날치, 놀래기, 전갱이, 민물게, 전복, 은어, 민물장어, 미꾸라지
가을	9	쥐노래미, 바다장어, 흑돔, 농어, 날치, 갯장어, 놀래기, 정어리, 전어, 고등어, 오징어, 새우
1년 중 가장 풍성한 해산물을 얻을 수 있는 계절로서, 특히 고등어, 꽁치, 참치 등의 생선의 지질함량이 높아지므로 맛이 좋다	10	쥐노래미, 바다장어, 삼치, 갈치, 하마치, 전어, 연어, 고등어 꽁치, 송어, 오징어, 한치, 문어알, 시바새우, 왕새우
	11	쑤기미, 쥐치, 삼치, 하마치, 광어, 전어, 연어, 꽁치, 참치, 송어, 한치, 오징어, 시바새우, 왕새우, 굴
겨울	12	쥐치, 도미, 광어, 복어, 방어, 임연수어, 병어, 연어, 참치, 왕새우, 시바새우, 게, 굴, 붕어
복, 아구, 광어, 방어 등의 생선이 년 중 가장 맛이 좋은 계절로서, 대합이나 모시조개, 소라 등의 패류도 풍부하게 출하된다.	1	옥돔, 쑤기미, 쥐치, 도미, 광어, 복어, 방어, 병어, 게르치, 참치, 오징어, 왕새우, 시바새우, 게, 개량조개, 굴, 소라, 대합, 붕어, 빙어
	2	옥돔, 아구, 쥐치, 학꽁치, 도미, 광어, 복어, 방어, 병어, 게르치, 연어, 참치, 오징어, 해삼, 왕새우, 게, 개량조개, 모시조개, 굴, 소라, 키조개, 대합, 잉어, 붕어, 빙어

〈채소의 순〉

계절	월	채소
봄	3	유채씨, 잠두콩(조생), 백합근, 브로컬리, 팽이버섯, 땅두릅, 아사쯔키
	4	미나리, 부추, 미츠바, 요메바, 우엉, 양파, 백합근, 양배추, 땅두릅, 두릅순, 고사리, 아사쯔키
	5	미나리, 부추, 미츠바, 실파, 청대콩, 잠두콩, 죽순, 감자, 양배추, 양송이, 고사리, 아사쯔키, 기노메, 양하, 두릅순
여름	6	미나리, 호박, 우리, 가지, 강낭콩, 잠두콩, 우엉, 감자, 양파, 양배추, 피망, 차조기잎
	7	호박, 오이, 우리, 동아, 가지, 강낭콩, 양파, 염교, 오크라, 양배추, 토마토, 피망, 순채, 생강
	8	호박, 오이, 우리, 가지, 토란, 토란 줄기, 감자, 양파, 오크라, 양배추, 토마토, 생강가을
가을	9	우리, 가지, 밥, 강낭콩, 토란, 토란 줄기, 감자, 오크라, 양배추, 토마토, 송이버섯, 꽈리고추, 생강
	10	오이, 가지, 자고, 무, 연근, 고구마, 토란, 토란 줄기, 당근, 오크라, 브로컬리, 나메코, 양송이, 송이버섯, 유자
	11	파, 순무, 자고(쇠귀나물), 무, 연근, 고구마, 토란, 토란 줄기, 당근, 산마, 팽이버섯, 은행, 차조기, 유자
겨울	12	갓, 미즈나(순무의 일종), 파, 쑥갓, 시금치, 당근, 양배추, 브로컬리, 팽이버섯
	1	갓, 미즈나, 미부나(순무의 일종), 쑥갓, 파, 배추, 미츠바, 순무, 자고, 무, 연근, 백합근, 양파, 토란, 브로컬리, 팽이버섯, 생표고버섯, 다이다이, 유자, 와사비
	2	미즈나, 미부나, 쑥갓, 배추, 시금치, 미츠바, 순무, 무, 백합근, 컬리프라워, 브로컬리, 팽이버섯, 다이다이 유자

02

+ 국가기술자격검정
실기시험문제

[일식 실기 조리]

01. 갑오징어명란무침
02. 도미머리맑은국
03. 대합맑은국
04. 된장국
05. 도미조림
06. 문어초회
07. 해삼초회
08. 소고기덮밥
09. 우동볶음
10. 메밀국수(자루소바)
11. 삼치소금구이
12. 소고기간장구이
13. 전복버터구이
14. 달걀말이
15. 도미술찜
16. 달걀찜
17. 생선초밥
18. 참치김초밥
19. 김초밥

[복어조리]

01. 복어회, 복어껍질 초회, 복어죽
02. 복어 손질하기

[중급 일본요리]

01. 대합술찜
02. 모둠냄비
03. 생선모둠회
04. 모둠튀김
05. 소고기양념튀김
06. 전골냄비
07. 닭버터구이
08. 도미냄비
09. 꼬치냄비
10. 두부튀김

-조리실기시험 출제 기준

-국가직무능력표준(NCS)

01 갑오징어명란무침 | 20분

능력단위 [1301010403_14v2 / 일식 무침조리(2)]

자격종목	일식조리 기능사	과제명	갑오징어명란무침

● 요구 사항

※ 주어진 재료를 사용하여 다음과 같이 갑오징어명란무침을 만드시오.

가. 명란젓은 껍질을 제거하고 알만 사용하시오.

나. 갑오징어는 속껍질을 제거하여 사용하시오.

다. 갑오징어를 두께 0.3cm 정도로 채썰어 청주를 섞은 물에 데쳐 사용하시오.

● 수험자 유의 사항

1) 만드는 순서에 유의하며, 위생과 숙련된 기능평가를 위하여 조리작업 시 맛을 보지 않습니다.

2) 지급재료는 시험 전 확인하여 이상이 있을 경우 시험위원으로부터 조치를 받고 시험 중에는 재료의 교환 및 추가지급은 하지 않습니다.

3) 요구사항의 규격은 "정도"의 의미를 포함하며, 지급된 재료의 크기에 따라 가감하여 채점합니다.

4) 다음 사항에 대해서는 **채점 대상에서 제외**하니 특히 유의하시기 바랍니다.

가) 기권 – 수험자 본인이 시험 도중 시험에 대한 포기 의사를 표현하는 경우

나) 실격 – (1) 가스레인지 화구 2개 이상(2개 포함) 사용한 경우

(2) 불을 사용하여 만든 조리작품이 작품특성에 벗어나는 정도로 타거나 익지 않은 경우

(3) 위생복, 위생모, 앞치마를 착용하지 않은 경우

(4) 시험 중 시설·장비(칼, 가스레인지 등) 사용 시 시험위원 및 타수험자의시험 진행에 위해를 일으킬 것으로 시험위원 전원이 합의하여 판단한 경우

다) 미완성 – (1) 시험시간 내에 과제 두 가지를 제출하지 못한 경우

(2) 문제의 요구사항대로 과제의 수량이 만들어지지 않은 경우

라) 오작 – (1) 구이를 조림 등으로 조리하여 완성품을 요구사항과 다르게 만든 경우

(2) 해당과제의 지급재료 이외의 재료를 사용하거나 석쇠 등 요구사항의 조리도구를 사용하지 않은 경우

마) 요구사항에 표시된 실격, 미완성, 오작에 해당하는 경우

5) 항목별 배점은 위생상태 및 안전관리 5점, 조리기술 30점, 작품의 평가 15점입니다.

● 지급 재료 목록

일련번호	재료명	규격	단위	수량	비고
1	갑오징어몸살		g	70	
2	명란젓		g	40	
3	무순		g	10	
4	청주		ml	30	
5	소금	정제염	g	2	
6	청차조기잎(시소)		장	1	깻잎으로 대체 가능
7					
8					
9					
10					
11					
12					
13					
14					
15					

잔소리

- 지정된 수험자지참준비물 이외의 조리기구나 재료를 시험장내에 지참할 수 없습니다.
- 위생복, 위생모, 앞치마를 착용하여야 하며, 시험장비 · 조리도구 취급 등 안전에 유의합니다.
- 시험시작 전 가벼운 몸 풀기(스트레칭) 동작으로 긴장을 풀고 시험을 시작합니다.

고이카노사쿠라아에

(甲烏賊の櫻和え：こういかのさくらあえ, Marinated Cuttle Fish & Cod-Roe with Sake)

● 조리법

1. 갑오징어는 손질하여 속껍질을 벗긴 후 길이 5cm로 가늘게 채 썰어 준다.
2. 연한 소금간을 한 따뜻한 청주에 살짝 담갔다 가 건져 둔다.
2. 명란젓은 껍질 속의 알을 긁어내어 나무젓가락을 이용하여 잘 섞어 준다.
3. 두 가지 재료를 잘 섞어 지도록 무쳐준다.
4. 오목한 작은 그릇에 시소를 깔고, 그 위에 명란무침을 담아 무순을 곁들여 낸다.

● 주의 사항

1. 갑오징어가 익지 않도록 데우는 청주의 온도에 주의한다.
2. 갑오징어는 가급적 최대한 가늘고 일정한 두께로 채 썬다.
3. 명란젓은 기본 간이 배어 있으므로 양념하는데 유의한다.
4. 본 문제는 항상 다른 문제와 함께 출제되므로, 같이 나온 문제와 시간을 잘 조절하면서 요리하도록 한다.

● 용어 해설

1. 갑오징어

   몸속에 딱딱한 갑을 가지고 있는 오징어의 총칭. 두꺼운 석회질의 큰 갑이 있고, 지느러미가 주변에 자리 잡고 있다. 산지 시장에서는 살아 있는 그대로의 모습을 볼 수 있으며, 잡으면 먹물을 내뿜기 때문에 스미이카라고도 불린다. 성분적으로는 다른 오징어와 별다른 점은 없고, 무기질, 비타민, 지질이 적다. 맛이 좋아 회나 초밥 재료로 많이 쓰이나, 삶거나 구워서 조리를 해도 별미를 느낄 수 있다.

2. 사쿠라아에(櫻和え)

   벚나무(cherry) 또는 벚꽃의 색으로 음식을 만드는 것을 통칭하는 말. 명란젓 무침은 원래 멘다이코(明太子 : 명태자 : めんたいこ), 즉 명란젓을 이용한 무침요리이지만, 색이 벚꽃과 유사하다고 미화하여 이르는 말이다.

국가기술자격검정
실기 시험문제

02 도미머리맑은국 | 30분

능력단위 [1301010404_14v2 / 일식 국물조리(3)]

자격종목	일식조리 기능사	과제명	도미머리맑은국

● 요구 사항

※ 주어진 재료를 사용하여 도미머리맑은국을 만드시오.

가. 도미머리 부분을 반으로 갈라 50 ~ 60g 정도 크기로 사용하시오.
   (단, 도미는 머리만 사용하여야 하고, 도미 몸통(살) 사용할 경우 오작 처리)
나. 소금을 뿌려 놓았다가 끓는 물에 데쳐 손질하시오.
다. 다시마와 도미머리를 넣어 은근하게 국물을 만들어 간 하시오.
라. 대파의 흰부분은 가늘게 채(시라가네기) 썰어 사용하시오.
마. 간을 하여 각 곁들일 재료를 넣어 국물을 부어 완성하시오.

● 수험자 유의 사항

1) 만드는 순서에 유의하며, 위생과 숙련된 기능평가를 위하여 조리작업 시 맛을 보지 않습니다.
2) 지급재료는 시험 전 확인하여 이상이 있을 경우 시험위원으로부터 조치를 받고 시험 중에는 재료의 교환 및 추가지급은 하지 않습니다.
3) 요구사항의 규격은 "정도"의 의미를 포함하며, 지급된 재료의 크기에 따라 가감하여 채점합니다.
4) 다음 사항에 대해서는 **채점 대상에서 제외**하니 특히 유의하시기 바랍니다.
   가) 기권 – 수험자 본인이 시험 도중 시험에 대한 포기 의사를 표현하는 경우
   나) 실격 – (1) 가스레인지 화구 2개 이상(2개 포함) 사용한 경우
   (2) 불을 사용하여 만든 조리작품이 작품특성에 벗어나는 정도로 타거나 익지 않은 경우
   (3) 위생복, 위생모, 앞치마를 착용하지 않은 경우
   (4) 시험 중 시설·장비(칼, 가스레인지 등) 사용 시 시험위원 및 타수험자의시험 진행에 위해를 일으킬 것으로 시험위원 전원이 합의하여 판단한 경우
   다) 미완성 – (1) 시험시간 내에 과제 두 가지를 제출하지 못한 경우
   (2) 문제의 요구사항대로 과제의 수량이 만들어지지 않은 경우
   라) 오작 – (1) 구이를 조림 등으로 조리하여 완성품을 요구사항과 다르게 만든 경우
   (2) 해당과제의 지급재료 이외의 재료를 사용하거나 석쇠 등 요구사항의 조리도구를 사용하지 않은 경우
   마) 요구사항에 표시된 실격, 미완성, 오작에 해당하는 경우
5) 항목별 배점은 위생상태 및 안전관리 5점, 조리기술 30점, 작품의 평가 15점입니다.

● 지급 재료 목록

일련번호	재료명	규격	단위	수량	비고
1	도미	200~250g	마리	1	도미 과제 중복 시 두 가지 과제에 도미 1마리 지급
2	대파	흰 부분 10cm	토막	1	
3	죽순		g	30	
4	건다시마	5X10cm	장	1	
5	소금	정제염	g	20	
6	국간장		ml	5	진간장 대체 가능
7	레몬		개	1/4	
8	청주		ml	5	
9					
10					
11					
12					
13					

잔소리

- 지정된 수험자지참준비물 이외의 조리기구나 재료를 시험장내에 지참할 수 없습니다.
- 위생복, 위생모, 앞치마를 착용하여야 하며, 시험장비 · 조리도구 취급 등 안전에 유의합니다.
- 시험시작 전 가벼운 몸 풀기(스트레칭) 동작으로 긴장을 풀고 시험을 시작합니다.

다이스이모노

(鯛吸い物 : たいすいもの, Sea Bream Clear Soup)

● 조리법

1. 도미 머리를 손질하여 반으로 갈라 소금을 뿌렸다가 시모후리 하여 사용하도록 한다.
2. 물에 데쳐내어 찬물로 헹구어 내어(시모후리) 비늘과 응고된 피 등의 불순물을 제거한다.
3. 죽순을 삶아 1~2mm 정도로 얇게 썰어 국물에 소금과 간장으로 약하게 간을 해 담가 놓는다.
4. 다시마 국물(곤부다시)에 도미 머리를 넣고 은은하게 끓이면서 간장과 소금, 청주로 간을 한다.
5. 맑은국 그릇에 도미 머리를 넣고, 죽순을 1~2mm로 썰어 올리고, 3에서 끓여낸 국물을 8부 정도 채운다.
6. 레몬껍질 모양낸 것을 국물에 띄우고, 파를 가늘게 채 썬 것(시라가네기)으로 장식하여 제출한다.

● 주의 사항

1. 국물이 너무 탁해지지 않도록 약한 불에서 끓인다.
2. 간은 약간 싱거운 듯한 맛이 나도록 소금간을 한다.
3. 맑은국의 국물 색이 약하게 나도록 간장의 양에 주의한다.
4. 레몬은 노란 껍질 부분만 사용하여 오리발 모양을 내도록 한다.
5. 대파의 향이 은은하게 나도록 시라가네기의 굵기와 양에 유의한다.
6. 도미 과제가 두 가지 중복되어 나왔을 경우 한 마리만 지급될 수 있으므로 사용 부위에 유의한다.
7. 쑥갓이 재료로 지급된 경우에는 쑥갓을 국물에 띄워내지만 실제로는 미쓰바(三つ葉 : みつば)를 사용한다.

● 용어 해설

1. 시라가네기(白髮葱 : しらがねぎ)

   대파의 흰 부분을 백발처럼 가늘게 자른 것을 의미하며, 회나 맑은국 등의 요리의 곁들임으로 사용한다. 은은한 향과 모양을 내는 효과가 있다.

2. 맑은국의 네 가지 구성 요소

   국물, 주재료, 부재료, 향기 재료 (자세한 설명은 p147 참조)

03 대합맑은국 | 20분

능력단위 [1301010404_14v2 / 일식 국물조리(3)]

자격종목	일식조리 기능사	과제명	대합맑은국

● 요구 사항

※ 주어진 재료를 사용하여 대합맑은국을 만드시오.

가. 조개 상태를 확인한 후 해감하여 사용하시오.

나. 다시마와 백합조개를 넣어 끓으면 다시마를 건져내시오.

● 수험자 유의 사항

1) 만드는 순서에 유의하며, 위생과 숙련된 기능평가를 위하여 조리작업 시 맛을 보지 않습니다.

2) 지급재료는 시험 전 확인하여 이상이 있을 경우 시험위원으로부터 조치를 받고 시험 중에는 재료의 교환 및 추가지급은 하지 않습니다.

3) 요구사항의 규격은 "정도"의 의미를 포함하며, 지급된 재료의 크기에 따라 가감하여 채점합니다.

4) 다음 사항에 대해서는 **채점 대상에서 제외**하니 특히 유의하시기 바랍니다.

가) 기권 – 수험자 본인이 시험 도중 시험에 대한 포기 의사를 표현하는 경우

나) 실격 – (1) 가스레인지 화구 2개 이상(2개 포함) 사용한 경우

(2) 불을 사용하여 만든 조리작품이 작품특성에 벗어나는 정도로 타거나 익지 않은 경우

(3) 위생복, 위생모, 앞치마를 착용하지 않은 경우

(4) 시험 중 시설·장비(칼, 가스레인지 등) 사용 시 시험위원 및 타수험자의시험 진행에 위해를 일으킬 것으로 시험위원 전원이 합의하여 판단한 경우

다) 미완성 – (1) 시험시간 내에 과제 두 가지를 제출하지 못한 경우

(2) 문제의 요구사항대로 과제의 수량이 만들어지지 않은 경우

라) 오작 – (1) 구이를 조림 등으로 조리하여 완성품을 요구사항과 다르게 만든 경우

(2) 해당과제의 지급재료 이외의 재료를 사용하거나 석쇠 등 요구사항의 조리도구를 사용하지 않은 경우

마) 요구사항에 표시된 실격, 미완성, 오작에 해당하는 경우

5) 항목별 배점은 위생상태 및 안전관리 5점, 조리기술 30점, 작품의 평가 15점입니다.

● 지급 재료 목록

일련번호	재료명	규격	단위	수량	비고
1	백합조개	개당 40g 정도, 5cm 내외	개	2	
2	쑥갓		g	10	
3	레몬		개	1/4	
4	청주		ml	5	
5	소금	정제염	g	10	
6	국간장		ml	5	진간장 대체 가능
7	건다시마	5X10cm	장	1	
8					
9					
10					
11					
12					
13					
14					
15					

잔소리

- 지정된 수험자지참준비물 이외의 조리기구나 재료를 시험장내에 지참할 수 없습니다.
- 위생복, 위생모, 앞치마를 착용하여야 하며, 시험장비·조리도구 취급 등 안전에 유의합니다.
- 시험시작 전 가벼운 몸 풀기(스트레칭) 동작으로 긴장을 풀고 시험을 시작합니다.

하마구리스이모노

(蛤吸物 : はまぐりすいもの, Clam Clear Soup)

● 조리법

1. 대합(백합조개)을 두들겨 골라서 소금물에 담가 해감을 토해내게 한다.
2. 찬물에 다시마와 대합을 넣고 가열하다가 끓기 시작하면 다시마를 건져낸다.
3. 은은하게 끓는 다시에 간장으로 색을 내고, 소금과 청주로 약하게 간을 한다.
4. 레몬 껍질의 노란 부분으로 오리발 모양을 만들어 두고, 쑥갓의 잎을 잘라 준비해 둔다.
5. 맑은국 그릇에 대합을 넣고, 국물을 8부 정도 되게 부은 다음 쑥갓잎을 살짝 띄워 제출한다.

● 주의 사항

1. 조개는 즉시 씻어 소금물에 담가 놓는다.
2. 쑥갓잎은 찬물에 담가 시들지 않도록 한다.
3. 조개가 너무 익지 않도록 가열 시간에 유의한다.
4. 레몬 껍질은 아주 얇게 노란색 부분만을 사용한다.
5. 작품 제출 시 뜨거운 상태로 나갈 수 있도록 준비한다.

● 용어 해설

1. 하마구리(蛤 ; はまぐり) – 대합

   구리와 모양이 유사하다고 해서 유래된 이름이라고 한다. 요리에서는 구이나, 초밥, 술찜 등이 있으나 맑은국(우시오지루)이 대표적이다. 일반적으로 대합을 지칭하지만, 우리나라에서 대합은 지방마다 명칭이 다르기 때문에 백합조개로 통한다.

2. 맑은국의 두 가지 이름

   – 스이모노(吸い物 : すいもの)

   소금과 간장 등으로 연하게 간을 하여 만든 맑은국 요리로서 스마시지루라고도 하며, 다음의 네 가지 구성 요소로 되어있다.

   ▸ 다시(出し : だし) 국물 : 다시마나 가쓰오부시 다시에 소금과 간장으로 간을 한 것.
   ▸ 완다네(椀種 : わんだね) 주재료 : 냄새가 없는 수조 어개류, 알, 채소 등
   ▸ 완쓰마(椀妻 : わんつま) 부재료 : 주재료와 맛과 배색 따위의 조화가 잘되는 채소, 버섯, 해조 등
   ▸ 스이구치(吸い口 : すいぐち) 향기 재료 : 산초, 생강 등 계절 향을 나타낼 수 있는 재료

   – 우시오지루(潮汁 : うしおじる)

   소금으로만 간을 하여 끓여낸 맑은 국물요리로서 조개나 생선을 이용하여 만든다. 소금만 넣고 조린 요리는 우시오니(潮煮 : うしおに)라고 한다.

04 된장국 | 20분

능력단위 [1301010404_14v2 / 일식 국물조리(3)]

자격종목	일식조리 기능사	과제명	된장국

● 요구 사항

※ 주어진 재료를 사용하여 된장국을 만드시오.

가) 다시마와 가다랑어포(가쓰오부시)로 가다랑어국물(가쓰오다시)을 만드시오.
나) 1cm x 1cm x 1cm로 썬 두부와 미역은 데쳐 사용하시오.
다) 된장을 풀어 한소끔 끓여내시오.

● 수험자 유의 사항

1) 만드는 순서에 유의하며, 위생과 숙련된 기능평가를 위하여 조리작업 시 맛을 보지 않습니다.
2) 지급재료는 시험 전 확인하여 이상이 있을 경우 시험위원으로부터 조치를 받고 시험 중에는 재료의 교환 및 추가지급은 하지 않습니다.
3) 요구사항의 규격은 "정도"의 의미를 포함하며, 지급된 재료의 크기에 따라 가감하여 채점합니다.
4) 다음 사항에 대해서는 **채점 대상에서 제외**하니 특히 유의하시기 바랍니다.
   가) 기권 – 수험자 본인이 시험 도중 시험에 대한 포기 의사를 표현하는 경우
   나) 실격 – (1) 가스레인지 화구 2개 이상(2개 포함) 사용한 경우
   (2) 불을 사용하여 만든 조리작품이 작품특성에 벗어나는 정도로 타거나 익지 않은 경우
   (3) 위생복, 위생모, 앞치마를 착용하지 않은 경우
   (4) 시험 중 시설·장비(칼, 가스레인지 등) 사용 시 시험위원 및 타수험자의시험 진행에 위해를 일으킬 것으로 시험위원 전원이 합의하여 판단한 경우
   다) 미완성 – (1) 시험시간 내에 과제 두 가지를 제출하지 못한 경우
   (2) 문제의 요구사항대로 과제의 수량이 만들어지지 않은 경우
   라) 오작 – (1) 구이를 조림 등으로 조리하여 완성품을 요구사항과 다르게 만든 경우
   (2) 해당과제의 지급재료 이외의 재료를 사용하거나 석쇠 등 요구사항의 조리도구를 사용하지 않은 경우
   마) 요구사항에 표시된 실격, 미완성, 오작에 해당하는 경우
5) 항목별 배점은 위생상태 및 안전관리 5점, 조리기술 30점, 작품의 평가 15점입니다.

● 지급 재료 목록

일련번호	재료명	규격	단위	수량	비고
1	일본된장		g	40	
2	건다시마	5X10cm	장	1	
3	판두부		g	20	
4	실파		g	20	1뿌리
5	산초가루		g	1	
6	가다랑어포(가쓰오부시)		g	5	
7	건미역		g	5	
8	청주		ml	20	
9					
10					
11					
12					
13					
14					
15					

잔소리

- 지정된 수험자지참준비물 이외의 조리기구나 재료를 시험장내에 지참할 수 없습니다.
- 위생복, 위생모, 앞치마를 착용하여야 하며, 시험장비 · 조리도구 취급 등 안전에 유의합니다.
- 시험시작 전 가벼운 몸 풀기(스트레칭) 동작으로 긴장을 풀고 시험을 시작합니다.

미소시루

(味噌汁 : みそしる, Soy Bean Soup)

● 조리법

1. 다시마는 젖은 행주를 빨아 꼭 쥐어짠 후, 닦아서 약 2컵의 찬물에 넣고 끓인다.
2. 물이 끓어오르면 다시마를 건져내고, 가쓰오부시를 넣은 다음 고운 채로 걸러낸다.
3. 두부는 약 1cm의 주사위 모양으로 썰어서, 연한 소금물에 살짝 삶아낸다.
4. 생미역은 두부와 같이 소금물에 삶아내고, 건미역일 경우에는 찬물에 불려 낸 다음, 도마 위에 길게 펼쳐 약 1cm 정도의 길이로 절단해 놓는다.
5. 실파는 가늘게 채 썰기 하여, 찬물로 매운 기를 헹구어 낸다.
6. 2번의 가쓰오부시 다시에 된장을 풀어 고운 채로 걸러내어 청주로 간을 하고, 거품을 걷어내면서 살짝 끓여낸다.
7. 된장국 그릇에 앞서 준비한 3, 4의 재료를 담고, 끓여낸 국물을 부어 실파와 산초를 뿌려 제출한다.

● 주의 사항

1. 된장국에 간을 할 때는 소금이나 간장은 절대 사용하지 않고, 간이 약하면 된장을 더 풀어 넣고, 간이 셀 경우에는 다시를 더 부어 넣는다.
2. 끓일 때 불은 너무 세지 않도록 하며, 한 번 끓으면 바로 불을 끄고, 한 번 끓은 된장국은 다시 끓이면 맛이 떨어지므로 주의하도록 한다.
3. 된장 국물의 양은, 그릇의 80%도 정도면 적당하다.
4. 산초가루는 향이 강하므로 지극히 소량만 넣도록 한다.

● 용어 해설

1. 미소(味噌 : みそ) – 된장

보리 또는 쌀의 누룩에다가 찐 대두, 소금, 물을 섞어 발효 및 숙성시킨 것으로서 그 액즙을 이용한 것이 현재의 간장이 되었고, 전체를 그대로 먹을 수 있도록 한 것이 된장이다.

▸ 유래 : 된장의 원형은 중국대륙으로부터 한반도를 통해 일본에 전해졌고, 그 이름은 당시 조선어인 밀조에서 유래되었다고 한다. 그 후 각 지방의 원료, 기후, 풍토, 식습관, 기호 등의 이유로 인해 독특한 제조기술이 발전하여 지금에 와서는 다양한 종류의 제품들이 만들어지고 있다.

▸ 분류 : 원료나 색, 소금의 양, 기타 각 지방별로 여러 가지 종류의 방법이 있으나 일반적으로는 주로 조미료로서 사용되고 있는 것이 보통의 된장이고, 부식이나 가공용으로 쓰이는 것도 있다. 보통의 된장은 그 쓰이는 원료에 따라 다르지만 보통 고메미소(쌀된장), 무기미소(보리된장), 마메미소(콩된장) 등으로 분류된다.

▸ 시로미소(白味噌 : しろみそ) – 흰 된장 : 된장은 색깔로 크게 흰 된장과 적 된장으로 나뉜다. 황색을 띠고, 향기가 진하며, 단맛이 강하다. 고지(누룩)의 양이 많고, 식염의 함유량이 6% 이하이므로 저장성이 낮다.

▸ 아까미소(赤味噌 : あかみそ) – 적 된장 : 흰 된장에 반대되는 뜻으로 짙은 색을 내는 된장의 총칭이다. 이것은 된장을 만드는 과정에서 장시간 고온처리되므로 착색이 된 것이다. 적 된장국을 끓이는 방법은 흰 된장국을 끓이는 방법과 동일하다.

05 도미조림 | 30분

능력단위 [1301010406_14v2 / 일식 조림조리(3)]

자격종목	일식조리 기능사	과제명	도미조림

● 요구 사항

※ 주어진 재료를 사용하여 다음과 같이 도미조림을 만드시오.

가. 손질한 도미를 5~6cm로 자르고 머리는 반으로 갈라 소금을 뿌리시오.
나. 머리와 꼬리는 데친 후 불순물을 제거하시오.
다. 냄비에 앉혀 양념하여 조리하시오.
라. 완성 후 접시에 담고 생강채(하리쇼가)와 채소를 앞쪽에 담아내시오.

● 수험자 유의 사항

1) 만드는 순서에 유의하며, 위생과 숙련된 기능평가를 위하여 조리작업 시 맛을 보지 않습니다.
2) 지급재료는 시험 전 확인하여 이상이 있을 경우 시험위원으로부터 조치를 받고 시험 중에는 재료의 교환 및 추가지급은 하지 않습니다.
3) 요구사항의 규격은 "정도"의 의미를 포함하며, 지급된 재료의 크기에 따라 가감하여 채점합니다.
4) 다음 사항에 대해서는 **채점 대상에서 제외**하니 특히 유의하시기 바랍니다.
   가) 기권 - 수험자 본인이 시험 도중 시험에 대한 포기 의사를 표현하는 경우
   나) 실격 - (1) 가스레인지 화구 2개 이상(2개 포함) 사용한 경우
   (2) 불을 사용하여 만든 조리작품이 작품특성에 벗어나는 정도로 타거나 익지 않은 경우
   (3) 위생복, 위생모, 앞치마를 착용하지 않은 경우
   (4) 시험 중 시설·장비(칼, 가스레인지 등) 사용 시 시험위원 및 타수험자의시험 진행에 위해를 일으킬 것으로 시험위원 전원이 합의하여 판단한 경우
   다) 미완성 - (1) 시험시간 내에 과제 두 가지를 제출하지 못한 경우
   (2) 문제의 요구사항대로 과제의 수량이 만들어지지 않은 경우
   라) 오작 - (1) 구이를 조림 등으로 조리하여 완성품을 요구사항과 다르게 만든 경우
   (2) 해당과제의 지급재료 이외의 재료를 사용하거나 석쇠 등 요구사항의 조리도구를 사용하지 않은 경우
   마) 요구사항에 표시된 실격, 미완성, 오작에 해당하는 경우
5) 항목별 배점은 위생상태 및 안전관리 5점, 조리기술 30점, 작품의 평가 15점입니다.

● 지급 재료 목록

일련번호	재료명	규격	단위	수량	비고
1	도미	200~250g	마리	1	
2	우엉		g	40	
3	꽈리고추		g	30	2개 정도
4	통생강		g	30	
5	백설탕		g	60	
6	청주		ml	50	
7	진간장		ml	90	
8	소금	정제염	g	5	
9	건다시마	5 X 10cm	장	1	
10	맛술(미림)		ml	50	

잔소리

- 지정된 수험자지참준비물 이외의 조리기구나 재료를 시험장내에 지참할 수 없습니다.
- 위생복, 위생모, 앞치마를 착용하여야 하며, 시험장비 · 조리도구 취급 등 안전에 유의합니다.
- 시험시작 전 가벼운 몸 풀기(스트레칭) 동작으로 긴장을 풀고 시험을 시작합니다.

다이아라다키

(鯛粗炊き: たいあらたき, Boiled Sea Bream with Soy Sauce)

● 조리법

1. 도미는 비늘을 긁어내고, 깨끗이 씻어 내장을 제거하여 세장 뜨기 한 다음 토막을 내고, 머리는 반으로 갈라, 꼬리와 함께 끓는 물에 데치거나 끼얹어 시모후리 하여 비늘과 핏기 등의 이물질을 제거한다.
2. 손질된 도미에 소금을 뿌렸다가 사용 전에 냉수로 씻어 비린내와 이취(異臭)를 제거해 준다.
2. 우엉은 길이 5cm, 굵기 8mm 정도의 나무젓가락 모양으로 썬다.
3. 생강은 얇게 채 썰어 하리쇼가를 만들어, 미즈아라이(水洗い)하여 놓는다.
4. 준비한 냄비에 우엉을 깔고 도미를 얹은 다음, 다시물 2/3cup, 청주, 맛술, 설탕을 각각 1Ts씩 넣고 호일로 뚜껑을 만들어 냄비에 넣어 끓인다.
5. 도미가 익어졌으면 간장을 2Ts 넣고, 국물을 위로 끼얹어 가며 색을 내어 졸인 후 꽈리고추를 넣고 반쯤 익으면 불을 끄고 마무리한다.
6. 준비한 그릇에 도미를 산 모양으로 담고(야마모리), 우엉과 꽈리고추를 앞쪽에 세운 다음, 하리쇼가의 물기를 제거하여 곁들인다.

● 주의 사항

1. 국물이 너무 많거나 너무 졸여서 타지 않도록 주의하며 색을 내도록 한다.
2. 졸이거나 담을 때, 도미의 머리와 살이 부서지지 않도록 유의한다.
3. 꽈리고추가 없으면 피망을 이용해도 된다.
4. 간장은 반드시 설탕을 넣은 다시가 끓어서, 도미가 한 번 익은 상태에서 넣도록 하며, 처음부터 넣고 졸이지 않도록 한다.
5. 도미를 졸일 때 원래는 나무로 만든 뚜껑(오도시부타)을 사용하며, 쿠킹포일이라도 뚜껑을 만들어 사용하면 좋다.

● 용어 해설

1. 가부토니(兜煮 ; かぶとに)

   투구를 뜻하는 두자를 일본말로는 '가부토' 라고 읽는다. 이것은 1마리의 생선머리를 쪼개어 조리한 모양이 마치 투구의 모양과 같다 하여 지어진 이름이다. 가부토 야키나 가부토 무시 등의 요리도 있으나, 도미의 머리를 이용한 다이가부토니가 가장 대표적이다. 덴모리로는 기노메 등을 이용한다.

2. 아라타키(粗炊き : あらたき)

   생선을 손질하고 남은 머리와 가마, 뼈살 등을 진한 국물로 한참 졸여낸 것을 말한다. 간장, 청주, 미림, 설탕, 조미료 등을 끓이다가 중간에 재료를 넣고 졸여낸다. 우엉 등을 곁들여 졸이기도 한다. 도미나 방어 등의 큰 것이 맛이 좋아 주로 이용되며, 아라니라고도 한다.

3. 하리쇼가(針生姜 : はりしょうが)

생강의 뿌리를 바늘 모양으로 가늘게 채 썰기 한 것을 말하며, 가늘게 썬 생강을 물에 씻어 매운맛을 빼내어 사용한다. 도미조림이나 장어구이 등의 요리에서 냄새를 중화시키거나 입가심을 하는 역할을 한다.

4. 미즈아라이(水洗い : みずあらい)

물로 씻어 내는 것. 생선 등을 손질할 때, 비늘이나 피 등의 것을 물로 씻거나, 채소 등을 조리에 사용할 수 있도록 준비해 두는 것을 말함.

5. 시모후리(霜降 : しもふり)

어류나 육류 등을 이용하기 전의 처리법 중 하나. 표면이 하얗게 되는 정도만 재료에 끓는 물을 뿌리거나 끓는 물에 재료를 담가 내는 것. 또는, 직접 불을 가하는 것을 말함. 가열 후 바로 냉수에 담가 차갑게 하여 표면의 미끄러운 액체, 비늘, 피, 냄새, 지방, 여분의 수분 등을 제거함과 동시에 표면을 응고시켜 본래의 맛이 달아나지 않도록 하는데 목적이 있다. 이러한 조리 작업은 표면이 하얗게 변한 것이 마치 서리가 내린 것 같다고 하여 시모후리라고 전해지고 있다.

6. 야마모리(山盛り : やまもり) – 고봉(高峰) 담기

음식을 산처럼 수북하게 담아내는 모양.

7. 오토시부타(落し蓋 : おとしぶた) – 조림요리용 뚜껑

조림요리를 하는 경우에 사용하는 것으로서 냄비의 직경보다 작은 뚜껑을 말한다. 뚜껑이 냄비 안으로 들어가 재료 위에 직접 닿도록 하여 재료의 움직임을 방지하고, 대류 효과를 올려줌으로써 조림의 간과 색이 잘 배이도록 한다. 한지 등을 사용하기도 하며, 최근에는 포일로 대치하기도 한다.

하리쇼가

● 도미 손질하는 법

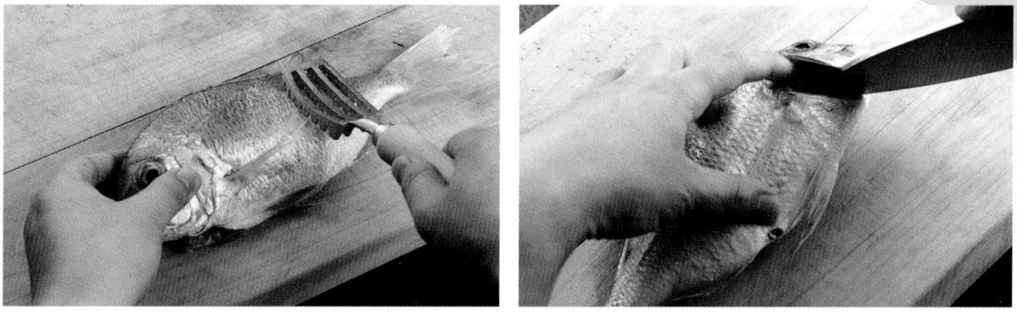

도미의 비늘을 치고 아가미에 칼집을 넣는다.

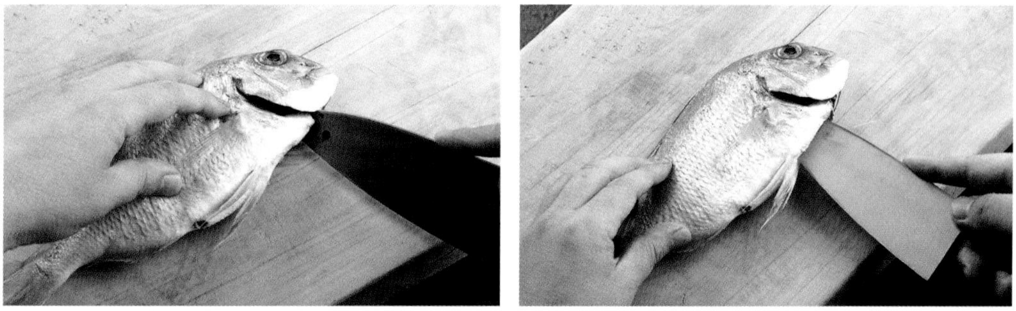

아가미부터 힘주어 배를 가른다.

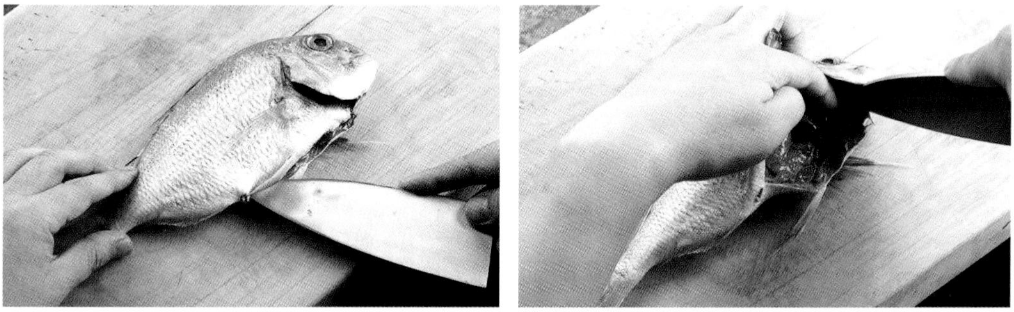

배 부분은 내장이 상하지 않도록 칼끝으로 항문까지 가른다.

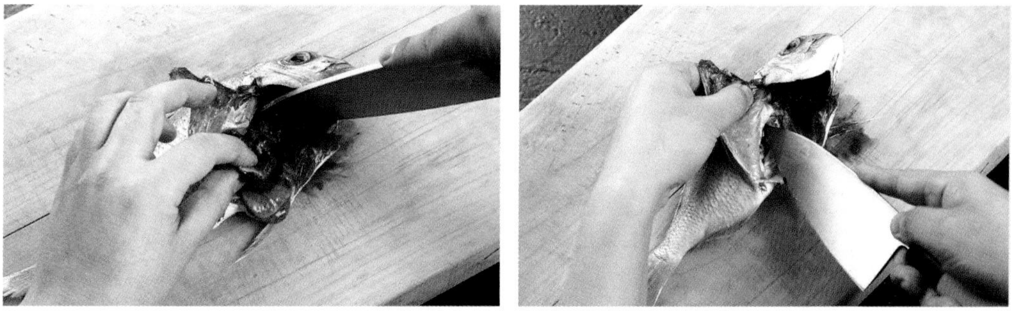

아가미와 내장을 제거하고 부레에 칼집을 넣어준다.

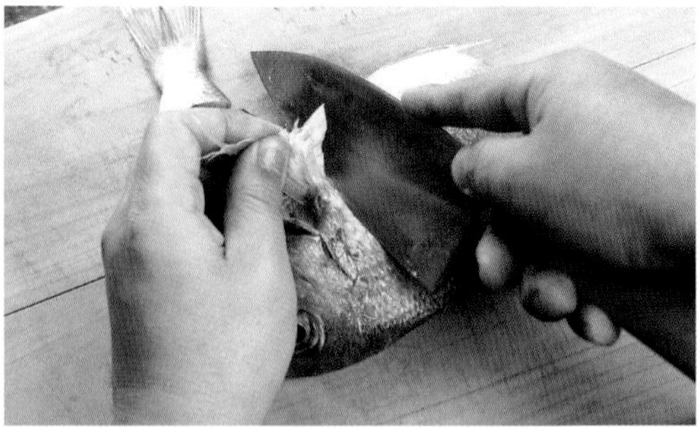

등지느러미 끝 부분에서 꼬리를 자르고, 옆 지느러미 밑에 칼을 넣는다.

양쪽 지느러미 옆으로 칼집을 넣어가며 머리를 자른다.

머리를 잘라내고 등 쪽에 칼집을 넣어준다.

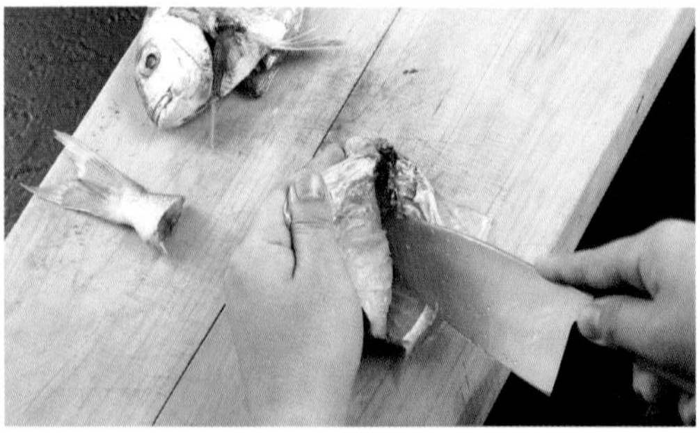

배 쪽에 칼집을 넣어 오로시 한다.

니마이 오로시(두장 뜨기)한 모습. 계속해서 오로시 하여 삼마이 오로시(세장 뜨기) 한다.

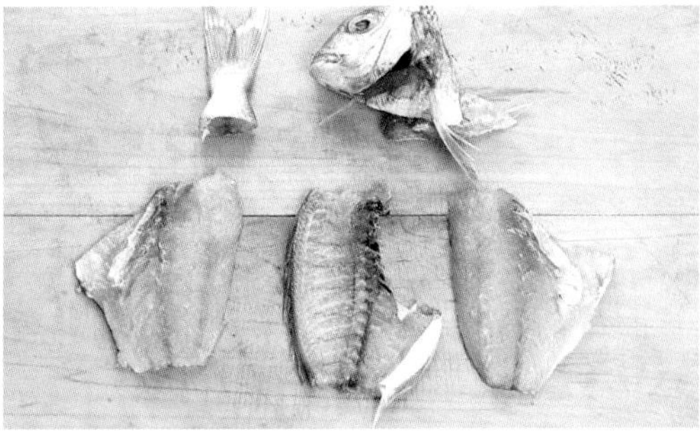

삼마이 오로시 한 모습.

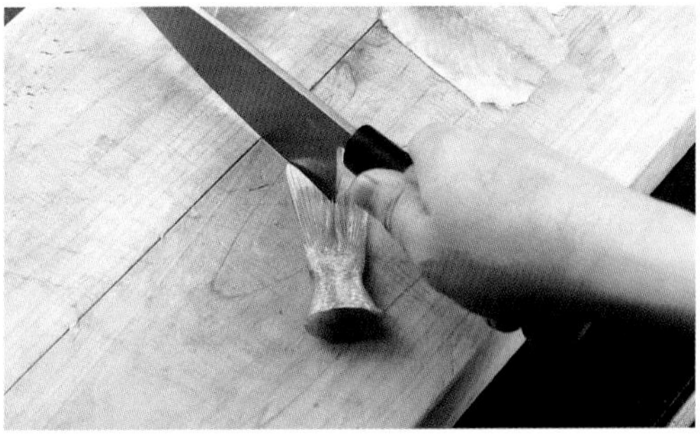

꼬리에 V자로 모양을 낸다.

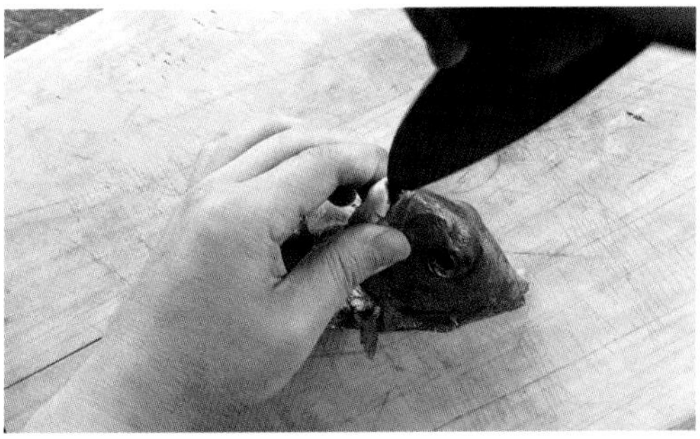

머리 지느러미를 손질하고, 주둥이를 벌려 앞니 사이로 칼을 넣는다.

머리를 가르는 모습

06 문어초회 | 20분

능력단위 [1301010402_14v2 / 일식 초회조리(3)]

자격종목	일식조리 기능사	과제명	문어초회

● 요구 사항

※ 주어진 재료를 사용하여 다음과 같이 문어초회를 만드시오.

가. 가다랑어국물을 만들어 양념초간장(도사스)을 만드시오.
나. 문어는 삶아 4~5cm 길이로 물결모양썰기(하조기리)를 하시오.
다. 미역은 손질하여 4~5cm 정도 크기로 사용하시오.
라. 오이는 둥글게 썰거나 줄무늬(자바라)썰기 하여 사용하시오.
마. 문어초회 접시에 오이와 문어를 담고 양념초간장(도사스)을 끼얹어 레몬으로장식하시오.

● 수험자 유의 사항

1) 만드는 순서에 유의하며, 위생과 숙련된 기능평가를 위하여 조리작업 시 맛을 보지 않습니다.
2) 지급재료는 시험 전 확인하여 이상이 있을 경우 시험위원으로부터 조치를 받고 시험 중에는 재료의 교환 및 추가지급은 하지 않습니다.
3) 요구사항의 규격은 "정도"의 의미를 포함하며, 지급된 재료의 크기에 따라 가감하여 채점합니다.
4) 다음 사항에 대해서는 **채점 대상에서 제외**하니 특히 유의하시기 바랍니다.
   가) 기권 - 수험자 본인이 시험 도중 시험에 대한 포기 의사를 표현하는 경우
   나) 실격 - (1) 가스레인지 화구 2개 이상(2개 포함) 사용한 경우
   (2) 불을 사용하여 만든 조리작품이 작품특성에 벗어나는 정도로 타거나 익지 않은 경우
   (3) 위생복, 위생모, 앞치마를 착용하지 않은 경우
   (4) 시험 중 시설·장비(칼, 가스레인지 등) 사용 시 시험위원 및 타수험자의시험 진행에 위해를 일으킬 것으로 시험위원 전원이 합의하여 판단한 경우
   다) 미완성 - (1) 시험시간 내에 과제 두 가지를 제출하지 못한 경우
   (2) 문제의 요구사항대로 과제의 수량이 만들어지지 않은 경우
   라) 오작 - (1) 구이를 조림 등으로 조리하여 완성품을 요구사항과 다르게 만든 경우
   (2) 해당과제의 지급재료 이외의 재료를 사용하거나 석쇠 등 요구사항의 조리도구를 사용하지 않은 경우
   마) 요구사항에 표시된 실격, 미완성, 오작에 해당하는 경우
5) 항목별 배점은 위생상태 및 안전관리 5점, 조리기술 30점, 작품의 평가 15점입니다.

● 지급 재료 목록

일련번호	재료명	규격	단위	수량	비고
1	문어다리	생문어, 80g 정도	개	1	
2	건미역		g	5	
3	레몬		개	1/4	
4	오이	가늘고 곧은 것(20cm 정도)	개	1/2	
5	소금	정제염	g	10	
6	식초		ml	30	
7	건다시마	5X10cm	장	1	
8	진간장		ml	20	
9	백설탕		g	10	
10	가다랑어포(가쓰오부시)		g	5	
11					
12					
13					
14					
15					

잔소리

- 지정된 수험자지참준비물 이외의 조리기구나 재료를 시험장내에 지참할 수 없습니다.
- 위생복, 위생모, 앞치마를 착용하여야 하며, 시험장비 · 조리도구 취급 등 안전에 유의합니다.
- 시험시작 전 가벼운 몸 풀기(스트레칭) 동작으로 긴장을 풀고 시험을 시작합니다.

다코 스노모노

(蛸酢物 : たこすのもの, Vinegared Octopus)

● 조리법

1. 문어를 소금으로 문질러 깨끗하게 씻어 간장을 약간 넣은 물에 삶아 찬물에 식혀 놓는다.
2. 오이는 껍질의 가시를 제거하고, 소금으로 문질러 씻어 용도에 맞게 썰어 소금물에 절여둔다. (와기리 또는 자바라기리)
3. 생미역은 소금으로 비벼 살짝 끓여 사용하고, 건미역은 물에 불려 4cm 길이로 잘라둔다.
4. 절여진 오이는 꼭 짜서 물기를 제거하여 적절한 크기로 준비해 둔다.
5. 가다랑어포를 이용하여 다시를 뽑아 양념초간장(도사스)을 만든다.
6. 준비한 그릇에 미역과 오이를 가지런히 담고, 문어를 썰어 담는다.
7. 문어는 칼집이 어슷하게 파도치는 모양으로 나도록, 칼에 각도를 주며 썬다.
8. 레몬은 반달 모양으로 썰어 두었다가 문어초회를 장식해 준다.
9. 제출 전에 도사스를 재료 위에 끼얹어 낸다.

● 주의 사항

1. 문어는 질겨지는 것을 방지하기 위해 너무 오래 삶지 않도록 한다.
2. 오이는 취향에 따라 와기리 또는 자바라기리 한다.

● 용어 해설

1. 문어(蛸 : たこ : octopus)

   연체동물로서 오징어와 같은 두족류인데, 10여 가지의 종류 중에서 일반적으로 식용으로 사용하는 것은 참문어로서 최대 길이는 약 3m에 달한다.

2. 도사스(土佐酢 ; とさす)

   식초 1Ts, 다시 3Ts, 청주 1Ts, 설탕 1/2Ts, 간장 1/2Ts, 소금 약간 넣어 잘 녹도록 섞는다.

3. 와기리(輪切り ; わぎり)

   기본 썰기 방법 중의 하나로 오이, 당근 등의 비교적 긴 재료를 통째로 얇게 써는 방법

4. 자바라기리(蛇腹切り ; じゃばらぎり)

   어슷하게 양면으로 칼집을 넣는 썰기 방법으로서 칼집을 넣었을 때 길게 늘어나는 모양으로 장식 채소썰기에 사용되는 방법

● 자바라기리 만드는 법

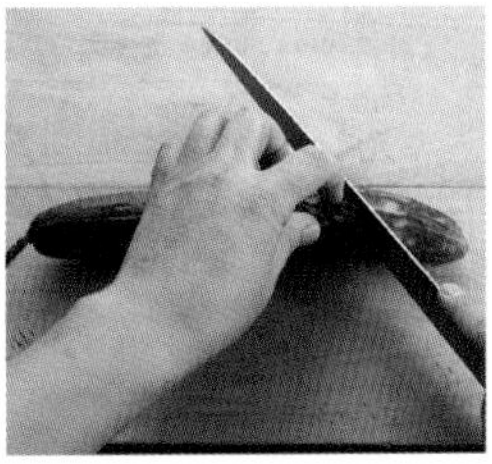
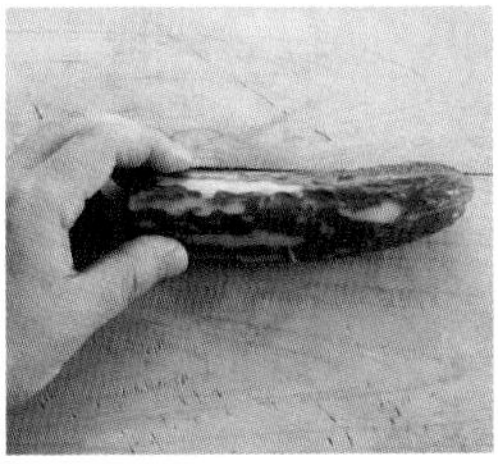
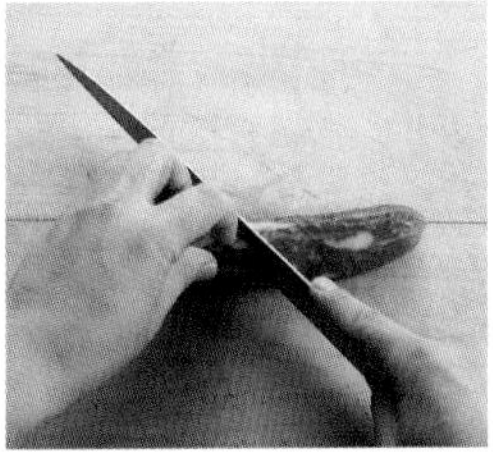
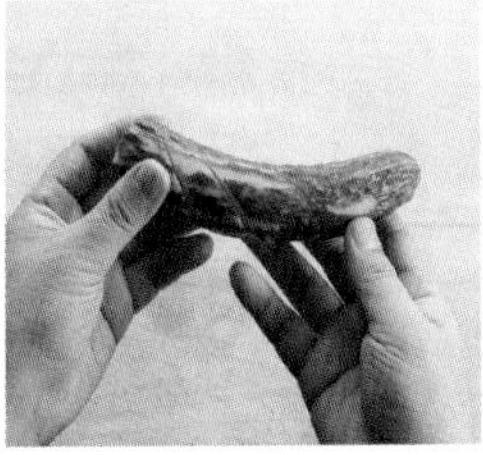

국가기술자격검정
실기 시험문제

07

해삼초회 | 20분

능력단위 [1301010402_14v2 / 일식 초회조리(3)]

자격종목	일식조리 기능사	과제명	해삼초회

● 요구 사항

※ 주어진 재료를 사용하여 다음과 같은 해삼초회를 만드시오.

가. 오이를 둥글게 썰거나 줄무늬(자바라)썰기하여 사용하시오.
나. 미역을 손질하여 4~5cm 정도로 써시오.
다. 해삼은 내장과 모래가 없도록 손질하고 힘줄(스지)을 제거하시오.
라. 빨간 무즙(아까오로시)과 실파를 준비하시오.
마. 초간장(폰즈)을 끼얹어 내시오.

● 수험자 유의 사항

1) 만드는 순서에 유의하며, 위생과 숙련된 기능평가를 위하여 조리작업 시 맛을 보지 않습니다.
2) 지급재료는 시험 전 확인하여 이상이 있을 경우 시험위원으로부터 조치를 받고 시험 중에는 재료의 교환 및 추가지급은 하지 않습니다.
3) 요구사항의 규격은 "정도"의 의미를 포함하며, 지급된 재료의 크기에 따라 가감하여 채점합니다.
4) 다음 사항에 대해서는 **채점 대상에서 제외**하니 특히 유의하시기 바랍니다.
   가) 기권 - 수험자 본인이 시험 도중 시험에 대한 포기 의사를 표현하는 경우
   나) 실격 - (1) 가스레인지 화구 2개 이상(2개 포함) 사용한 경우
   (2) 불을 사용하여 만든 조리작품이 작품특성에 벗어나는 정도로 타거나 익지 않은 경우
   (3) 위생복, 위생모, 앞치마를 착용하지 않은 경우
   (4) 시험 중 시설·장비(칼, 가스레인지 등) 사용 시 시험위원 및 타수험자의시험 진행에 위해를 일으킬 것으로 시험위원 전원이 합의하여 판단한 경우
   다) 미완성 - (1) 시험시간 내에 과제 두 가지를 제출하지 못한 경우
   (2) 문제의 요구사항대로 과제의 수량이 만들어지지 않은 경우
   라) 오작 - (1) 구이를 조림 등으로 조리하여 완성품을 요구사항과 다르게 만든 경우
   (2) 해당과제의 지급재료 이외의 재료를 사용하거나 석쇠 등 요구사항의 조리도구를 사용하지 않은 경우
   마) 요구사항에 표시된 실격, 미완성, 오작에 해당하는 경우
5) 항목별 배점은 위생상태 및 안전관리 5점, 조리기술 30점, 작품의 평가 15점입니다.

● 지급 재료 목록

일련번호	재료명	규격	단위	수량	비고
1	해삼	fresh	g	100	
2	오이	가늘고 곧은 것(20cm 정도)	개	1/2	
3	건미역		g	5	
4	실파		g	20	1뿌리
5	무		g	20	
6	레몬		개	1/4	
7	소금	정제염	g	5	
8	건다시마	5X10cm	장	1	
9	가다랑어포(가쓰오부시)		g	10	
10	식초		ml	15	
11	진간장		ml	15	
12	고춧가루		g	5	고운 것
13					
14					
15					

잔소리

- 지정된 수험자지참준비물 이외의 조리기구나 재료를 시험장내에 지참할 수 없습니다.
- 위생복, 위생모, 앞치마를 착용하여야 하며, 시험장비 · 조리도구 취급 등 안전에 유의합니다.
- 시험시작 전 가벼운 몸 풀기(스트레칭) 동작으로 긴장을 풀고 시험을 시작합니다.

나마코스노모노

(海鼠酢の物 : なまこすのもの, Vinegared Sea Cucumber)

● 조리법

1. 해삼은 배 쪽에 칼을 넣어 모래와 내장과 힘줄(스지)을 제거하고, 양끝을 잘라내어 소금으로 비벼 씻어 물에 헹군 후, 한 입 크기로 썰어 놓는다.
2. 오이는 칼로 가시를 제거하거나 소금으로 비벼서 가시를 없애고 물로 깨끗이 씻어낸 다음, 얇게 와기리 또는 자바라기리 하여 소금물에 절여 놓는다.
3. 생미역은 소금으로 비벼 살짝 끓여 사용하고, 건미역일 경우에는 물에 불려 4cm의 길이로 잘라 놓는다.
4. 절여진 오이는 자바라기리 한 것은 1.5cm 길이로 3개 정도 자르고, 와기리 한 것은 가지런히 정리하여 놓는다.
5. 폰즈와 야쿠미(아까오로시, 레몬, 실파)를 만든다.
6. 그릇에 미역과 오이를 놓은 후 그 위에 해삼 자른 것을 놓은 다음 레몬과 아카오로시, 실파 등을 곁들인 후 폰즈를 끼얹어 제출한다.

● 용어 해설

1. 나마코(海鼠 ; なまこ) – 해삼

   바다의 산삼이라고도 하는 해삼은 그 내장으로 젓갈을 담근 고노와다로 더 유명하다. 회나 초회 등에 이용되며 말려서 사용하기도 한다.

2. 스노모노(酢の物) – 초회

   재료에 배합초를 곁들이거나, 재료를 배합초에 담근 요리. 주요리는 아니지만 계절감이 있고, 다과나 식전에 식욕을 증진시키는데 중요한 역할을 한다. 재료에 따라 곁들이는 배합초의 종류가 다양하다.

3. 폰즈(ポン酢)– 초간장

   다시 1, 간장 1, 식초 1의 비율이 이상적이다. 단맛을 좋아하면 약간의 설탕을 넣어주고, 향기 촉진을 위해서는 신맛 나는 초귤즙을 곁들여 준다.

● 오이를 얇게 와기리 하는 방법

08 소고기덮밥 | 30분

능력단위 [1301010412_14v2 / 일식 밥 류 조리(3)]

자격종목	일식조리 기능사	과제명	소고기덮밥

● 요구 사항

※ 주어진 재료를 사용하여 다음과 같이 소고기덮밥을 만드시오.

가. 덮밥용 양념간장(돈부리 다시)을 만들어 사용하시오.
나. 고기, 채소, 달걀은 재료 특성에 맞게 조리하여 준비한 밥 위에 올려놓으시오.
다. 김을 구워 잘게 썰어(하리노리) 사용하시오.

● 수험자 유의 사항

1) 만드는 순서에 유의하며, 위생과 숙련된 기능평가를 위하여 조리작업 시 맛을 보지 않습니다.
2) 지급재료는 시험 전 확인하여 이상이 있을 경우 시험위원으로부터 조치를 받고 시험 중에는 재료의 교환 및 추가지급은 하지 않습니다.
3) 요구사항의 규격은 "정도"의 의미를 포함하며, 지급된 재료의 크기에 따라 가감하여 채점합니다.
4) 다음 사항에 대해서는 **채점 대상에서 제외**하니 특히 유의하시기 바랍니다.
   가) 기권 – 수험자 본인이 시험 도중 시험에 대한 포기 의사를 표현하는 경우
   나) 실격 – (1) 가스레인지 화구 2개 이상(2개 포함) 사용한 경우
   (2) 불을 사용하여 만든 조리작품이 작품특성에 벗어나는 정도로 타거나 익지 않은 경우
   (3) 위생복, 위생모, 앞치마를 착용하지 않은 경우
   (4) 시험 중 시설·장비(칼, 가스레인지 등) 사용 시 시험위원 및 타수험자의시험 진행에 위해를 일으킬 것으로 시험위원 전원이 합의하여 판단한 경우
   다) 미완성 – (1) 시험시간 내에 과제 두 가지를 제출하지 못한 경우
   (2) 문제의 요구사항대로 과제의 수량이 만들어지지 않은 경우
   라) 오작 – (1) 구이를 조림 등으로 조리하여 완성품을 요구사항과 다르게 만든 경우
   (2) 해당과제의 지급재료 이외의 재료를 사용하거나 석쇠 등 요구사항의 조리도구를 사용하지 않은 경우
   마) 요구사항에 표시된 실격, 미완성, 오작에 해당하는 경우
5) 항목별 배점은 위생상태 및 안전관리 5점, 조리기술 30점, 작품의 평가 15점입니다.

● 지급 재료 목록

일련번호	재료명	규격	단위	수량	비고
1	소고기	등심	g	60	
2	양파	중(150g 정도)	개	1/3	
3	실파		g	20	1뿌리
4	팽이버섯		g	10	
5	달걀		개	1	
6	김		장	1/4	
7	백설탕		g	10	
8	진간장		ml	15	
9	건다시마	5X10cm	장	1	
10	맛술(미림)		ml	15	
11	소금	정제염	g	2	
12	밥	뜨거운 밥	g	120	
13	가다랑어포(가쓰오부시)		g	10	
14					
15					

잔소리

- 지정된 수험자지참준비물 이외의 조리기구나 재료를 시험장내에 지참할 수 없습니다.
- 위생복, 위생모, 앞치마를 착용하여야 하며, 시험장비 · 조리도구 취급 등 안전에 유의합니다.
- 시험시작 전 가벼운 몸 풀기(스트레칭) 동작으로 긴장을 풀고 시험을 시작합니다.

규니쿠돈부리

(牛肉丼 : ぎゅうにくどんぶり, Beef & Eggs on Rice)

● 조리법

1. 밥을 덮밥 그릇에 소복한 모양으로 담아 놓는다.
2. 소고기는 반대 결로 가늘게 썰어 먹기 좋은 한 입 크기로 자른다.
3. 양파는 껍질을 벗겨 뿌리 부분을 도려내고 반으로 갈라 어슷하게 3~4cm 길이로 채 썬다.
4. 실파도 뿌리를 잘라내고 3~4cm 정도 길이로 어슷하게 썰어 놓는다.
5. 김은 구워서 가늘게 썰거나(하리노리) 부숴 놓는다.
6. 가다랑어 국물을 이용하여 덮밥 다시를 만든다.
   ▶ 간장 1, 설탕 1/2, 다시 5의 분량을 냄비에 넣고 불에 올려 청주, 미림으로 간을 하여 한 번 끓여 낸다.
7. 덮밥 다시에 2번의 고기를 넣고 끓이다가 4번의 채소를 넣는다.
8. 채소가 반 정도 익었을 때 달걀을 풀어 덮는다.
9. 달걀이 50% 익었을 때 불을 끄고 국자로 모양이 흐트러지지 않도록 하여, 1번의 밥 위에 덮이도록 담고 5번의 김을 덴모리 하여 낸다.

● 주의 사항

1. 덮밥 국물의 양은 밥그릇을 바로 놓았을 때는 보이지 않다가, 조금 기울였을 때 국물이 고여 있는 모양이 보이면 적당하다.
2. 고기나 채소가 너무 익지 않도록 조리 시간과 불의 세기 조정에 유의한다.
3. 덴모리하는 김은 눅눅하지 않아야 하므로 제출 직전에 올려낸다.
4. 달걀은 흰자와 노른자가 적당히 섞일 정도로만 살짝 저어 사용한다.
4. 완성된 작품을 보았을 때 밥이 보이지 않아야 하며, 달걀은 70% 정도만 익은 상태가 되어야 한다.
5. 냄비에서 완성된 덮밥 재료의 모양이 흐트러지지 않도록 모양을 유지하며 밥 위에 올려야 한다.

● 용어 해설

1. 돈부리(丼 : どんぶり) – 덮밥

   '돈부리모노' 의 준말, 사발에 따뜻한 밥을 넣고 그 위에 조리한 재료를 얹어 국물을 뿌린 것이다. 사발에 담는 음식물로는 소고기뿐만 아니라 닭고기를 이용한 오야코돈부리(닭고기덮밥), 돼지고기를 이용한 카쯔돈(돈까스덮밥), 버섯덮밥 등이 있다.

2. 하리노리(針切り : はりのり)

   구운 김을 바늘과 같이 가늘게 썰어낸 것으로 메밀국수나 요리의 고명에 자주 사용된다.

3. 덴모리(天盛 : てんもり) – 고명

   완성된 요리 위에 올려놓는 것. 또는 그 재료를 말한다. 여기에서는 김을 부수거나 가늘게 썰어 얹어낸다.

국가기술자격검정
실기 시험문제

09 우동볶음 | 30분

능력단위 [1301010411_14v2 / 일식 면류조리(3)]

자격종목	일식조리 기능사	작품명	우동볶음(야끼우동)

● 요구 사항

※ 주어진 재료를 사용하여 다음과 같이 우동볶음(야끼우동)을 만드시오.

가. 새우는 껍질과 내장을 제거하고 사용하시오.
나. 오징어는 솔방울 무늬로 칼집을 넣어 1cm x 4cm 정도 크기로 썰어 데쳐 사용하시오.
다. 우동은 데쳐서 사용하시오.
라. 가다랑어포(하나가쓰오)를 고명으로 얹으시오.

● 수험자 유의 사항

1) 만드는 순서에 유의하며, 위생과 숙련된 기능평가를 위하여 조리작업 시 맛을 보지 않습니다.
2) 지급재료는 시험 전 확인하여 이상이 있을 경우 시험위원으로부터 조치를 받고 시험 중에는 재료의 교환 및 추가지급은 하지 않습니다.
3) 요구사항의 규격은 "정도"의 의미를 포함하며, 지급된 재료의 크기에 따라 가감하여 채점합니다.
4) 다음 사항에 대해서는 **채점 대상에서 제외**하니 특히 유의하시기 바랍니다.
   가) 기권 - 수험자 본인이 시험 도중 시험에 대한 포기 의사를 표현하는 경우
   나) 실격 - (1) 가스레인지 화구 2개 이상(2개 포함) 사용한 경우
   (2) 불을 사용하여 만든 조리작품이 작품특성에 벗어나는 정도로 타거나 익지 않은 경우
   (3) 위생복, 위생모, 앞치마를 착용하지 않은 경우
   (4) 시험 중 시설·장비(칼, 가스레인지 등) 사용 시 시험위원 및 타수험자의시험 진행에 위해를 일으킬 것으로 시험위원 전원이 합의하여 판단한 경우
   다) 미완성 - (1) 시험시간 내에 과제 두 가지를 제출하지 못한 경우
   (2) 문제의 요구사항대로 과제의 수량이 만들어지지 않은 경우
   라) 오작 - (1) 구이를 조림 등으로 조리하여 완성품을 요구사항과 다르게 만든 경우
   (2) 해당과제의 지급재료 이외의 재료를 사용하거나 석쇠 등 요구사항의 조리도구를 사용하지 않은 경우
   마) 요구사항에 표시된 실격, 미완성, 오작에 해당하는 경우
5) 항목별 배점은 위생상태 및 안전관리 5점, 조리기술 30점, 작품의 평가 15점입니다.

● 지급 재료 목록

일련번호	재료명	규격	단위	수량	비고
1	우동		g	150	
2	작은 새우	껍질 있는 것	마리	3	
3	갑오징어 몸살		g	50	물오징어 대체 가능
4	양파	중(150g정도)	개	1/8	
5	숙주		g	80	
6	생표고버섯		개	1	
7	당근		g	50	
8	청피망	중(75g정도)	개	1/2	
9	가다랑어포(하나가쓰오)	고명용	g	10	
10	청주		mL	30	
11	진간장		mL	15	
12	맛술(미림)		mL	15	
13	식용유		mL	15	
14	참기름		mL	5	
15	소금		g	5	

잔소리

- 지정된 수험자지참준비물 이외의 조리기구나 재료를 시험장내에 지참할 수 없습니다.
- 위생복, 위생모, 앞치마를 착용하여야 하며, 시험장비·조리도구 취급 등 안전에 유의합니다.
- 시험시작 전 가벼운 몸 풀기(스트레칭) 동작으로 긴장을 풀고 시험을 시작합니다.

야키우동
(焼き饂飩：やきうどん)

● 조리법

1. 새우는 내장(모래주머니)과 머리, 껍질을 제거해 둔다.
2. 오징어는 속껍질을 분리하고 솔방울 무늬로 칼집을 넣어 1×4cm 정도 크기로 썰어 데쳐 둔다.
3. 우동은 끓는 물에 데쳐 둔다.
4. 양파와 피망, 표고버섯과 당근은 각각 채썰기 하여 둔다.
5. 달구어진 팬에 식용유를 두르고 당근을 먼저 볶다가, 해산물과 우동, 채소를 함께 넣어 볶는다.
6. 소금과 간장으로 간을 하고 청주를 넣어 마무리하여 담아낸다.
7. 제출 전에 바로 가다랑어포(하나가쓰오)를 얹어 낸다.

● 주의 사항

1. 채소가 너무 익지 않도록 강한 불에 단시간 볶아 내도록 한다.
2. 약한 불에 볶으면 채소에서 물이 나와 맛과 모양이 떨어지게 되므로 주의한다.
3. 강한 불에 태우지 않도록 팬을 흔들어 재료를 자주 뒤집어 가며 볶아 주도록 한다.

● 다른 형태의 야끼우동

1. 베이컨을 곁들인 야끼우동

2. 홍합과 굴소스를 곁들인 야끼우동

3. 다양한 채소와 견과류를 곁들인 철판 야끼우동

10 메밀국수 | 30분

능력단위 [1301010411_14v2 / 일식 면류조리(3)]

자격종목	일식조리 기능사	작품명	메밀국수(자루소바)

● 요구 사항

※ 주어진 재료를 사용하여 다음과 같이 메밀국수(자루소바)를 만드시오.

가. 소바다시를 만들어 얼음으로 차게 식히시오.
나. 메밀국수는 삶아 얼음으로 차게 식혀서 사용하시오.
다. 메밀국수는 접시에 김발을 펴서 그 위에 올려내시오.
라. 김은 가늘게 채 썰어(하리노리) 메밀국수에 얹어 내시오.
마. 메밀국수, 양념(야꾸미), 소바다시를 각각 따로 담아내시오.

● 수험자 유의 사항

1) 만드는 순서에 유의하며, 위생과 숙련된 기능평가를 위하여 조리작업 시 맛을 보지 않습니다.
2) 지급재료는 시험 전 확인하여 이상이 있을 경우 시험위원으로부터 조치를 받고 시험 중에는 재료의 교환 및 추가지급은 하지 않습니다.
3) 요구사항의 규격은 "정도"의 의미를 포함하며, 지급된 재료의 크기에 따라 가감하여 채점합니다.
4) 다음 사항에 대해서는 **채점 대상에서 제외**하니 특히 유의하시기 바랍니다.
   가) 기권 – 수험자 본인이 시험 도중 시험에 대한 포기 의사를 표현하는 경우
   나) 실격 – (1) 가스레인지 화구 2개 이상(2개 포함) 사용한 경우
   (2) 불을 사용하여 만든 조리작품이 작품특성에 벗어나는 정도로 타거나 익지 않은 경우
   (3) 위생복, 위생모, 앞치마를 착용하지 않은 경우
   (4) 시험 중 시설·장비(칼, 가스레인지 등) 사용 시 시험위원 및 타수험자의시험 진행에 위해를 일으킬 것으로 시험위원 전원이 합의하여 판단한 경우
   다) 미완성 – (1) 시험시간 내에 과제 두 가지를 제출하지 못한 경우
   (2) 문제의 요구사항대로 과제의 수량이 만들어지지 않은 경우
   라) 오작 – (1) 구이를 조림 등으로 조리하여 완성품을 요구사항과 다르게 만든 경우
   (2) 해당과제의 지급재료 이외의 재료를 사용하거나 석쇠 등 요구사항의 조리도구를 사용하지 않은 경우
   마) 요구사항에 표시된 실격, 미완성, 오작에 해당하는 경우
5) 항목별 배점은 위생상태 및 안전관리 5점, 조리기술 30점, 작품의 평가 15점입니다.

● 지급 재료 목록

일련번호	재료명	규격	단위	수량	비고
1	메밀국수	생면	g	150	건면 100g 대체 가능
2	무		g	60	
3	실파		g	40	2뿌리
4	김		장	1/2	
5	고추냉이		g	10	와사비분
6	가다랑어포(가쓰오부시)		g	10	
7	건다시마	5X10cm	장	1	
8	진간장		mL	50	
9	백설탕		g	25	
10	청주		mL	15	
11	맛술(미림)		mL	10	
12	각얼음		kg	1	
13					
14					
15					

잔소리

- 지정된 수험자지참준비물 이외의 조리기구나 재료를 시험장내에 지참할 수 없습니다.
- 위생복, 위생모, 앞치마를 착용하여야 하며, 시험장비·조리도구 취급 등 안전에 유의합니다.
- 시험시작 전 가벼운 몸 풀기(스트레칭) 동작으로 긴장을 풀고 시험을 시작합니다.

자루소바

(笊蕎麦：ざるそば)

● 조리법

1. 소바다시를 만들어 얼음물로 식혀둔다.
   ⇒ 비율 : 다시 8, 간장 1, 설탕 1/2, 청주 1/3, 미림 1/4
2. 무는 강판에 갈아 살짝 짜서 수분을 적절하게 제거하여 둔다.
3. 실파는 잘게 썰어 냉수에 헹구어 두고, 김은 가늘게 채썰기(하리노리)하여 둔다.
4. 고추냉이(와사비)는 냉수에 개어 대젓가락으로 저어 둔다.
5. 양념(야꾸미)으로 무, 실파, 와사비를 함께 가지런히 담아 준다.
6. 끓는 물에 메밀국수를 넣고, 냉수를 조금씩 부어가며 충분히 익힌 것을 건져내어 냉수로 헹구어 준다.
7. 메밀국수의 물기를 짜서 접시에 가지런히 담아 하리노리를 얹어낸다.
8. 소바다시, 야꾸비를 각각 담아 제출한다.

● 주의 사항

1. 소바다시는 반드시 차게 식혀서 사용한다.
2. 메밀국수는 설익지 않도록 주의한다.
3. 하리노리가 눅눅해지지 않도록 보관에 유의한다.

● 녹차를 이용한 메밀국수

11 삼치소금구이 | 30분

능력단위 [1301010410_14v2 / 일식 구이조리(3)]

자격종목	일식조리 기능사	과제명	삼치소금구이

● 요구 사항

※ 주어진 재료를 사용하여 다음과 같이 삼치구이를 만드시오.

가. 삼치는 세장 뜨기한 후 소금을 뿌려 10~20분 후 씻고 쇠꼬챙이에 끼워 구이하시오.
(※석쇠를 사용할 경우 감점 처리)

나. 채소는 각각 초담금 및 조림을 하시오.

다. 구이 그릇에 삼치소금구이와 곁들임을 담아 완성하시오.

라. 길이 10cm로 2조각을 제출하시오.

● 수험자 유의 사항

1) 만드는 순서에 유의하며, 위생과 숙련된 기능평가를 위하여 조리작업 시 맛을 보지 않습니다.
2) 지급재료는 시험 전 확인하여 이상이 있을 경우 시험위원으로부터 조치를 받고 시험 중에는 재료의 교환 및 추가지급은 하지 않습니다.
3) 요구사항의 규격은 "정도"의 의미를 포함하며, 지급된 재료의 크기에 따라 가감하여 채점합니다.
4) 다음 사항에 대해서는 **채점 대상에서 제외**하니 특히 유의하시기 바랍니다.
   가) 기권 – 수험자 본인이 시험 도중 시험에 대한 포기 의사를 표현하는 경우
   나) 실격 – (1) 가스레인지 화구 2개 이상(2개 포함) 사용한 경우
   (2) 불을 사용하여 만든 조리작품이 작품특성에 벗어나는 정도로 타거나 익지 않은 경우
   (3) 위생복, 위생모, 앞치마를 착용하지 않은 경우
   (4) 시험 중 시설·장비(칼, 가스레인지 등) 사용 시 시험위원 및 타수험자의시험 진행에 위해를 일으킬 것으로 시험위원 전원이 합의하여 판단한 경우
   다) 미완성 – (1) 시험시간 내에 과제 두 가지를 제출하지 못한 경우
   (2) 문제의 요구사항대로 과제의 수량이 만들어지지 않은 경우
   라) 오작 – (1) 구이를 조림 등으로 조리하여 완성품을 요구사항과 다르게 만든 경우
   (2) 해당과제의 지급재료 이외의 재료를 사용하거나 석쇠 등 요구사항의 조리도구를 사용하지 않은 경우
   마) 요구사항에 표시된 실격, 미완성, 오작에 해당하는 경우
5) 항목별 배점은 위생상태 및 안전관리 5점, 조리기술 30점, 작품의 평가 15점입니다.

● 지급 재료 목록

일련번호	재료명	규격	단위	수량	비고
1	삼치	400~450g	마리	1/2	
2	레몬		개	1/4	
3	깻잎		장	1	
4	소금	정제염	g	30	
5	무		g	50	
6	우엉		g	60	
7	식용유		ml	10	
8	식초		ml	30	
9	건다시마	5X10cm	장	1	
10	진간장		ml	30	
11	백설탕		g	30	
12	청주		ml	15	
13	흰참깨	볶은 것	g	2	
14	쇠꼬챙이	30㎝ 정도	개	3	
15	맛술(미림)		ml	10	

잔소리

- 지정된 수험자지참준비물 이외의 조리기구나 재료를 시험장내에 지참할 수 없습니다.
- 위생복, 위생모, 앞치마를 착용하여야 하며, 시험장비 · 조리도구 취급 등 안전에 유의합니다.
- 시험시작 전 가벼운 몸 풀기(스트레칭) 동작으로 긴장을 풀고 시험을 시작합니다.

사와라시오야키

(鰆塩焼き：さわらしおやき, Broiled Mackerel with Salt)

● 조리법

1. 냉수에 건다시마를 넣어 끓여 다시를 뽑아 놓는다.
2. 삼치를 세 장 뜨기(삼마이 오로시) 하여 손질한다.
   머리와 내장을 제거하고, 뼈에서 살이 깨지지 않도록 주의하며 발라낸 다음, 껍질 쪽에 칼집을 넣어 소금을 뿌려 놓는다.
3. 곁들임(아시라이)을 만든다.
   - ▶ 우엉조림(긴피라고보) : 우엉은 칼의 등으로 껍질을 긁어내고 길이 5cm, 굵기 8mm 정도의 대나무 젓가락 모양으로 썰어, 기름에 볶다가 다시 1/2cup, 간장 1Ts, 청주 1ts, 맛술 1ts, 설탕 1ts을 넣어 타지 않게 바짝 졸인 다음 볶은 참깨를 뿌려 버무려 준다.
   - ▶ 무 국화꽃(기카다이콩) : 무는 약 3cm 두께로 썰어 눕혀서, 1mm 간격으로 깊게 십자(十) 칼집을 넣은 것을 2cm 정도의 깍두기 모양으로 잘라, 모서리를 다듬어 소금물에 절여, 아마스(물 3Ts, 식초 1Ts, 설탕 1Ts, 소금 약간, 적색 식용 색소)에 초담금하여 무 국화꽃을 만들어 둔다.(뒷면 그림 참조)
   - ▶ 레몬을 반달 모양으로 썰어 놓는다.
4. 삼치를 굽는다.
   소금에 절인 삼치를 물에 씻어 비린내를 없앤 후, 꼬치에 꿰어 소금을 살짝 뿌려 안쪽부터 굽는다.
5. 완성된 음식을 담는다.
   준비된 접시에 상추를 깔아, 그 위에 삼치를 좌측이 비스듬하게 껍질과 등이 위를 향하도록 놓고, 준비한 우엉조림과 무 국화꽃, 레몬 등의 곁들임을 접시의 우측 아래쪽 공간에 보기 좋게 담아낸다.

● 주의 사항

1. 삼치가 짜지지 않도록 소금 양에 주의하며, 구운 후 삼치의 살이 부서지지 않도록 꼬치를 살짝 돌리며 조심스럽게 빼낸다.
2. 우엉조림은 색이 진하게 나야 하고, 초담금한 것은 새콤달콤한 맛이 나야 한다.
3. 무 국화꽃은 꽃잎처럼 사방으로 펼쳐 모양을 내준다.

● 용어 해설

1. 삼치(鰆 : さわら - 사와라)

고등어과의 해어로서 1m 길이의 가는 몸매와 작은 머리로 구성되어 있다. 평소에는 5m의 수심에서 무리지어 살다가 추워지면 깊은 곳으로 이동하는데, 10월부터 지방이 축적되어 겨울의 삼치가 가장 맛이 좋다고 한다. 성숙한 알은 절여서 젓갈로도 활용된다. 약 20%의 단백질이 있고, 흰살생선으로서는 비교적 많은 10%의 지질 함량도 보이고 있다. 생선회로도 먹을 수 있지만, 살 속에 기생충이 있는 경우도 있으므로 주의해야 한다.

2. 소금구이(塩燒き : しおやき - 시오야키)

구이요리 중의 한 가지로서, 재료에 소금을 뿌리거나 살짝 절여서 직화로 굽는 요리. 재료가 가지고 있는 고유의 맛을 그대로 살릴 수 있는 조리법이다. 강한 불로 빨리 구워서 익혀내야 맛이 좋다. 껍질이 타지 않도록 주의한다.

3. 곁들임(あしらい - 아시라이)

서양요리의 가니쉬(garnish)에 해당하는 것으로서, 그릇에 담은 요리를 한층 더 돋보이게 하기 위하여 추가로 곁들이는 것을 말한다. 주재료와 맛이나 영양의 밸런스가 맞아야 하고, 색채와 계절감이 있는 것이 잘 어울린다.

4. 무 국화꽃 자르기

① 1㎜ 간격으로 칼질을 깊게 넣는다.

② 90도 회전하여 칼집을 넣는다.

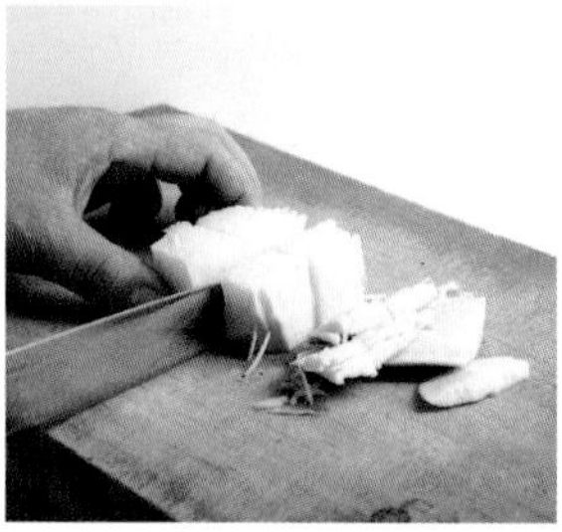

③ 약 2.5㎝ 사각 모양으로 자른다.

④ 모서리를 둥글게 다듬어 낸다.

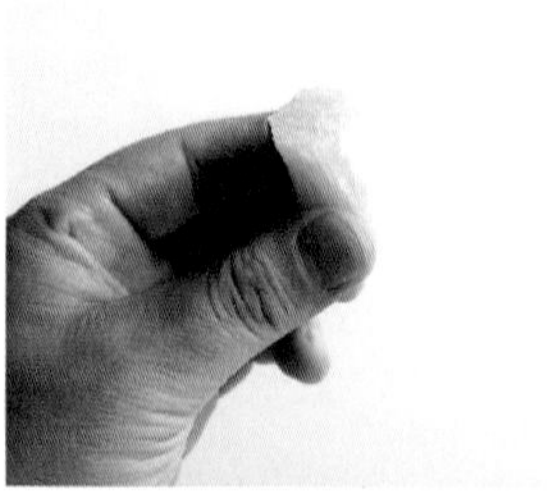

⑤ 완성된 모습(소금에 절여 초담금한다.)

TIP. 생선을 맛있게 구울 수 있는 비결

1. 제철 생선을 골라라
   - 제철 생선의 지방 함량이 높아 맛이 좋다. 생선의 순(旬)을 알아두라.
   - 생선의 지방은 육류와 지방과 달리 불포화지방산이 많아 건강에 좋다.

2. 신선한 생선을 택하라
   - 냉동 생선은 질감과 맛이 떨어진다. 생물을 구하라.
   - 알을 가진 것은 맛이 떨어진다. 차라리 수컷을 구하라.
   - 선도가 떨어진 것은 아가미 색이 변하고 내장에서 냄새가 난다. 신선한 것을 구하라.

3. 생선 손질
   - 내장이 터지면 쓴맛이 스며들어 맛이 떨어진다. 조심하라.
   - 살이 부서지지 않도록 오로시 한다. 살이 부서지면 맛이 없다.
   - 물이 닿지 않도록 한다. 미생물이 빨리 번식하여 상하기 쉽기 때문이다.

4. 소금 뿌리기
   - 손질 후 소금을 뿌렸다가 30분 안에 물로 씻어 준다.
   - 소금의 삼투압으로 생선의 나쁜 냄새가 용출되어 나오기 때문이다.
   - 바로 수분 제거는 필수.

5. 굽는 방법
   - 두꺼운 부분은 칼집을 넣어 준다.
   - 비교적 강한 불에 구워야 생선이 마르지 않는다.
   - 자주 뒤집지 말고 60% 정도 익었을 때 한 번 뒤집어 준다.
   - 얇은 쪽이 먼저 익으면 타지 않도록 호일로 덮어준다.
   - 전체적으로 노릇노릇하게 구웠으면 만점.

12 소고기간장구이 | 20분

능력단위 [1301010410_14v2 / 일식 구이조리(3)]

자격종목	일식조리 기능사	과제명	소고기간장구이

● 요구 사항

※ 주어진 재료를 사용하여 다음과 같이 소고기간장구이를 만드시오.

가. 양념간장(다레)과 생강채(하리쇼가)를 준비하시오.
나. 소고기를 두께 1.5cm, 길이 3cm로 자르시오.
다. 프라이팬에 구이를 한 다음 양념간장(다레)를 발라 완성하시오.

● 수험자 유의 사항

1) 만드는 순서에 유의하며, 위생과 숙련된 기능평가를 위하여 조리작업 시 맛을 보지 않습니다.
2) 지급재료는 시험 전 확인하여 이상이 있을 경우 시험위원으로부터 조치를 받고 시험 중에는 재료의 교환 및 추가지급은 하지 않습니다.
3) 요구사항의 규격은 "정도"의 의미를 포함하며, 지급된 재료의 크기에 따라 가감하여 채점합니다.
4) 다음 사항에 대해서는 **채점 대상에서 제외**하니 특히 유의하시기 바랍니다.
   가) 기권 – 수험자 본인이 시험 도중 시험에 대한 포기 의사를 표현하는 경우
   나) 실격 – (1) 가스레인지 화구 2개 이상(2개 포함) 사용한 경우
   (2) 불을 사용하여 만든 조리작품이 작품특성에 벗어나는 정도로 타거나 익지 않은 경우
   (3) 위생복, 위생모, 앞치마를 착용하지 않은 경우
   (4) 시험 중 시설·장비(칼, 가스레인지 등) 사용 시 시험위원 및 타수험자의시험 진행에 위해를 일으킬 것으로 시험위원 전원이 합의하여 판단한 경우
   다) 미완성 – (1) 시험시간 내에 과제 두 가지를 제출하지 못한 경우
   (2) 문제의 요구사항대로 과제의 수량이 만들어지지 않은 경우
   라) 오작 – (1) 구이를 조림 등으로 조리하여 완성품을 요구사항과 다르게 만든 경우
   (2) 해당과제의 지급재료 이외의 재료를 사용하거나 석쇠 등 요구사항의 조리도구를 사용하지 않은 경우
   마) 요구사항에 표시된 실격, 미완성, 오작에 해당하는 경우
5) 항목별 배점은 위생상태 및 안전관리 5점, 조리기술 30점, 작품의 평가 15점입니다.

● 지급 재료 목록

일련번호	재료명	규격	단위	수량	비고
1	소고기	등심	g	160	덩어리
2	건다시마	5X10cm	장	1	
3	통생강		g	30	
4	검은 후춧가루		g	5	
5	진간장		ml	50	
6	산초가루		g	3	
7	청주		ml	50	
8	소금	정제염	g	20	
9	식용유		ml	100	
10	백설탕		g	30	
11	맛술(미림)		ml	50	
12	깻잎		장	1	
13					
14					
15					

잔소리

- 지정된 수험자지참준비물 이외의 조리기구나 재료를 시험장내에 지참할 수 없습니다.
- 위생복, 위생모, 앞치마를 착용하여야 하며, 시험장비 · 조리도구 취급 등 안전에 유의합니다.
- 시험시작 전 가벼운 몸 풀기(스트레칭) 동작으로 긴장을 풀고 시험을 시작합니다.

규니쿠데리야키

(牛肉照焼き：ぎゅうにくでりやき, Broiled Beef with Soy sauce)

● 조리법

1. 소고기는 넓게 펴서 오그라들지 않도록 칼집을 넣거나 두들겨 준다.
2. 양념간장(다레)을 만든다.
   ▸ 다시 1/2컵에 간장 · 설탕 · 청주 각 2Ts 씩을 넣어 절반 정도의 양이 되도록 졸인다.
3. 생강을 마치 실처럼 곱게 채 썰어 헹궈내어 물에 담가 놓는다(하리쇼가).
4. 팬을 달구어 식용유를 바르고, 타지 않도록 조심스럽게 양면 구이 한다.
5. 양면이 절반쯤 익었으면 양념간장을 조금씩 부어가며 굽는다(2~3회).
6. 다 구운 소고기를 한 입 크기로 자른 다음 제출용 접시에 올려놓는다.
7. 윤기가 흐르도록 팬에 남은 대리를 살짝 더 소고기 구이 위에 올려주고, 산초가루를 뿌린 다음 하리쇼가를 곁들여 낸다.

● 주의 사항

1. 소고기를 자주 뒤집지 않도록 한다.
2. 색이 적당히 나면 뒤집어 굽고 난 다음 데리를 바른다.
3. 처음부터 데리를 바르면 익기 전에 탈 수 있으므로 주의한다.
4. 고기가 타지 않도록 불의 세기에 주의하면서 굽는다.
5. 데리는 적당한 점도가 되도록 약한 불에서 졸인다.
6. 소고기는 완전히 익히지 않아도 무방하다.

● 용어 해설

1. 규니쿠(牛肉 : ぎゅうにく) – 우육.

   일본에서 요리에 사용되는 유명한 소고기의 브랜드가 많지만, 대개는 와규(일본소고기)라고 통칭하여 불리고 있다. 고급 조리용으로 사육된 것은 마쓰사카니쿠, 고베니쿠 등이 대표적이며 마블링이 높아 세계 최고급이라고 자랑하고 있으나 그 생산량이 적어 가격이 비싼 것이 단점이다.
2. 데리야키(照焼き : てりやき)

   구이요리 중의 하나로서, 어개류나 수조육류 등을 조미료 등을 곁들여 잘 구워낸 요리. 양념간장 등을 덧발라 빛깔을 내어가며 굽는다. 재료를 다익히고 나서 데리를 발라준다.

13 전복버터구이 | 25분

능력단위 [1301010410_14v2 / 일식 구이조리(3)]

자격종목	일식조리 기능사	작품명	전복버터구이

● 요구 사항

※ 주어진 재료를 사용하여 다음과 같이 전복버터구이를 만드시오.

가. 전복은 껍질과 내장을 분리하고 칼집을 넣어 한입 크기로 어슷하게 써시오.
나. 내장은 모래주머니를 제거하고 데쳐 사용하시오.
다. 채소는 전복의 크기로 써시오.
라. 은행은 속껍질을 벗겨 사용하시오.

● 수험자 유의 사항

1) 만드는 순서에 유의하며, 위생과 숙련된 기능평가를 위하여 조리작업 시 맛을 보지 않습니다.
2) 지급재료는 시험 전 확인하여 이상이 있을 경우 시험위원으로부터 조치를 받고 시험 중에는 재료의 교환 및 추가지급은 하지 않습니다.
3) 요구사항의 규격은 "정도"의 의미를 포함하며, 지급된 재료의 크기에 따라 가감하여 채점합니다.
4) 다음 사항에 대해서는 **채점 대상에서 제외**하니 특히 유의하시기 바랍니다.
   가) 기권 – 수험자 본인이 시험 도중 시험에 대한 포기 의사를 표현하는 경우
   나) 실격 – (1) 가스레인지 화구 2개 이상(2개 포함) 사용한 경우
   (2) 불을 사용하여 만든 조리작품이 작품특성에 벗어나는 정도로 타거나 익지 않은 경우
   (3) 위생복, 위생모, 앞치마를 착용하지 않은 경우
   (4) 시험 중 시설·장비(칼, 가스레인지 등) 사용 시 시험위원 및 타수험자의시험 진행에 위해를 일으킬 것으로 시험위원 전원이 합의하여 판단한 경우
   다) 미완성 – (1) 시험시간 내에 과제 두 가지를 제출하지 못한 경우
   (2) 문제의 요구사항대로 과제의 수량이 만들어지지 않은 경우
   라) 오작 – (1) 구이를 조림 등으로 조리하여 완성품을 요구사항과 다르게 만든 경우
   (2) 해당과제의 지급재료 이외의 재료를 사용하거나 석쇠 등 요구사항의 조리도구를 사용하지 않은 경우
   마) 요구사항에 표시된 실격, 미완성, 오작에 해당하는 경우
5) 항목별 배점은 위생상태 및 안전관리 5점, 조리기술 30점, 작품의 평가 15점입니다.

● 지급 재료 목록

일련번호	재료명	규격	단위	수량	비고
1	전복	2마리, 껍질 포함	g	150	
2	청차조기잎(시소)		장	1	깻잎으로 대체 가능
3	양파	중(150g 정도)	개	1/2	
4	청피망	중(75g 정도)	개	1/2	
5	청주		mL	20	
6	은행	중간 크기	개	5	
7	버터		g	20	
8	검은 후춧가루		g	2	
9	소금	정제염	g	15	
10	식용유		mL	30	
11					
12					
13					
14					
15					

잔소리

- 지정된 수험자지참준비물 이외의 조리기구나 재료를 시험장내에 지참할 수 없습니다.
- 위생복, 위생모, 앞치마를 착용하여야 하며, 시험장비·조리도구 취급 등 안전에 유의합니다.
- 시험시작 전 가벼운 몸 풀기(스트레칭) 동작으로 긴장을 풀고 시험을 시작합니다.

아와비바타야키

(鮑バター焼き : あわびバターやき)

● 조리법

1. 수저 등을 이용하여 전복을 껍질에서 떼어내고, 내장과 분리하여 손질해 둔다.
2. 전복살은 한입 크기로 썰고, 내장은 끓는 물에 데쳐서 사용한다.
3. 양파와 청피망은 전복과 비슷하게 한입 크기로 썰어 둔다.
4. 은행의 속껍질을 벗겨 사용한다.
5. 달구어진 팬에 식용유를 조금 두르고 전복과 채소를 넣어 살짝 볶은 후, 버터를 넣고 소금과 후춧가루로 간을 하여 볶아낸다.
6. 마지막으로 청주를 부어 볶아 마무리한다.
7. 청차조기잎(시소)과 전복 껍질을 이용하여 담아낸다

● 주의 사항

1. 단시간에 조리하므로 강한 불을 사용하되 태우지 않도록 한다.
2. 채소가 완전하게 익지 않도록 한다.
3. 전복과 채소 고유의 색이 살아나도록 유의한다.

● 다른 형태의 야끼우동

1. 전복만 두텁게 썰어 볶은 전복버터구이

2. 베이컨과 폰즈를 곁들인 전복버터구이

14 달걀말이 | 25분

능력단위 [1301010410_14v2 / 일식 구이조리(3)]

자격종목	일식조리 기능사	과제명	달걀말이

● 요구 사항

※ 주어진 재료를 사용하여 다음과 같이 달걀말이를 만드시오.

가. 달걀과 가다랑어국물(가쓰오다시), 소금, 설탕, 맛술(미림)을 섞은 후 체에 걸러 사용하시오.
나. 젓가락을 사용하여 달걀말이를 한 후 김발을 이용하여 사각모양을 만드시오.
(단, 달걀을 말 때 주걱이나 손을 사용할 경우 감점 처리)
다. 길이 8cm, 높이 2.5cm, 두께 1cm 정도로 썰어 8개를 만들고, 완성되었을 때 틈새가 없도록 하시오.
라. 달걀말이(다시마끼)와 간장무즙을 접시에 보기 좋게 담아내시오.

● 수험자 유의 사항

1) 만드는 순서에 유의하며, 위생과 숙련된 기능평가를 위하여 조리작업 시 맛을 보지 않습니다.
2) 지급재료는 시험 전 확인하여 이상이 있을 경우 시험위원으로부터 조치를 받고 시험 중에는 재료의 교환 및 추가지급은 하지 않습니다.
3) 요구사항의 규격은 "정도"의 의미를 포함하며, 지급된 재료의 크기에 따라 가감하여 채점합니다.
4) 다음 사항에 대해서는 **채점 대상에서 제외**하니 특히 유의하시기 바랍니다.
   가) 기권 – 수험자 본인이 시험 도중 시험에 대한 포기 의사를 표현하는 경우
   나) 실격 – (1) 가스레인지 화구 2개 이상(2개 포함) 사용한 경우
   (2) 불을 사용하여 만든 조리작품이 작품특성에 벗어나는 정도로 타거나 익지 않은 경우
   (3) 위생복, 위생모, 앞치마를 착용하지 않은 경우
   (4) 시험 중 시설·장비(칼, 가스레인지 등) 사용 시 시험위원 및 타수험자의시험 진행에 위해를 일으킬 것으로 시험위원 전원이 합의하여 판단한 경우
   다) 미완성 – (1) 시험시간 내에 과제 두 가지를 제출하지 못한 경우
   (2) 문제의 요구사항대로 과제의 수량이 만들어지지 않은 경우
   라) 오작 – (1) 구이를 조림 등으로 조리하여 완성품을 요구사항과 다르게 만든 경우
   (2) 해당과제의 지급재료 이외의 재료를 사용하거나 석쇠 등 요구사항의 조리도구를 사용하지 않은 경우
   마) 요구사항에 표시된 실격, 미완성, 오작에 해당하는 경우
5) 항목별 배점은 위생상태 및 안전관리 5점, 조리기술 30점, 작품의 평가 15점입니다.

● 지급 재료 목록

일련번호	재료명	규격	단위	수량	비고
1	달걀		개	6	
2	백설탕		g	20	
3	건다시마	5X10cm	장	1	
4	소금	정제염	g	10	
5	식용유		ml	50	
6	가다랑어포(가쓰오부시)		g	10	
7	맛술(미림)		g	20	
8	무		g	100	
9	진간장		ml	30	
10	청차조기잎(시소)		장	2	깻잎으로 대체 가능
11					
12					
13					
14					
15					

잔소리

- 지정된 수험자지참준비물 이외의 조리기구나 재료를 시험장내에 지참할 수 없습니다.
- 위생복, 위생모, 앞치마를 착용하여야 하며, 시험장비 · 조리도구 취급 등 안전에 유의합니다.
- 시험시작 전 가벼운 몸 풀기(스트레칭) 동작으로 긴장을 풀고 시험을 시작합니다.

다시마키

(出し巻き：だしまき, Egg Roll)

조리법

1. 가다랑어 국물(가쓰오다시)를 만든다.
2. 달걀 6개에 가다랑어 국물(가쓰오다시) 3Ts, 설탕 1Ts, 소금 1/2ts, 맛술(미림) 1ts을 섞어 고운 체에 거른다.
3. 사각팬에 대나무젓가락을 사용하여 달걀말이를 하고, 김발에 말아서 적당히 식힌 후 썰어 담아낸다.
4. 무는 강판에 갈아서 찬물에 살짝 씻어 물기를 가볍게 제거한 다음 진간장으로 간을 하고 색을 낸다.
5. 접시에 달걀말이(길이 8cm, 높이 2.5cm, 두께 1cm 정도로 썰어 8개)와 간장 무즙을 담아낸다.

주의 사항

1. 달걀말이를 할 때 손으로 직접말거나 주걱 등을 사용하지 않는다.
2. 팬의 반동과 젓가락을 적절히 이용하여 달걀말이를 하도록 한다.
3. 달걀말이에 틈이 생기지 않도록 열 조절과 팬의 기름의 양에 주의한다.
4. 무즙은 물로 한 번 씻어내고 간장에 무쳐준다.

용어 해설

1. 다시마키(出し巻き：だしまき)

   달걀에 다시를 섞어서 약하게 간을 하여 구워낸 것으로서 달걀말이용 사각 팬을 이용하여 기름을 얇게 두르고 달걀을 조금씩 넣어 말아가면서 구워내는 요리이다. 소메오로시를 곁들인다.

2. 다마고야키(卵焼き：たまごやき)

   달걀을 풀어 설탕과 미림, 간장, 다시 등으로 조리하여 구워낸 것으로서, 생선살을 갈아 섞어주는 경우도 있다.

3. 다마고야키나베(卵焼き鍋：たまごやきなべ)

   달걀구이 전용의 도구를 말하며, 형태는 직사각형은 관서형이고 정사각형은 관동형으로 알려져 있다. 구리, 철, 알루미늄의 재질을 사용하며, 열의 전도가 좋은 구리 제품이 균일하게 잘 익혀준다.

4. 소메오로시(染め卸し：そめおろし)

   무즙에 간장을 곁들여 간장색이 나도록 한 것을 말하며, 무즙을 갈아 수분을 짜낸 것을 산봉우리 모양으로 만들어 위에서 간장을 살짝 뿌리거나 간장에 찍어 내며, 주로 구이요리의 곁들임에 사용된다.

15 도미술찜 | 30분

능력단위 [1301010407_14v2 / 일식 찜 조리(3)]

자격종목	일식조리 기능사	과제명	도미 술찜

● 요구 사항

※ 주어진 재료를 사용하여 다음과 같이 도미술찜을 만드시오,

가. 머리는 반으로 자르고, 몸통은 세장뜨기 하시오.
나. 손질한 도미살을 5~6cm정도 자르고 소금을 뿌려, 머리와 꼬리는 데친 후 불순물을 제거하시오.
다. 청주를 섞은 다시(국물)에 쪄내시오.
라. 당근은 매화꽃, 무는 은행잎 모양으로 만들어 익혀내시오.
마. 초간장(폰즈)과 양념(야꾸미)을 만들어 내시오.

● 수험자 유의 사항

1) 만드는 순서에 유의하며, 위생과 숙련된 기능평가를 위하여 조리작업 시 맛을 보지 않습니다.
2) 지급재료는 시험 전 확인하여 이상이 있을 경우 시험위원으로부터 조치를 받고 시험 중에는 재료의 교환 및 추가지급은 하지 않습니다.
3) 요구사항의 규격은 "정도"의 의미를 포함하며, 지급된 재료의 크기에 따라 가감하여 채점합니다.
4) 다음 사항에 대해서는 **채점 대상에서 제외**하니 특히 유의하시기 바랍니다.
   가) 기권 – 수험자 본인이 시험 도중 시험에 대한 포기 의사를 표현하는 경우
   나) 실격 – (1) 가스레인지 화구 2개 이상(2개 포함) 사용한 경우
   (2) 불을 사용하여 만든 조리작품이 작품특성에 벗어나는 정도로 타거나 익지 않은 경우
   (3) 위생복, 위생모, 앞치마를 착용하지 않은 경우
   (4) 시험 중 시설·장비(칼, 가스레인지 등) 사용 시 시험위원 및 타수험자의시험 진행에 위해를 일으킬 것으로 시험위원 전원이 합의하여 판단한 경우
   다) 미완성 – (1) 시험시간 내에 과제 두 가지를 제출하지 못한 경우
   (2) 문제의 요구사항대로 과제의 수량이 만들어지지 않은 경우
   라) 오작 – (1) 구이를 조림 등으로 조리하여 완성품을 요구사항과 다르게 만든 경우
   (2) 해당과제의 지급재료 이외의 재료를 사용하거나 석쇠 등 요구사항의 조리도구를 사용하지 않은 경우
   마) 요구사항에 표시된 실격, 미완성, 오작에 해당하는 경우
5) 항목별 배점은 위생상태 및 안전관리 5점, 조리기술 30점, 작품의 평가 15점입니다.

● 지급 재료 목록

일련번호	재료명	규격	단위	수량	비고
1	도미	200~250g	마리	1	
2	배추		g	50	
3	당근		g	60	둥근 모양으로 잘라서 지급
4	무		g	50	
5	판두부		g	50	
6	생표고버섯		개	1	20g
7	죽순		g	20	
8	쑥갓		g	20	
9	레몬		개	1/4	
10	청주		ml	30	
11	건다시마	5 X 10cm	장	1	
12	진간장		ml	30	
13	식초		ml	30	
14	고춧가루		g	2	고운 것
15	실파		g	20	1뿌리
16	소금	정제염	g	5	

잔소리

- 지정된 수험자지참준비물 이외의 조리기구나 재료를 시험장내에 지참할 수 없습니다.
- 위생복, 위생모, 앞치마를 착용하여야 하며, 시험장비·조리도구 취급 등 안전에 유의합니다.
- 시험시작 전 가벼운 몸 풀기(스트레칭) 동작으로 긴장을 풀고 시험을 시작합니다.

다이사카무시

(鯛酒蒸し：たいさかむし, Steamed Seabream with Sake)

● 조리법

1. 도미는 비늘을 긁고 내장을 제거한 후, 머리와 꼬리를 자르고 세장 뜨기(산마이 오로시) 한다.
   (술찜에는 뼈를 사용하지 않으므로 오로시 한 후에도 속에 있는 가시를 제거해야 한다.)
2. 무와 당근을 삶아서 각각 꽃 모양 및 매화 모양으로 만들고(p183 참조), 배추는 삶아 말아 놓는다.
3. 두부는 2cm 두께로 3~4cm 크기로 자르고, 표고는 칼집을 내어 모양을 낸다.
4. 죽순은 한 번 삶아 1~2mm 두께로 썰어 놓는다.
5. 그릇에 다시마를 깔고, 배추와 무, 두부와 죽순을 놓은 다음 도미를 보기 좋게 놓은 후, 표고와 당근은 앞쪽으로 보기 좋게 놓는다.
5. 다시와 청주를 1 : 1로 섞어, 소금과 조미료로 간을 하여, 그릇에 절반 정도 부어준다.
6. 김이 오른 찜통에 그릇째 넣고, 찐 다음 쑥갓을 넣어 마무리한다.
7. 폰즈와 야쿠미를 곁들인다.
   ▶ 폰즈 : 간장 1Ts, 식초 1Ts, 다시 1Ts, 청주 1ts, 설탕 1/2Ts, 레몬이나 유자즙.
   ▶ 야쿠미 : 실파를 채 썰어 물로 씻어 낸 것과 레몬, 모미지오로시
8. 찜통에서 꺼낸 후 흐트러진 모양을 바로잡고, 국물이 너무 탁하지 않은지 또한, 국물의 양은 적당한지 살펴보고 나서 폰즈와 야쿠미를 곁들여 제출하도록 한다.

● 주의 사항

1. 채소의 담는 모양에 유의하며, 찔 때 너무 강한 불을 사용하거나 많이 익히지 않도록 한다.
2. 쑥갓의 색이 변하지 않도록 잘 마무리한다.
3. 머리를 사용하려면 반으로 갈라 꼬리와 함께 끓는 물에 데쳐내서 비늘과 불순물 등을 제거한다.
4. 도미의 살은 뼈와 가시를 제거한 후, 소금을 뿌렸다가 물로 씻어 사용해야 냄새가 제거된다.
5. 도미의 사용 부위는 조합되는 메뉴를 감안하여 머리나 꼬리, 살 부분 어디를 사용해도 무방하다. 다만, 손질함에 있어 필요한 부분만을 속히 손질하여 사용하도록 한다.
6. 도미의 손질은 데바칼로만 하여야 하며, 가위를 사용하지 않도록 한다.
7. 무, 당근, 죽순, 배추 등은 한 번 삶아서 모양내거나 사용한다.

※ 도미손질법은 3번 과제 p103~105 참조

● 용어 해설

1. 다이(鯛 ; たい) – 도미

   도미의 물고기의 총칭으로서 도미의 종류는 약 200종 이상으로 상당히 많으며, 마다이(眞鯛 : まだい–참돔)가 가장 맛이 좋고 많이 이용되고 있다. 일본요리에 있어서 도미는 가장 중요한 생선으로 꼽히고 있으며 회, 초밥, 조림, 튀김, 구이 등 거의 모든 요리가 가능하고, 버려지

는 부위가 없이 사용된다.

2. 사카무시(酒蒸し : さかむし) - 술찜

재료에 술을 끼얹어 찌는 것. 또는, 그렇게 찐 요리를 말한다. 재료에 가볍게 소금을 치고, 그릇에 다시마를 가지런히 깐 다음 올려놓아 찜통에서 찐다. 재료에는 조개류와 흰살생선, 닭고기 등을 이용하며, 술과 다시를 섞어서 찌는 경우도 있으며, 폰즈에 찍어 먹는다.

3. 산마이오로시(三枚卸 : さんまいおろし)

생선 손질법의 하나로서, 생선의 위쪽 살, 중간 뼈, 아래 살의 3장으로 뜨는 방법. 우선 머리와 내장을 제거한 생선의 위쪽 살을 떠내면 니마이 오로시(두장 뜨기)가 되고, 다음의 중간 뼈에 붙어 있는 아래 고기를 떼어 내면 산마이 오로시가 된다.

4. 폰즈(ポン酢 : ず) - 양념초간장

폰즈 쇼유(ポン酢 醬油 : ポンズ しょうゆ)의 약어로 오란다어의 'pons'에서 유래된 단어로서, 본래는 레몬이나 스다치 같은 향산성 감귤 등을 이용한 과즙초의 뜻을 가지고 있지만, 식초와 간장을 섞은 초간장으로서 생선회나 초회, 지리냄비 등의 요리에 곁들여 먹는 소스의 일종으로 더 알려져 있다. 지리스라고도 한다.

5. 야쿠미(藥味 : やくみ) - 양념

요리에 첨가하는 향신료나 양념을 말한다. 요리에 조금 첨가하여 먹으면 훨씬 더 좋은 맛을 내거나 향기를 발하여, 식욕을 증진시키는 역할을 한다. 폰즈의 야쿠미로는 모미지오로시(빨간 무즙), 실파, 레몬 등이 곁들여지며, 덴푸라의 덴다시 야쿠미로는 무즙과 생강즙, 실파를 사용한다.

6. 모미지오로시(紅葉卸 ; もみじおろし) - 빨간 무즙

고추즙에 무즙을 개어 빨간색을 띤 무즙을 말한다. 색이 단풍이 물들은 것처럼 적색을 띠고 있어, 모미지(단풍)라는 이름을 붙였다. 아카오로시(赤卸)라고도 하며, 폰즈에 곁들이거나 초회 등의 덴모리(고명같이 음식 위에 얹는 것)나 복 껍질 무침 등에 사용된다.

● 도미 가시 제거법

등과 배에 칼집을 넣어 오로시 한다.

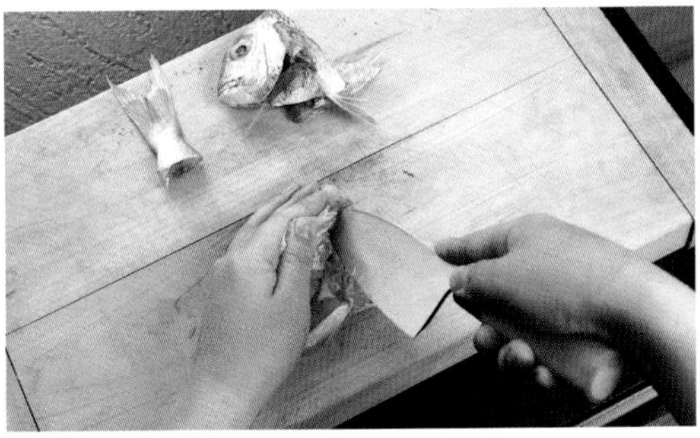

뼈 중간까지 가른 후, 칼을 세워 중간뼈를 지난 후 칼날 전체를 이용하여 뼈에서 살을 발라낸다.

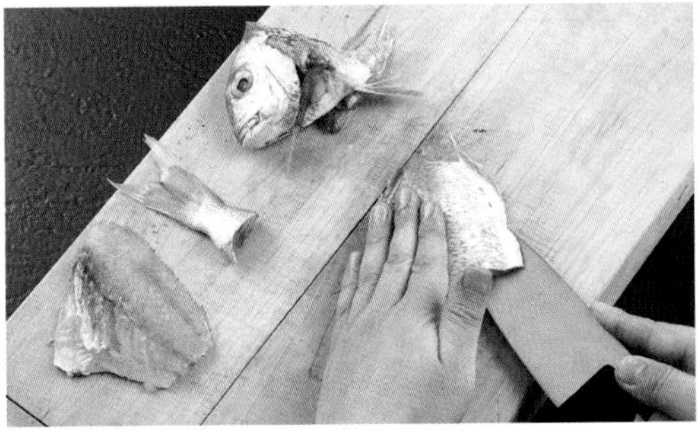

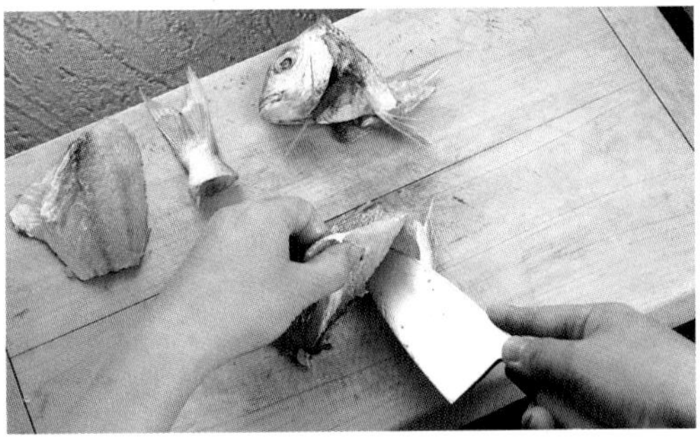

니마이오로시(두장 뜨기)한 다음 반대편도 같은 방법으로 하여 산마이오로시(세장 뜨기)를 완성한다.

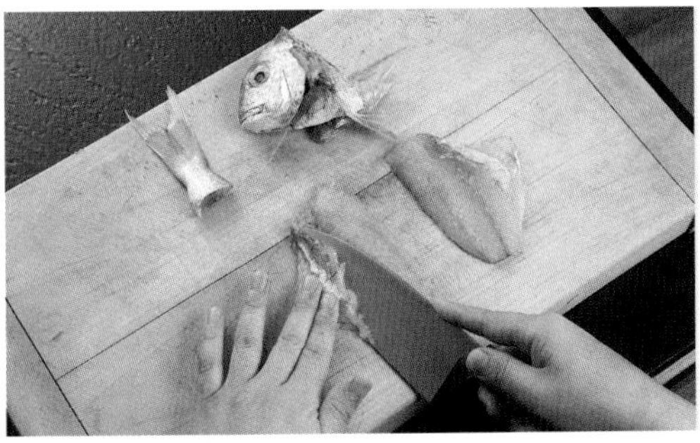

산마이오로시 완성하는 모습. 뱃살의 뼈를 발라내 준다.

16 달걀찜 | 30분

능력단위 [1301010407_14v2 / 일식 찜 조리(3)]

자격종목	일식조리 기능사	과제명	달걀찜

● 요구 사항

※ 주어진 재료를 사용하여 다음과 같이 달걀찜을 만드시오.

가. 찜 속재료는 각각 썰어 간 하시오.
나. 나중에 넣을 것과 처음에 넣을 것을 구분하시오.
다. 가다랑어포로 다시(국물)를 만들어 식혀서 달걀과 섞으시오.

● 수험자 유의 사항

1) 만드는 순서에 유의하며, 위생과 숙련된 기능평가를 위하여 조리작업 시 맛을 보지 않습니다.
2) 지급재료는 시험 전 확인하여 이상이 있을 경우 시험위원으로부터 조치를 받고 시험 중에는 재료의 교환 및 추가지급은 하지 않습니다.
3) 요구사항의 규격은 "정도"의 의미를 포함하며, 지급된 재료의 크기에 따라 가감하여 채점합니다.
4) 다음 사항에 대해서는 **채점 대상에서 제외**하니 특히 유의하시기 바랍니다.
   가) 기권 - 수험자 본인이 시험 도중 시험에 대한 포기 의사를 표현하는 경우
   나) 실격 - (1) 가스레인지 화구 2개 이상(2개 포함) 사용한 경우
   (2) 불을 사용하여 만든 조리작품이 작품특성에 벗어나는 정도로 타거나 익지 않은 경우
   (3) 위생복, 위생모, 앞치마를 착용하지 않은 경우
   (4) 시험 중 시설·장비(칼, 가스레인지 등) 사용 시 시험위원 및 타수험자의시험 진행에 위해를 일으킬 것으로 시험위원 전원이 합의하여 판단한 경우
   다) 미완성 - (1) 시험시간 내에 과제 두 가지를 제출하지 못한 경우
   (2) 문제의 요구사항대로 과제의 수량이 만들어지지 않은 경우
   라) 오작 - (1) 구이를 조림 등으로 조리하여 완성품을 요구사항과 다르게 만든 경우
   (2) 해당과제의 지급재료 이외의 재료를 사용하거나 석쇠 등 요구사항의 조리도구를 사용하지 않은 경우
   마) 요구사항에 표시된 실격, 미완성, 오작에 해당하는 경우
5) 항목별 배점은 위생상태 및 안전관리 5점, 조리기술 30점, 작품의 평가 15점입니다.

● 지급 재료 목록

일련번호	재료명	규격	단위	수량	비고
1	달걀		개	1	
2	잔새우	약 6~7㎝ 정도	마리	1	
3	어묵		g	15	판어묵
4	생표고버섯		개	1/2	10g
5	밤		개	1/2	
6	가다랑어포(가쓰오부시)		g	10	
7	닭고기살		g	20	
8	은행	겉껍질 깐 것	개	2	
9	흰생선살		g	20	
10	쑥갓		g	10	
11	진간장		ml	10	
12	소금	정제염	g	5	
13	청주		ml	10	
14	레몬		개	1/4	
15	죽순		g	10	
16	건다시마	5X10cm	장	1	
17	이쑤시개		개	1	
18	맛술(미림)		ml	10	

잔소리

- 지정된 수험자지참준비물 이외의 조리기구나 재료를 시험장내에 지참할 수 없습니다.
- 위생복, 위생모, 앞치마를 착용하여야 하며, 시험장비 · 조리도구 취급 등 안전에 유의합니다.
- 시험시작 전 가벼운 몸 풀기(스트레칭) 동작으로 긴장을 풀고 시험을 시작합니다.

자완무시

(茶碗蒸し：ちゃわんむし, Cup Cooked Egg Custard)

● 조리법

1. 닭고기 살은 간장으로 흰살생선은 소금으로 밑간을 하고, 소금물로 데쳐낸다.
2. 새우는 내장을 빼고 껍질을 벗겨 끓는 물에 데쳐 1cm 정도의 크기로 썰어 놓는다.
3. 밤은 삶아 어묵과 표고와 같은 크기로 썰어 놓는다.
4. 은행을 물에 삶아 속껍질을 벗겨 두고 표고는 8㎜ 주사위 모양(사이노메기리)으로 썰어 둔다.
5. 쑥갓잎을 물에 담가두고 레몬 껍질로 오리발 모양을 준비하여 놓는다.
6. 달걀을 풀어 다시물 1/2cup과 소금, 미림, 청주 약간씩으로 간을 한 후 채에 거른다.
7. 찜용 그릇에 재료들을 넣고 달걀 물을 8부 정도 부어 거품을 걷어낸다.
8. 물이 끓어 찜기에 김이 오르면 달걀찜 그릇을 넣고 불을 줄여 준다.
9. 약한 불에서 10분 정도 쪄낸 다음 쑥갓과 레몬 껍질을 올려 제출한다.

● 주의 사항

1. 너무 센 불에서 찌거나 장시간 쪄내게 되면 곰보같이 되는 경우가 많으니 주의한다.
2. 너무 약하게 익히면, 그릇을 옆으로 했을 때 달걀이 흐르는 수도 있다.
3. 표면이 흔들리지 않도록 주의하며, 표면에 수분이 떨어지지 않도록 뚜껑을 덮는다.
4. 시험장에 찜기(무시키)가 없을 경우 냄비에 은은한 불로 흔들리지 않도록 주의하며 중탕한다.

● 용어 해설

1. 자완무시(茶碗蒸し：ちゃわんむし) – 달걀찜

   일본요리에 있어서 가장 대표적인 찜 요리 중의 하나로서, 아주 담백한 재료인 어개류, 닭고기, 어묵, 은행, 송이버섯, 미쓰바 등을 손질하여 찜용 도기(陶器)그릇에 넣어서 간장, 소금, 미림, 다시 등으로 간을 한 달걀물을 부어서 쪄낸다.

   달걀과 다시의 비율은 1：3이 이상적이다.

2. 사이노메기리(賽の目切り；さいのめぎり) – 주사위 모양 썰기

   약 1㎝의 정육면체로 채료를 썰어 주는 방법을 말한다. 요리의 종류에 따라 사용되는 재료나 사이즈가 다양하게 응용된다.

3. 무시키(蒸し器；むしき) – 찜기, 찜통

   스테인리스나 알루미늄 재료로써 사이즈와 모양은 용도에 따라 다양하다. 보통 뚜껑까지 2~3단으로 이루어져 있다.

국가기술자격검정
실기 시험문제

17 생선초밥 | 40분

능력단위 [1301010413_14v2 / 일식 초밥조리(5)]

자격종목	일식조리 기능사	과제명	생선초밥

● 요구 사항

※ 주어진 재료를 사용하여 다음과 같이 생선초밥을 만드시오.

가. 각 생선류와 채소를 초밥용으로 손질하시오.
나. 초밥초(스시스)를 만들어 밥에 간하여 식히시오.
다. 곁들일 초생강을 만드시오.
라. 초밥(니기리스시)을 만드시오.
마. 생선초밥은 8개를 만들어 제출하시오.
바. 간장을 내시오.

● 수험자 유의 사항

1) 만드는 순서에 유의하며, 위생과 숙련된 기능평가를 위하여 조리작업 시 맛을 보지 않습니다.
2) 지급재료는 시험 전 확인하여 이상이 있을 경우 시험위원으로부터 조치를 받고 시험 중에는 재료의 교환 및 추가지급은 하지 않습니다.
3) 요구사항의 규격은 "정도"의 의미를 포함하며, 지급된 재료의 크기에 따라 가감하여 채점합니다.
4) 다음 사항에 대해서는 **채점 대상에서 제외**하니 특히 유의하시기 바랍니다.
   가) 기권 - 수험자 본인이 시험 도중 시험에 대한 포기 의사를 표현하는 경우
   나) 실격 - (1) 가스레인지 화구 2개 이상(2개 포함) 사용한 경우
   (2) 불을 사용하여 만든 조리작품이 작품특성에 벗어나는 정도로 타거나 익지 않은 경우
   (3) 위생복, 위생모, 앞치마를 착용하지 않은 경우
   (4) 시험 중 시설·장비(칼, 가스레인지 등) 사용 시 시험위원 및 타수험자의시험 진행에 위해를 일으킬 것으로 시험위원 전원이 합의하여 판단한 경우
   다) 미완성 - (1) 시험시간 내에 과제 두 가지를 제출하지 못한 경우
   (2) 문제의 요구사항대로 과제의 수량이 만들어지지 않은 경우
   라) 오작 - (1) 구이를 조림 등으로 조리하여 완성품을 요구사항과 다르게 만든 경우
   (2) 해당과제의 지급재료 이외의 재료를 사용하거나 석쇠 등 요구사항의 조리도구를 사용하지 않은 경우
   마) 요구사항에 표시된 실격, 미완성, 오작에 해당하는 경우
5) 항목별 배점은 위생상태 및 안전관리 5점, 조리기술 30점, 작품의 평가 15점입니다.

● 지급재료 목록

일련번호	재료명	규격	단위	수량	비고
1	참치살	붉은색 참치살	g	30	아까미
2	광어살	3×8cm 이상	g	50	껍질 있는 것
3	새우	10±2cm 정도	마리	1	
4	학꽁치		마리	1/2	꽁치, 전어 대체 가능
5	도미살		g	30	
6	문어		g	50	삶은 것
7	밥		g	200	뜨거운 밥
8	청차조기잎(시소)		잎	1	깻잎으로 대체 가능
9	통생강		g	30	
10	고추냉이		g	20	와사비분
11	식초		ml	70	
12	백설탕		g	50	
13	소금	정제염	g	20	
14	진간장		ml	20	
15	대꼬챙이	10~15cm	개	1	

잔소리

- 지정된 수험자지참준비물 이외의 조리기구나 재료를 시험장내에 지참할 수 없습니다.
- 위생복, 위생모, 앞치마를 착용하여야 하며, 시험장비·조리도구 취급 등 안전에 유의합니다.
- 시험시작 전 가벼운 몸 풀기(스트레칭) 동작으로 긴장을 풀고 시험을 시작합니다.

니기리즈시

(握り鮨：にぎりずし, Assorted Sushi)

● 조리법

1. 초밥초를 만들어 밥에 뿌려 밥알이 부서지지 않도록 나무 주걱으로 살살 비벼 놓는다.
2. 생강의 껍질을 벗겨 슬라이스 하여 끓는 물에 데친 후 식혀서 아마스에 담가 둔다.
3. 새우는 내장을 빼내고, 등에 이쑤시개를 꽂아 삶아서 식힌 다음, 머리를 떼어내고 껍질을 벗겨 꼬리만 남겨 꼬리 끝을 칼로 약간만 잘라준다.
4. 참치는 자연해동 시켜 행주로 물기를 제거한 다음 도톰하게 썬다.
5. 광어는 손질하여 껍질을 벗겨 포를 떠서 준비해 놓는다.
6. 학꽁치는 머리와 내장을 제거하고 잔가시를 발라낸 다음 겉껍질의 얇은 막을 벗겨낸다.
7. 도미가 작을 경우에는 껍질을 벗기지 않고, 끓는 물에 살짝 데쳐서 껍질이 있는 채로 포를 떠서 사용한다.
8. 문어는 삶아서 길게 포를 떠서 놓는다.
9. 손에 물기를 적셔 오른손에 초밥을 쥐고 왼손으로 생선을 잡아서, 그 위에 오른손 집게손가락으로 와사비를 묻혀 생선에 찍어 바르고, 오른손에서 말아 쥔 초밥을 그 위에 올려놓은 다음 모양을 만든다.
10. 생선초밥은 8개를 1인분으로 하며, 45° 정도로 좌측으로 기울이도록 하여, 두 줄로 접시에 담은 다음 시소를 깔고 그 위에 초생강과 단무지를 얹어 낸다.
11. 밥을 너무 세게 쥐면 딱딱해지고, 살짝만 쥐면 부서질 염려가 있으니 주의한다.
12. 손에 물기가 너무 많으면 밥알이 서로 붙지 않고, 물기가 적으면 밥알이 손에 달라붙어 초밥을 쥐기가 불편해지므로 반복 연습을 통해 손바닥에 항상 적당한 수분이 유지되도록 한다.
13. 완성된 초밥을 색깔을 맞추어 담고, 초생강을 곁들여 간장과 함께 제출한다.

● 용어 해설

1. 스시(鮓, 寿司 : すし)

   생선을 밥과 같이 발효시켜 신맛이 나도록 한 것 또는 식초 등으로 조미한 밥에 생선이나 채소 등을 덮은 것. 스시의 역사는 오래되었는데, 10세기 초 어육이나 조개류를 소금에 절여 발효시켜, 자연적인 산미를 발생시킨 것을 말하며, 일종의 보존식이었다. 1600년경에 밥을 이용하기 시작하였고, 나중에는 밥에 식초를 첨가하여 빨리 만드는 방법을 고안해 내게 되었다. 그래서 밥과 같이 먹게 된 것이었는데, 후에 더 빨리 먹기 위하여 손으로 바로 말아 먹게 된 것이 현재 대중적으로 알려진 생선초밥, 즉 니기리스시(握り鮨)이다.

2. 스시다네(鮨種 : すしだね)

   스시의 밥 위에 얹는 재료를 말한다. 에도마에스시가 주로 생선 중심인데 반해 오사카스시는 주로 생선류 이외의 재료도 사용한다.

3. 초밥초

   식초 3, 설탕 2, 소금 1(1/2)의 비율에 다시마를 넣고, 설탕과 소금이 녹을 정도로 살짝만 끓여서 식힌 다음 초밥을 비빌 때 사용한다.

4. 초생강

   생강을 슬라이스 하여 끓는 물에 데쳐 내어, 아마스(식초 1, 설탕 1, 물 3, 소금 약간)에 담가 절이며 식홍으로 색을 내어 사용하기도 한다.

국가기술자격검정
실기 시험문제

18 참치김초밥 | 20분

능력단위 [1301010413_14v2 / 일식 초밥조리(5)]

자격종목	일식조리 기능사	과제명	참치김초밥

● 요구 사항

※ 주어진 재료를 사용하여 참치김초밥을 만드시오.

가. 김을 반장으로 자르고, 눅눅하거나 구워지지 않은 김은 구워 사용하시오.
나. 고추냉이와 초생강을 만드시오.
다. 초밥 2줄은 일정한 크기 12개로 잘라 내시오.
라. 간장을 곁들여 내시오.

● 수험자 유의 사항

1) 만드는 순서에 유의하며, 위생과 숙련된 기능평가를 위하여 조리작업 시 맛을 보지 않습니다.
2) 지급재료는 시험 전 확인하여 이상이 있을 경우 시험위원으로부터 조치를 받고 시험 중에는 재료의 교환 및 추가지급은 하지 않습니다.
3) 요구사항의 규격은 "정도"의 의미를 포함하며, 지급된 재료의 크기에 따라 가감하여 채점합니다.
4) 다음 사항에 대해서는 **채점 대상에서 제외**하니 특히 유의하시기 바랍니다.
   가) 기권 – 수험자 본인이 시험 도중 시험에 대한 포기 의사를 표현하는 경우
   나) 실격 – (1) 가스레인지 화구 2개 이상(2개 포함) 사용한 경우
   (2) 불을 사용하여 만든 조리작품이 작품특성에 벗어나는 정도로 타거나 익지 않은 경우
   (3) 위생복, 위생모, 앞치마를 착용하지 않은 경우
   (4) 시험 중 시설·장비(칼, 가스레인지 등) 사용 시 시험위원 및 타수험자의시험 진행에 위해를 일으킬 것으로 시험위원 전원이 합의하여 판단한 경우
   다) 미완성 – (1) 시험시간 내에 과제 두 가지를 제출하지 못한 경우
   (2) 문제의 요구사항대로 과제의 수량이 만들어지지 않은 경우
   라) 오작 – (1) 구이를 조림 등으로 조리하여 완성품을 요구사항과 다르게 만든 경우
   (2) 해당과제의 지급재료 이외의 재료를 사용하거나 석쇠 등 요구사항의 조리도구를 사용하지 않은 경우
   마) 요구사항에 표시된 실격, 미완성, 오작에 해당하는 경우
5) 항목별 배점은 위생상태 및 안전관리 5점, 조리기술 30점, 작품의 평가 15점입니다.

● 지급 재료 목록

일련번호	재료명	규격	단위	수량	비고
1	참치살	붉은색 참치살	g	100	아까미
2	고추냉이		g	15	와사비분
3	청차조기잎(시소)		잎	1	깻잎으로 대체 가능
4	김	초밥김	장	1	
5	밥	뜨거운 밥	g	120	
6	통생강		g	20	
7	식초		ml	70	
8	백설탕		g	50	
9	소금	정제염	g	20	
10	진간장		ml	10	
11					
12					
13					
14					
15					

잔소리

- 지정된 수험자지참준비물 이외의 조리기구나 재료를 시험장내에 지참할 수 없습니다.
- 위생복, 위생모, 앞치마를 착용하여야 하며, 시험장비·조리도구 취급 등 안전에 유의합니다.
- 시험시작 전 가벼운 몸 풀기(스트레칭) 동작으로 긴장을 풀고 시험을 시작합니다.

뎃카마키

(鉄火巻き：てっかまき, Tuna Roll Sushi)

조리법

1. 참치는 소금물에 해동시켜 행주에 싸서 물기를 제거한 후, 약 1cm 두께로 길게 썰어 놓는다.
2. 생강을 슬라이스 하여 끓는 물에 데쳐, 아마스에 담가 초생강(스시쇼가)을 만들어 놓는다.
3. 초밥김이 눅눅하면 약한 불에 구워 1/2장으로 잘라 놓는다).
4. 초밥용 초밥초(스시스)를 만들어서 밥 위에 뿌려 나무주걱으로 버무린다.
5. 김발에 김을 올려놓고 밥을 김의 80% 정도 되도록 펼친다.
6. 와사비를 바르고, 참치를 올려놓고 말아서 사각이 지도록 모양을 잡는다.
7. 2개를 말아 칼에 물을 바르고 각각 6등분 하여 12쪽을 만들어 접시에 담는다.
8. 깻잎을 잘라 앞에 깔고 그 위에 초생강을 얹어낸다.
9. 간장을 곁들여 제출한다.

주의 사항

1. 김에 물이 묻어 눅눅해지지 않도록 주의한다.
2. 밥이 너무 식지 않도록 재빨리 초밥을 만든다.
3. 완성하여 썰 때에는 칼에 물을 묻혀가면서 썬다.
4. 칼이 잘 들지 않으면 깨끗하게 썰리지 않으므로 칼질에 유의한다.
5. 접시에 담을 때 원형으로 담지 않도록 하며, 한 개씩 떨어져 담지 않도록 한다.
6. 참치가 중앙에 자리 잡도록 밥을 펼칠 때부터 사각으로 말 때까지 주의하도록 한다.

용어 해설

1. 아마즈(甘酢 : あまず)

   물 3, 설탕 1, 식초 1, 소금 1/3 비율로 섞어서 사용. 레몬(유자)즙으로 향 첨가.

2. 스시스(寿司酢 : すしす) – 배합초, 초밥초

   냄비에 식초 3, 설탕 2, 소금 1(1/2)의 비율로 넣고 살짝 끓여서 사용. 레몬(유자)즙 첨가.

국가기술자격검정
실기 시험문제

19 김초밥 | 25분

능력단위 [1301010413_14v2 / 일식 초밥조리(5)]

자격종목	일식조리 기능사	과제명	김초밥

● 요구 사항

※ 주어진 재료를 사용하여 다음과 같이 김초밥을 만드시오.

가. 박고지, 달걀말이, 오이 등 김초밥 속재료를 만드시오.
나. 초밥초를 만들어 밥에 간하여 식히시오.
다. 김초밥은 일정한 두께와 크기로 8등분하여 담으시오.
라. 간장을 곁들여 제출하시오.

● 수험자 유의 사항

1) 만드는 순서에 유의하며, 위생과 숙련된 기능평가를 위하여 조리작업 시 맛을 보지 않습니다.
2) 지급재료는 시험 전 확인하여 이상이 있을 경우 시험위원으로부터 조치를 받고 시험 중에는 재료의 교환 및 추가지급은 하지 않습니다.
3) 요구사항의 규격은 "정도"의 의미를 포함하며, 지급된 재료의 크기에 따라 가감하여 채점합니다.
4) 다음 사항에 대해서는 **채점 대상에서 제외**하니 특히 유의하시기 바랍니다.
   가) 기권 – 수험자 본인이 시험 도중 시험에 대한 포기 의사를 표현하는 경우
   나) 실격 – (1) 가스레인지 화구 2개 이상(2개 포함) 사용한 경우
   (2) 불을 사용하여 만든 조리작품이 작품특성에 벗어나는 정도로 타거나 익지 않은 경우
   (3) 위생복, 위생모, 앞치마를 착용하지 않은 경우
   (4) 시험 중 시설·장비(칼, 가스레인지 등) 사용 시 시험위원 및 타수험자의시험 진행에 위해를 일으킬 것으로 시험위원 전원이 합의하여 판단한 경우
   다) 미완성 – (1) 시험시간 내에 과제 두 가지를 제출하지 못한 경우
   (2) 문제의 요구사항대로 과제의 수량이 만들어지지 않은 경우
   라) 오작 – (1) 구이를 조림 등으로 조리하여 완성품을 요구사항과 다르게 만든 경우
   (2) 해당과제의 지급재료 이외의 재료를 사용하거나 석쇠 등 요구사항의 조리도구를 사용하지 않은 경우
   마) 요구사항에 표시된 실격, 미완성, 오작에 해당하는 경우
5) 항목별 배점은 위생상태 및 안전관리 5점, 조리기술 30점, 작품의 평가 15점입니다.

● 지급 재료 목록

일련번호	재료명	규격	단위	수량	비고
1	김	초밥김	장	1	
2	밥	뜨거운 밥	g	200	
3	달걀		개	2	
4	박고지		g	10	
5	통생강		g	30	
6	청차조기잎(시소)		잎	1	깻잎으로 대체 가능
7	오이	가늘고 곧은 것(20cm 정도)	개	1/4	
8	오보로		g	10	
9	식초		ml	70	
10	백설탕		g	50	
11	소금	정제염	g	20	
12	식용유		ml	10	
13	진간장		ml	20	
14	맛술(미림)		ml	10	
15					

잔소리

- 지정된 수험자지참준비물 이외의 조리기구나 재료를 시험장내에 지참할 수 없습니다.
- 위생복, 위생모, 앞치마를 착용하여야 하며, 시험장비·조리도구 취급 등 안전에 유의합니다.
- 시험시작 전 가벼운 몸 풀기(스트레칭) 동작으로 긴장을 풀고 시험을 시작합니다.

후토마키

(太巻き：ふとまき/ 海苔巻鮨 ：のりまきずし, Rice Roll in Laver)

● 조리법

1. 고슬고슬하게 지은 밥 위에 만들어 둔 초밥초를 뿌려 밥알이 상하지 않도록 비벼준다.
2. 박고지(간표)는 뜨거운 물에 불려 씻어서 졸이고, 달걀은 말이 하고, 오이는 길게 썰어 놓는다.
3. 생강을 슬라이스 하여 끓는 물에 데쳐, 아마즈에 담가 초생강(스시쇼가)을 만들어 놓는다.
4. 김발 위에 김을 얹고 밥을 80% 정도 깔아 펼친 다음, 밥 한 가운데 부분에 길게 옆으로 오보로를 뿌리고 그 위에 달걀말이, 오이, 박고지조림 등의 재료를 올려놓고 단번에 말아준다.
5. 사각형이 되도록 모양을 바로잡고, 재료들은 김밥의 중심에 있도록 한다.
6. 칼에 물을 묻혀 8~10 등분하여 접시에 담는다.
7. 시소 위에 생강과 단무지를 얹어 장식한다.

● 주의 사항

1. 초밥이 너무 식지 않도록 한다.
2. 초밥초는 설탕이 전부 녹을 정도로만 살짝 끓여 준다.
3. 박고지(간표)는 윤기가 나도록 바짝 졸인다.
4. 김밥을 말 때에는 손에 물을 묻혀 밥알이 손에 붙지 않도록 한다.
5. 접시에 담을 때 원형으로 담지 않도록 한다.

● 용어 해설

1. 아마즈(甘酢 : あまず) – 물 3, 설탕 1, 식초 1, 소금 1/3 비율로 섞어서 사용
2. 스시스(寿司酢 : すしす) – 초밥초, 배합초

   냄비에 식초 3, 설탕 2, 소금 1(1/2)의 비율로 넣고 설탕과 소금이 녹을 정도로 살짝 끓여서 사용
3. 스시쇼가(寿司生薑) – 초생강
4. 굵은 김초밥(太巻 : ふとまき) 재료
   - ▸ 오보로(朧 : おぼろ) – 생선살을 토막내어 삶아 물기를 꼭 짜고 주물러 부순 다음 청주와 미림, 설탕, 소금을 넣어 연분홍색으로 만들어 생선살에 약간 넣어 물들인 다음, 냄비에 중탕으로 물기를 완전히 제거한다.
   - ▸ 달걀말이 : 달걀 2개, 다시 1Ts, 청주 1Ts, 설탕 2ts, 소금 1/4ts
   - ▸ 간표(乾瓢 : かんぴょう : 박고지) – 호박 과육을 가늘고 길게 깎아서 말린 식품
     다시 1/2컵, 간장 1Ts, 설탕 1Ts, 청주 1/2Ts의 비율로 바짝 졸인다. (표고버섯으로 대용)
5. 김초밥(海苔巻 : のりまき)의 종류
   - ▸ 후토마끼(太巻 : ふとまき) – 굵은 김초밥
   - ▸ 호소마키(細巻 : ほそまき) – 가늘게 만 김초밥
     – 뎃카마키(鉄火巻き : てっかまき) – 참치를 주재료로 사용한 것
     – 갓파마끼(河童巻 : かっぱまき) – 오이를 주재료로 사용한 것
   - ▸ 데마키(手巻き : てまき) – 손말이 김밥. 손 위에서 말아낸 김초밥

1

복어조리기능사 | 56분

능력단위 [13110508_13v1 / 복어 회조리(5)]
[13110512_13v1 / 복어 냄비조리(4)]
[13110504_13v1 / 복어 부재료 손질(2)]
[13110505_13v1 / 복어 양념장 준비(3)]

자격종목	복어조리 기능사	과제명	복어부위감별, 복어회, 복어껍질초회, 복어죽(조우스이)

※시험시간 : 56분(1과제 : 복어부위감별 1분, 2과제 : 조리작업 55분)

● 요구 사항

※ 위생과 안전에 유의하고, 지급된 재료 및 시설을 이용하여 아래 작업을 완성하시오.

가. **[1과제]** 제시된 복어 부위별 사진을 보고 1분 이내에 부위별 명칭을 답안지의 네모칸 안에 작성하여 제출하시오.

나. **[2과제]** 소제와 제독작업을 철저히 하여 복어회, 복어껍질초회, 복어죽을 만드시오.

1) 복어의 겉껍질과 속껍질을 분리하여 손질하고 가시는 제거하시오.
2) 회는 얇게 포를 떠 국화꽃 모양으로 돌려 담고, 지느러미·껍질·미나리를 곁들이고, 초간장(폰즈)과 양념(야쿠미)을 따로 담아내시오.
3) 복어껍질초회는 폰즈, 미나리, 실파·빨간무즙(모미지오로시)을 사용하여 무쳐내시오.
4) 껍질, 미나리 등은 4cm 정도 길이로 썰어 사용하시오.
5) 죽은 밥을 씻어 사용하고, 살은 가늘게 채 썰거나 뼈에 붙은 살을 발라내어 사용하고, 당근·표고버섯은 다지고, 뼈와 다시마로 다시를 만들고, 달걀은 완성 전에 넣어 섞어주고, 채 썬 김을 얹어 완성하시오.

● 요구 사항

1) 만드는 순서에 유의하며, 위생과 숙련된 기능평가를 위하여 조리작업 시 맛을 보지 않습니다.

2) 지급재료는 시험 전 확인하여 이상이 있을 경우 시험위원으로부터 조치를 받고 시험 중에는 재료의 교환 및 추가지급은 하지 않습니다.

3) 요구사항의 규격은 "정도"의 의미를 포함하며, 지급된 재료의 크기에 따라 가감하여 채점합니다.

4) 다음 사항에 대해서는 **채점 대상에서 제외**하니 특히 유의하시기 바랍니다.

가) 기권 – 수험자 본인이 시험 도중 시험에 대한 포기 의사를 표현하는 경우

나) 실격 – (1) 가스레인지 화구 2개 이상(2개 포함) 사용한 경우

(2) 불을 사용하여 만든 조리작품이 작품특성에 벗어나는 정도로 타거나 익지 않은 경우

(3) 위생복, 위생모, 앞치마를 착용하지 않은 경우

(4) 시험 중 시설·장비(칼, 가스레인지 등) 사용 시 시험위원 및 타수험자의시험 진행에 위해를 일으킬 것으로 시험위원 전원이 합의하여 판단한 경우

다) 미완성 – (1) 시험시간 내에 과제 두 가지를 제출하지 못한 경우

(2) 문제의 요구사항대로 과제의 수량이 만들어지지 않은 경우

라) 오작 – (1) 구이를 조림 등으로 조리하여 완성품을 요구사항과 다르게 만든 경우

(2) 해당과제의 지급재료 이외의 재료를 사용하거나 석쇠 등 요구사항의 조리도구를 사용하지 않은 경우

마) 요구사항에 표시된 실격, 미완성, 오작에 해당하는 경우

5) 항목별 배점은 위생상태 및 안전관리 5점, 조리기술 30점, 작품의 평가 15점입니다.

잔소리

● 지정된 수험자지참준비물 이외의 조리기구나 재료를 시험장내에 지참할 수 없습니다.

● 위생복, 위생모, 앞치마를 착용하여야 하며, 시험장비 · 조리도구 취급 등 안전에 유의합니다.

●시험시작 전 가벼운 몸 풀기(스트레칭) 동작으로 긴장을 풀고 시험을 시작합니다.

● 지급 재료 목록

일련번호	재료명	규격	단위	수량	비고
1	복어	700g 정도	마리	1	
2	무		g	100	
3	생표고버섯	중	개	1	
4	당근	곧은 것	g	50	
5	미나리	줄기부분	g	30	
6	실파	쪽파 대체가능	대	30	2줄기 정도
7	레몬		쪽	1/6	
8	진간장		ml	30	
9	건다시마	5×10cm	장	2	
10	소금	정제염	g	10	
11	고춧가루	고운 것	g	5	
12	식초		ml	30	
13	밥	햇반 또는 찬밥	g	100	
14	김		장	1/4	
15	달걀		개	1	

1과제 | 복어부위감별-국가기술자격 실기시험 답안지

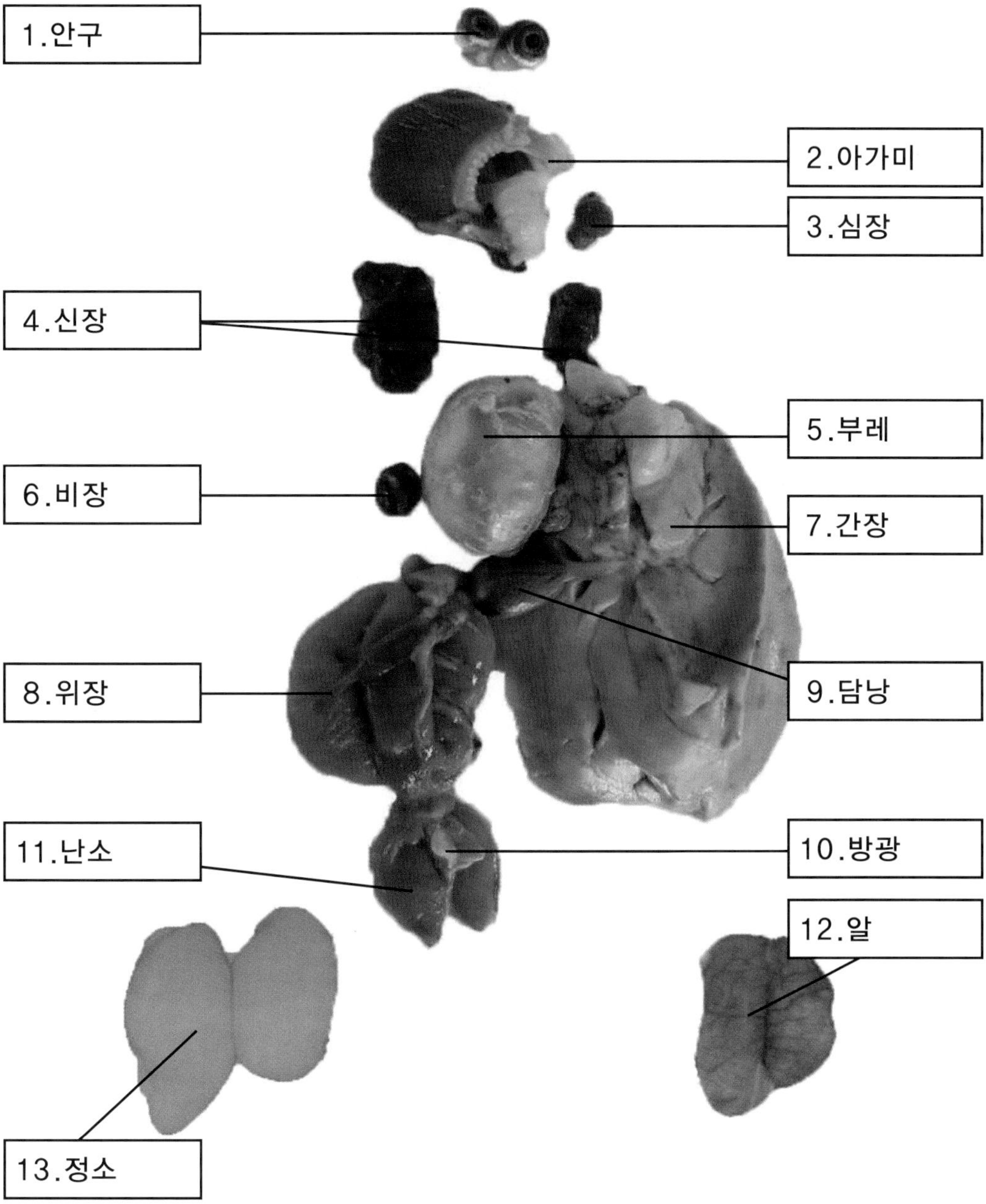

복어회

(河豚刺身 : ふぐさしみ, Thin Sliced Raw Globefish)

● 만드는 법

1. 복어를 손질한다.
   지느러미 제거(좌우상하 순으로) – 머리 – 껍질(1장, 2장) – 옆구리 협골 – 아가미 – 내장 – 눈알 – 머리 – 배꼽뼈 – 오로시 – 각 부위 손질(옆구리뼈, 아가미, 머리, 중간뼈, 살, 껍질)
2. 오로시한 복어살은 마른 행주로 말아 수분을 제거한다.
3. 껍질은 속껍질과 겉껍질을 분리하여 가시를 제거하고, 살짝 삶아 물기를 제거해 놓는다.
4. 도마와 행주를 물에 적신 후 복어살을 어슷하게 포뜬다.
5. 접시에 부채꼴로 가지런히 담고, 껍질과 미나리를 5~6cm 정도 길이로 잘라서 장식한다.
6. 지느러미를 반으로 갈라 나비 모양으로 장식한다.
7. 폰즈와 야쿠미를 곁들여 낸다.

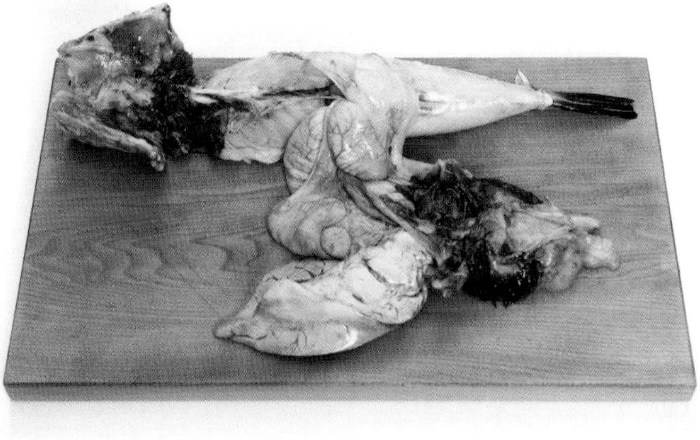

복어껍질 초회

● 만드는 법

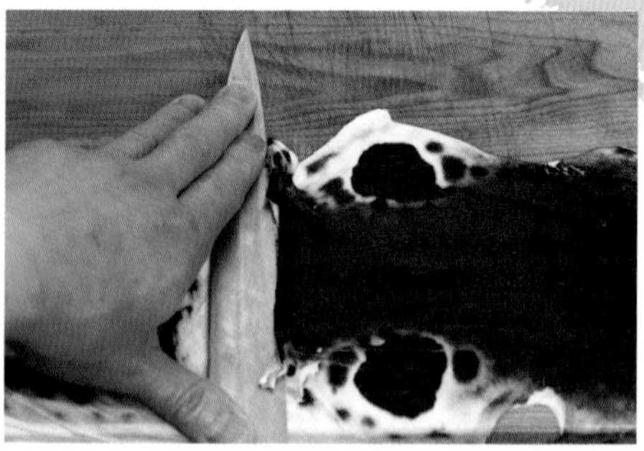

1. 밑손질한 복어의 껍질은 속껍질과 겉껍질을 분리해서 속껍질은 소금을 이용해서 끈적거리는 이물질을 제거하고 점액과 핏줄을 제거한다음 겉껍질은 도마에 밀착시켜 생선회칼로 밀고당겨서, 가시를 제거한다음 물에 데쳐서 얼음물에 담궜다가 물기제거한후에 꼬챙이에 꿰서 냉장고에서 고들하게 말린다
2. 껍질과 미나리는 4cm길이로 썰고 실파는 고구치기리(송송)로 썰어서 흐르는물에 씻어 놓는다.
3. 모미지오로시(무즙과 고춧물을 섞은것)와 폰즈를 만든다
4. 2와3을 섞어서 무쳐내고 파란색은 파랗게 나오도록 담기에 주의해야한다.

TIP

1, 모미지 오로시 만들때는 물기를 제거한다.
2, 그릇에 담아낼 때 미나리의 색이 파랗게 나도록 시간에 유의한다.

복어죽

● 만드는 법

1. 다시마와 복어살 또는 뼈에 붙은 살을 넣고 삶아서 다시를 만든다.
2. 살과 뼈는 건져서 발라내고 국물은 체에 밭여서 보관한다.
3. 밥은 덩어리가 생기지않게 물로씻어서 체에 밭인다.
4. 표고버섯과 당근은 다져놓는다.
5. 미나리는 고구치기리(송송)로 썰고 하리노리(가늘게 썬김)를 만든다.
6. 2,3,4를 넣고 소금간해서 끓으면 달걀을 풀어서 그릇에 담고 위에 5를 얹어서 마무리한다.

TIP

1. 완성된 죽의 농도에 유의할 것
2. 달걀은덩어리가 생기면 안되고 미나리색깔이 파랗게 나야한다.

2 복어 손질하기

능력단위 [13110503_13v1 / 복어 손질(4)]

● 좌측 지느러미와 등지느러미를 제거해 준다.

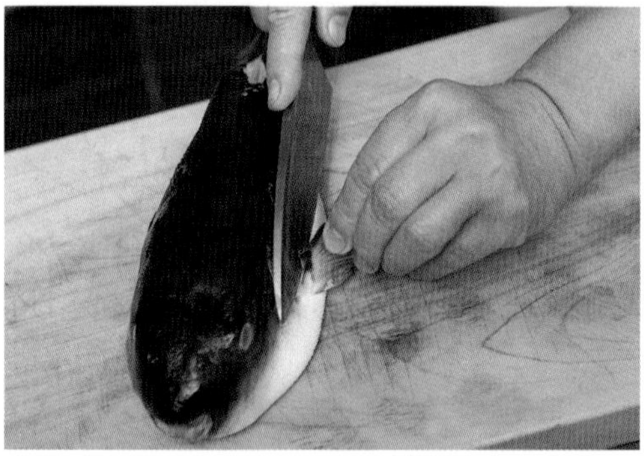

● 우측 지느러미와 배지느러미를 제거해 준다.

● 주둥아리 부분에 칼을 대고 힘주어 칼집을 넣는다.

● 속의 부분이 잘리지 않도록 입을 꺾어 잘라준다.

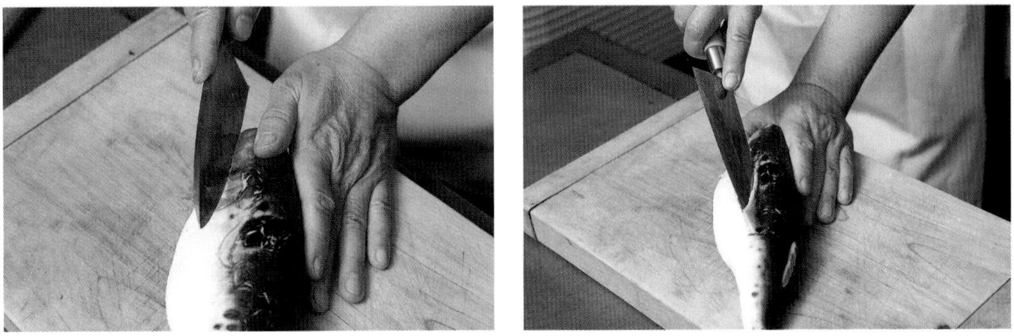

● 옆 부분의 껍질 아래로 칼집을 넣는다.

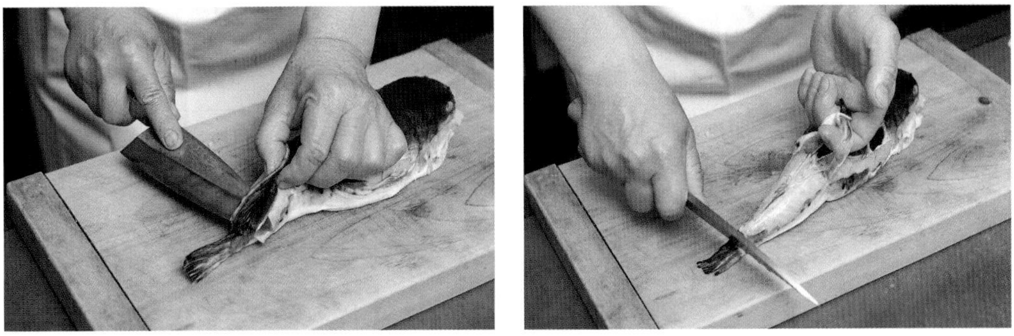

● 꼬리에도 칼집을 넣고 껍질을 당기면서 벗겨 낸다.

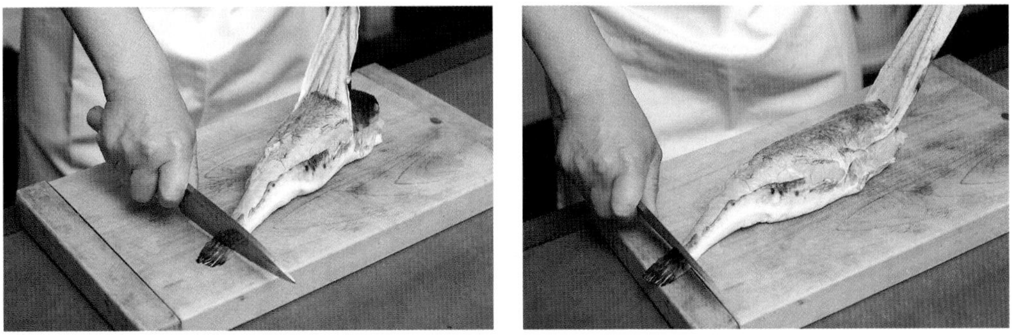

● 칼로 꼬리를 누르면서 벗겨 낸다.

● 꼬리 부분의 껍질과 배 쪽 부분의 껍질도 벗겨 낸다.

● 벗겨 낸 껍질의 가시를 면도하듯 제거한다.

● 복사시미에 사용할 지느러미를 손질한다.

● 제거한 입의 윗부분을 칼로 갈라낸다.

● 소금을 발라 문질러 끈적거림을 제거해 준다.

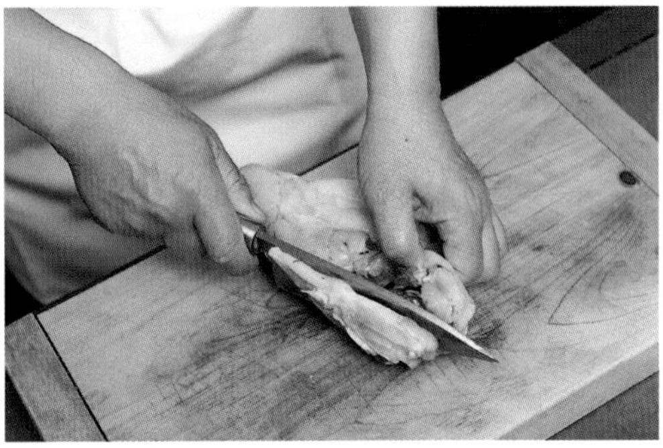

● 머리 아가미의 양쪽 옆 부분에 칼집을 넣는다.

● 아가미와 내장을 제거한다.

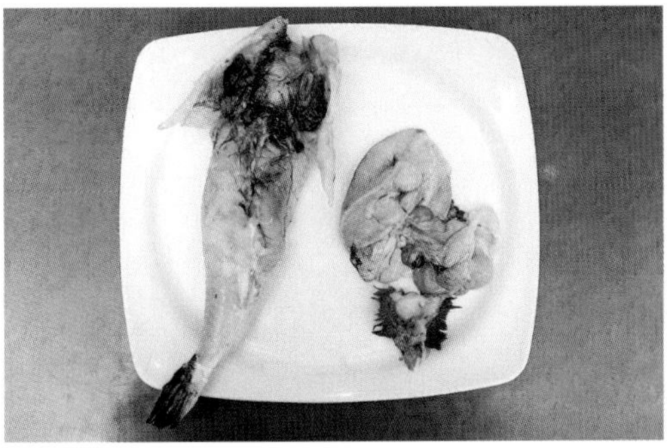

● 아가미와 내장을 몸체로부터 분리한다.

● 아가미에 붙은 가식 부위를 분리한다.

● 머리와 몸통 사이에 칼을 넣어 잘라준다.

● 머리를 반으로 가른다.

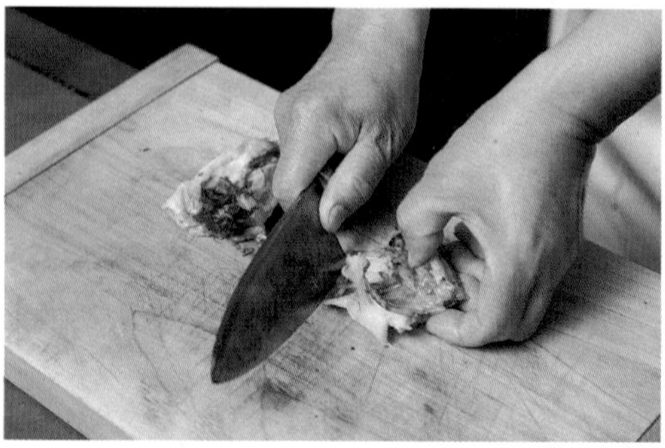

● 핏기 등의 이물질을 제거한다.

● 눈을 제거해 준다.

● 독성이 있는 눈과 아가미, 내장 부분을 분리한다.

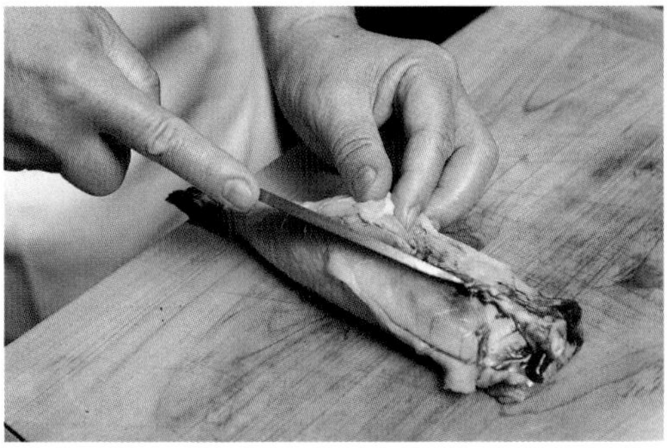

● 배꼽살 양쪽에 칼집을 넣어준다.

● 칼집 밑으로 칼을 넣어 배꼽살을 떼어낸다.

● 몸통을 옆으로 돌려 세장 뜨기 한다.

● 세장 뜨기 한 후 뼈 부분을 토막낸다.

● 겉살 부분을 복사시미용으로 손질한다.

● 속살 부분도 복사시미용으로 손질한다.

● 마른 행주로 싸서 수분을 제거해 놓는다.

중급 일본요리

원래 일식조리기능사 실기 문제였으나, 난이도가 비교적 높은 것은 제외되어 현재는 실기 문제가 아닙니다. 하지만 실제로 많이 이용되고 있는 요리이기 때문에 조리사로서 반드시 알아두어야 하므로 여기에서는 중급 일본요리로 소개합니다.

01 대합술찜 | 25분

능력단위 [1301010407_14v2 / 일식 찜 조리(3)]

자격종목	일식조리 기능사	과제명	대합술찜

비번호

시험 시간 : 25분

● 요구 사항

※ 주어진 재료를 사용하여 다음과 같이 대합술찜을 만드시오.

가. 대합의 밑쪽 눈을 따내시오.
나. 다시(국물)를 만들어 사용하시오.
다. 술을 뿌려 쪄내시오.
라. 양념초와 양념을 만들어 내시오.

● 수험자 유의 사항

1) 대합의 눈을 따내서 벌어지는 것을 방지하여야 한다.
2) 다시(국물)를 만들고 술의 알코올을 제거하여야 된다.
3) 대합을 데바칼로 입을 벌려 다시 뚜껑을 덮고 쑥갓을 곁들여서 다른 작품과 같이 완료시킨다.
4) 조리작품 만드는 순서는 틀리지 않게 하여야 한다.
5) 숙련된 기능으로 맛을 내야 하므로 조리작업 시 음식의 맛을 보지 않는다.
6) 지정된 수험자 지참 준비물 이외의 조리기구나 재료를 시험장 내에 지참할 수 없다.
7) 지급 재료는 시험 전 확인하여 이상이 있을 경우 시험위원으로부터 조치를 받고 시험 도중에는 재료의 교환 및 추가 지급은 하지 않는다.
8) 다음과 같은 경우에는 **채점 대상에서 제외한다.**
   가) 시험시간 내에 과제 두 가지를 제출하지 못한 경우 : 미완성
   나) 시험시간 내에 제출된 과제라도 다음과 같은 경우
      (1) 문제의 요구사항대로 작품의 수량이 만들어지지 않은 경우 : 미완성
      (2) 해당 과제의 지급 재료 이외의 재료를 사용한 경우 : 오작
      (3) 구이를 찜으로 조리하는 등과 같이 요리의 형태를 다르게 만든 경우 : 오작
      (4) 불을 사용하여 만든 조리 작품이 작품 특성에 벗어나는 정도로 타거나 익지 않은 경우 : 실격
      (5) 가스레인지 화구 2개 이상 사용한 경우 : 실격

● 지급 재료 목록

일련번호	재료명	규격	단위	수량	비고
1	백합조개	개당 40g 정도, 5cm 내외	개	2	
2	청주		ml	50	
3	건다시마	5 X 10cm	장	1	
4	소금	정제염	g	5	
5	레몬		개	1/4	
6	쑥갓		g	20	
7	배추		g	50	
8	대파		토막	1	흰부분 15cm
9	당근		g	60	둥근 모양으로 잘라서 지급
10	무		g	70	
11	판두부		g	1.50	
12	생표고버섯		g	20	
13	죽순		g	20	
14	진간장		ml	30	
15	식초		ml	30	
16	고춧가루		g	2	고운 것
17	실파		g	20	1뿌리

하마구리사카무시

(蛤酒蒸し：はまぐりさかむし, Steamed Clam with Sake)

● 조리법

1. 대합(백합)을 두들겨 맑은 소리가 나는 신선한 것을 선택하여 소금물에 담가 해감을 토해내게 하고, 잘 씻어 눈을 떼어내어 사용한다.
2. 찬물에 다시마를 넣어 끓여서 다시마 다시를 만들어 놓는다.
3. 무와 당근은 삶아서 꽃 모양을 내어놓고(p183 참조), 배추는 삶아서 말아 놓는다.
4. 다시를 만들고 남은 다시마를 깔고 그 위에 재료들을 올려놓도록 한다.
5. 두부는 한 입 크기로 썰고, 죽순은 1~2mm 두께로 썰어 놓는다.
6. 준비된 그릇에 재료를 보기 좋게 담고, 대합을 앞쪽으로 담는다.
7. 청주와 다시물을 1 : 1의 비율로 섞어 소금을 넣고, 6번의 재료 위에다 끼얹어 준다.
8. 찜통을 가열하여 김이 오르면, 약 20분간 쪄내어 꺼낸다.
9. 양념초(폰즈)와 양념(야쿠미)를 준비해 둔다.
   ▶ 폰즈 : 간장 1Ts, 식초 1Ts, 다시 1Ts, 청주 1ts, 설탕 1/2ts, 레몬즙
   ▶ 야쿠미 : 실파를 채 썰어 물로 씻어낸다. 레몬은 보기 좋게 썰어 담는다.
   무즙을 고춧가루에 무쳐 빨간 무즙(모미지오로시/아카오로시)를 만든다.
10. 거의 익었을 때 쑥갓을 넣어 완성하고, 대합의 입을 살짝 벌리고 레몬으로 장식하여 폰즈와 야쿠미를 곁들여 함께 낸다.

● 주의 사항

1. 찜기가 없을 땐 냄비에 중탕으로 뚜껑을 덮어 조리하고 너무 오래 익히지 않도록 한다.
2. 쑥갓의 색이 변하므로 제일 나중에 완성 단계에 넣는다.
3. 무를 삶기 전에 무즙으로 사용할 분량을 남겨둔다.

● 용어 해설

1. 대합(蛤´文蛤, 蚌 : はまぐり ; clam)

   내륙 해안 모래 속에서 사는 조개로서 크기는 약 6~8㎝ 정도이다. 산란기는 5~11월경이고, 겨울에서 봄까지가 맛이 좋다. 적당량의 단백질이 있고, 지질과 당질은 적으며, 비타민 B_2가 비교적 많다. 냄비요리나 맑은 국, 초밥 재료 등으로 널리 쓰인다. 일본에서 사용되는 이 대합을 우리나라에서는 백합조개라고 부른다.

2. 사카무시(酒蒸し : 증자 : さかむし) 술찜

   청주를 이용한 찜요리로서 술의 향기가 재료의 냄새를 없애며 요리를 향기롭게 한다. 생선이나 패류를 주로 이용하며, 채소와 함께 담아 청주를 다시와 50%씩 섞어서 약하게 소금간을 하여 끼얹어 쪄낸다. 폰즈와 야꾸미를 곁들인다.

3. 빨간 무즙

   원래는 무에 깊게 홈을 파서 홍고추를 박아 넣고 강판에 갈아 빨갛게 물들인 무즙을 사용했다. 무즙에 홍고추즙이 섞여 음식에 느끼한 맛을 없애며 시각적으로도 붉은 느낌으로 식욕을 느끼게 한다. 그러나 소량의 경우에는 무즙에 고춧가루를 이용하여 무쳐서 사용한다. 그 색이 단풍색과 유사하여 모미지오로시(紅葉卸し : もみじおろし)라고 하며, 빨간색이 난다고 하여 아카오로시(赤卸し : あかおろし)라고도 한다.

02 모둠냄비 | 50분

능력단위 [1301010405_14v2 / 일식 냄비조리(3)]

자격종목	일식조리 기능사	과제명	모둠냄비

비번호

시험 시간 : 50분

요구 사항

※ 주어진 재료를 사용하여 다음과 같이 모둠냄비를 만드시오.

가. 재료는 규격에 알맞도록 썰고 삶거나 데쳐 내시오.
나. 다시마와 가다랑어포(가쓰오부시)로 가다랑어국물(가쓰오다시)을 만드시오.
다. 달걀은 끓는 물에 살짝 풀어 익혀 후끼요세다마고로 만드시오.

수험자 유의 사항

1) 각 재료는 삶거나 데치고 먼저 넣어 끓일 것과 나중에 마무리할 것을 구분해 둔다.
2) 국물(요세나베다시)을 따로 간해서 두고, 다른 준비가 다 되었을 때 끓인다.
3) 조리작품 만드는 순서는 틀리지 않게 하여야 한다.
4) 숙련된 기능으로 맛을 내야 하므로 조리작업 시 음식의 맛을 보지 않는다.
5) 지정된 수험자 지참 준비물 이외의 조리기구나 재료를 시험장 내에 지참할 수 없다.
6) 지급 재료는 시험 전 확인하여 이상이 있을 경우 시험위원으로부터 조치를 받고 시험 도중에는 재료의 교환 및 추가 지급은 하지 않는다.
7) 다음과 같은 경우에는 **채점 대상에서 제외한다.**
   가) 시험시간 내에 과제 두 가지를 제출하지 못한 경우 : 미완성
   나) 시험시간 내에 제출된 과제라도 다음과 같은 경우
      (1) 문제의 요구사항대로 작품의 수량이 만들어지지 않은 경우 : 미완성
      (2) 해당 과제의 지급 재료 이외의 재료를 사용한 경우 : 오작
      (3) 구이를 찜으로 조리하는 등과 같이 요리의 형태를 다르게 만든 경우 : 오작
      (4) 불을 사용하여 만든 조리 작품이 작품 특성에 벗어나는 정도로 타거나 익지 않은 경우 : 실격
      (5) 가스레인지 화구 2개 이상 사용한 경우 : 실격

● 지급 재료 목록

일련번호	재료명	규격	단위	수량	비고
1	닭고기살		g	20	
2	차새우	10±2cm 정도	마리	1	
3	무		g	60	
4	찜어묵		g	30	판어묵(가마보꼬)
5	갑오징어몸살		g	50	오징어 대체 가능
6	백합조개	개당 40g 정도, 5cm 내외	개	1	모시조개로 대체 가능
7	당근		g	60	둥근 모양으로 잘라서 지급
8	배추		g	80	2장 정도
9	대파		토막	1	흰 부분 15cm
10	생표고버섯		g	20	1개
11	팽이버섯		g	30	
12	판두부		g	70	
13	흰생선살		g	50	
14	달걀		개	1	
15	건다시마	5X10cm	장	1	
16	쑥갓		g	30	
17	죽순		g	30	
18	청주		ml	30	
19	진간장		ml	10	
20	소금	정제염	g	10	
21	가다랑어포(가쓰오부시)		g	20	
22	이쑤시개(요지)		개	1	

요세나베

(寄鍋 : よせなべ, Boiled Sea Food with Vegetables)

● 조리법

1. 다시마와 가쓰오부시를 이용하여 다시를 뽑아 소금과 간장으로 간을 해 국물(요세나베다시)을 만들어 놓는다(다시 3cup, 간장 2Ts, 소금 1ts).
2. 무와 당근을 삶아 꽃 모양을 만들고(p183 참조), 배추도 삶아 준비해 놓는다.
3. 닭고기 살을 간장에 재웠다가 연한 소금물에 데치고, 어묵은 가리비처럼 파도 모양의 칼집을 넣는다.
4. 새우는 모래주머니를 제거하고, 오징어는 껍질을 벗겨 안쪽에 칼집을 넣어서 각각 소금물에 데쳐내어 놓는다.
5. 달걀을 풀어서 연한 소금물에 넣어 살짝 익힌 것을, 채로 건져내어 김발로 둥그렇게 말아 식혀서 사용하는데, 이것을 후끼요세다마고라고 한다.
6. 대파는 어슷썰기하고 두부는 먹기 좋게 썬다.
7. 죽순은 삶아서 얇게 썰고, 표고는 칼집을 내어 모양을 낸다.
8. 백합은 신선한지 두들겨 보고, 해감시켜 놓았다가 잘 씻어 눈을 따서 사용한다.
9. 준비된 재료를 냄비에 가지런히 담는다.
10. 재료를 담은 냄비에 1의 다시 국물을 붓고, 준비된 재료를 보기 좋게 담아 끓인다.
11. 한 번 끓으면 청주(1Ts)를 넣고, 거품을 제거한 후 쑥갓을 넣어 불을 끈다.

● 주의 사항

1. 가다랑어 국물(가쓰오다시)는 냉수에 다시마를 넣고 가열하여, 물이 끓으면 가쯔오부시를 넣고 불을 끈 후 면포(소창)에 걸러 사용한다.
2. 요세나베다시는 국물이 탁해지지 않도록 하고 양이 너무 적어지지 않도록 하며, 간장과 소금, 청주의 넣는 시기에 주의한다.
3. 전체적으로 익은 정도가 같아야 한다. 해산물은 데쳐낸 후 찬물에 넣어 식힌다.
4. 쑥갓은 다 끓인 후에 국물을 살짝 묻혀 올려놓아도 된다.
5. 갑오징어의 속껍질은 마른 행주를 사용하면 잘 벗겨진다.

● 용어 해설

1. 요세나베(寄鍋 : よせなべ) : 냄비요리의 하나. 각각의 재료를 맑은 국 정도의 간으로 끓이면서 먹는 요리를 말한다. 생선류, 닭고기, 어묵제품, 채소류, 버섯류, 두부 등의 재료를 이용하여 조리한 것을 국물과 같이 작은 그릇에 떠먹는다. 여기에 사용되는 국물을 요세나베다시라고 하며 우동다시와 거의 유사하다.

2. 후키요세다마고(吹寄卵 : ふきよせだまご) : 후키요세라는 것은 원래 가을에서 초겨울의 계절을 연상시키는 메뉴의 이름인데, 낙엽을 한데 쓸어모아 뭉치듯이 모아서 만든 요리를 말한다. 밤이나 버섯, 은행 등을 이용하여 만들어 전채요리나 니모노 등에 사용된다. 여기에서는 달걀을 뜨거운 물에 푼 것을, 한데 모아 김발로 말아내는 것에 기인하여 붙여진 이름이며, 후키요세 요리의 재료로서도 사용된다.

3. 나나메기리(斜切り : ななめぎり) : 기본 썰기 중의 하나로서 재료를 어슷하게 놓고 비스듬히 써는 것을 말한다. 대파나 긴 모양의 식재료 등을 이렇게 써는 경우가 많다. 여러 가지 요리에 광범위하게 쓰이며 우리말로는 어슷썰기라고 한다.

03 생선모둠회 | 30분

능력단위 [1301010408_14v2 / 일식 회 조리(5)]

자격종목	일식조리 기능사	과제명	생선모둠회

비번호

시험 시간 : 30분

● 요구 사항

※ 주어진 재료를 사용하여 다음과 같이 생선모둠회를 만드시오.

가. 각 생선을 밑손질 하시오.
나. 무를 돌려깎기(가쯔라무끼) 한 후 가늘게 채 썰어 사용하시오.
다. 당근은 나비 모양, 오이는 왕관 모양으로 장식하여 내시오.

● 수험자 유의 사항

1) 각 어류에 비린내가 나지 않도록 밑손질 한다.
2) 각종 채소류를 먹기 좋고, 보기 좋게 장식할 수 있도록 썬다.
3) 생선회를 규격에 알맞게 썬다.
4) 생선회 접시에 색상이 알맞도록 담는다.
5) 조리작품 만드는 순서는 틀리지 않게 하여야 한다.
6) 숙련된 기능으로 맛을 내야 하므로 조리작업 시 음식의 맛을 보지 않는다.
7) 지정된 수험자 지참 준비물 이외의 조리기구나 재료를 시험장 내에 지참할 수 없다.
8) 지급 재료는 시험 전 확인하여 이상이 있을 경우 시험위원으로부터 조치를 받고 시험 도중에는 재료의 교환 및 추가 지급은 하지 않는다.
9) 다음과 같은 경우에는 **채점 대상에서 제외한다.**
   가) 시험시간 내에 과제 두 가지를 제출하지 못한 경우 : 미완성
   나) 시험시간 내에 제출된 과제라도 다음과 같은 경우
      (1) 문제의 요구사항대로 작품의 수량이 만들어지지 않은 경우 : 미완성
      (2) 해당 과제의 지급 재료 이외의 재료를 사용한 경우 : 오작
      (3) 구이를 찜으로 조리하는 등과 같이 요리의 형태를 다르게 만든 경우 : 오작
      (4) 불을 사용하여 만든 조리 작품이 작품 특성에 벗어나는 정도로 타거나 익지 않은 경우 : 실격
      (5) 가스레인지 화구 2개 이상 사용한 경우 : 실격

● 지급 재료 목록

일련번호	재료명	규격	단위	수량	비고
1	붉은색 참치살		g	60	아까미
2	광어	3×8cm 이상	g	50	껍질 있는 것
3	도미살		g	50	
4	학꽁치		마리	1/2	꽁치, 전어 대체 가능
5	무		g	200	길이 7cm 이상, 둥근 모양으로 지급
6	당근		g	60	둥근 모양으로 잘라서 지급
7	무순		g	5	
8	고추냉이		g	10	와사비
9	오이	가늘고 곧은 것(20cm 정도)	개	1/3	
10	레몬		쪽	1/8	
11	청차조기잎(시소)		장	4	깻잎으로 대체 가능 (깻잎 2장)

잔소리

- 실기시험 실기 전에 반드시 재료 목록표의 재표들을 메뉴별로 확인하고 분류해 놓는다.
- 부족하거나 부실한 재료의 교환 및 지급 요청은 이때만 가능하다.
- 두 가지 과제의 재료가 서로 섞이지 않도록 분리하고, 지급 재료 목록에 없는 것을 사용하지 않도록 한다. – **실격 처리함**

사시미모리아와세

(刺身盛り合わせ : さしみもりあわせ, Assorted Sashimi)

● 조리법

1. 참치는 냉동일 경우 소금물에 담가 반쯤 해동한 후 행주로 감싸서 물기를 제거한다.
2. 광어와 도미는 손질하여 얇게 저며 썬다.
3. 학꽁치는 머리와 내장을 제거하고 뼈를 발라낸 후, 껍질을 벗겨 칼집을 내어 사용한다.
4. 무는 가쓰라무끼하여 반대 결로 채 썰어 갱을 만들어서, 물에 헹궈 매운 기를 빼 내고 순을 살려서 사용한다.
5. 오이는 가시를 제거하여 왕관 모양을 만들고, 당근은 껍질을 벗겨 나비 모양을 낸다.
6. 접시 위에 갱을 세워 깔고 그 위에 청차조기잎(시소)을 올려놓은 다음, 참치를 중앙에 세워 담고, 도미, 광어, 학꽁치 등을 보기 좋게 담는다.
7. 오이와 당근의 모양낸 것과 무순, 와사비를 장식하여 놓고, 간장을 곁들여 제출한다.

● 주의 사항

1. 생선회는 칼이 잘 들어야 하므로 칼날을 잘 갈아 준비한다.
2. 가쓰라무키는 일정한 두께로 돌려 깎아 채 썰도록 한다.
3. 생선회의 모서리가 잘 살도록 주의한다.
4. 생선회 담은 모양이 짜임새 있게 보여야 하며, 산만하지 않도록 주의한다.
5. 간장을 함께 제출하는 것을 잊지 않도록 한다.

● 용어 해설

1. 가쓰라무키(桂剝 : がつらむき)

   무 등의 긴 모양의 재료를 통째로 돌려가며 얇게 깎는 것을 말함. 칼을 재료에 바짝 들이대고 돌려 깎는다. 마치 종이와 같은 모양이 되도록 할 수도 있다. 과거에 겡을 만들 때 이와 같은 방법으로 했었으나 지금은 대부분 기구를 이용한다. 하지만, 정통 일본요리를 하고 있는 곳에서는 아직도 이러한 방법으로 가쓰라무끼 하여 갱을 만들고 있다.

2. 갱(けん)

   생선회에 쓰이는 부재료 중 하나로서 채소 등을 얇게 채썰어 사용하는 것으로서, 결의 반대 방향으로 썰어 반드시 찬물에 헹구어 사용한다. 보통의 경우 무를 많이 사용하나, 경우에 따라서는 당근이나 오이 등을 이용하기도 한다.

3. 사시미(刺身 : さしみ)

   관서지방에서는 쓰쿠리(造り : つくり), 관동지방에서는 사시미(刺身 : さしみ)라 한다. 어패류의 신선한 것을 그대로 썰기만 하여 먹을 수 있는 것으로서, 숙련된 칼 솜씨와 미적 감각이 필요하다. 일본요리 중에서도 가장 대표적이라고 말할 수 있으며, 그 색채와 담은 모양에서 일본요리의 특색을 그대로 엿볼 수 있다.

● 왕관 만들기(오이)

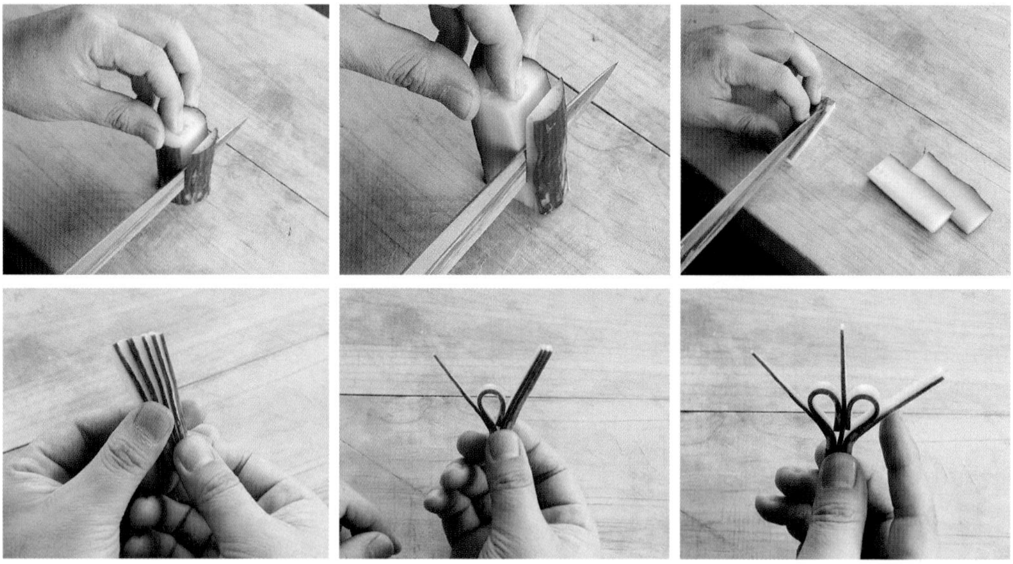

● 나비 만들기(당근)

● 생선회 썰기

도미·광어

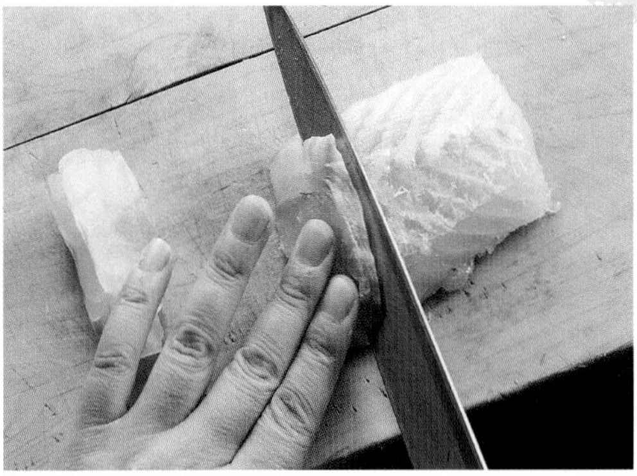

칼을 도마 방향으로 누루면서 칼날 전체를 이용하여 썬다.

참치

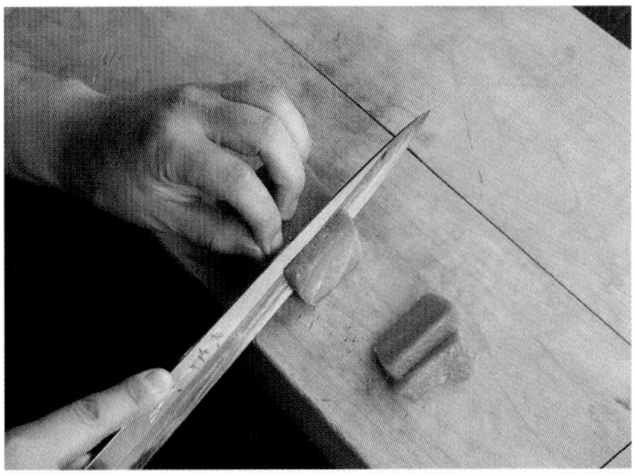

칼을 힘있게 당기면서 단숨에 썰어주며 모양과 크기가 일정하게 되도록 한다.

04 모둠튀김 | 40분

능력단위 [1301010409_14v2 / 일식 튀김조리(4)]

자격종목	일식조리 기능사	과제명	모둠튀김

비번호

시험 시간 : 40분

● 요구 사항

※ 주어진 재료를 사용하여 다음과 같이 모둠튀김을 만드시오.

가. 차새우, 갑오징어, 학꽁치, 바다장어를 튀길 수 있도록 손질하시오.
나. 각 채소를 튀길 수 있는 크기로 써시오.
다. 튀김소스(덴다시)와 양념(야꾸미)을 곁들여 내시오.

● 수험자 유의 사항

1) 새우를 튀길 때 구부러지지 않도록 손질한다.
2) 각 생선류를 밑손질 하여 물기를 없앤다.
3) 채소류를 손질하여 자른 다음, 물에 씻어 물기를 없앤다.
4) 기름이 타지 않도록 하고 재료 특성에 맞게 튀겨낸다.
5) 조리작품 만드는 순서는 틀리지 않게 하여야 한다.
6) 숙련된 기능으로 맛을 내야 하므로 조리작업 시 음식의 맛을 보지 않는다.
7) 지정된 수험자 지참 준비물 이외의 조리기구나 재료를 시험장 내에 지참할 수 없다.
8) 지급 재료는 시험 전 확인하여 이상이 있을 경우 시험위원으로부터 조치를 받고 시험 도중에는 재료의 교환 및 추가 지급은 하지 않는다.
9) 다음과 같은 경우에는 **채점 대상에서 제외한다.**
   가) 시험시간 내에 과제 두 가지를 제출하지 못한 경우 : 미완성
   나) 시험시간 내에 제출된 과제라도 다음과 같은 경우
      (1) 문제의 요구사항대로 작품의 수량이 만들어지지 않은 경우 : 미완성
      (2) 해당 과제의 지급 재료 이외의 재료를 사용한 경우 : 오작
      (3) 구이를 찜으로 조리하는 등과 같이 요리의 형태를 다르게 만든 경우 : 오작
      (4) 불을 사용하여 만든 조리 작품이 작품 특성에 벗어나는 정도로 타거나 익지 않은 경우 : 실격
      (5) 가스레인지 화구 2개 이상 사용한 경우 : 실격

● 지급 재료 목록

일련번호	재료명	규격	단위	수량	비고
1	차새우	10±2cm 정도	마리	2	
2	갑오징어몸살		g	40	오징어 대체 가능
3	학꽁치		마리	1/2	꽁치, 전어 대체 가능
4	바다장어살		g	50	
5	양파	소(100g 정도)	g	50	
6	청피망		g	10	
7	생표고버섯		g	20	1개
8	연근		g	30	
9	밀가루 박력분		g	150	
10	달걀		개	1	
11	무		g	30	
12	통생강		g	20	
13	식용유		ml	500	
14	가다랑어포(가쓰오부시)		g	20	
15	청주		ml	10	
16	진간장		ml	10	
17	한지	25㎝ 사각	장	2	A4용지 대체 가능
18	건다시마	5X10cm	장	1	
19	백설탕		g	20	
20	레몬		개	1/8	
21	실파		g	20	
22	대꼬챙이	소(10cm 이하)	개	2	
23	이쑤시개		개	1	

덴푸라모리아와세

(天婦羅盛り合わせ：てんぷらもりあわせ, Assorted Tempura)

● 조리법

1. 새우는 머리를 떼고 꼬리 쪽의 마디만 남겨서 껍질을 벗긴 다음, 내장을 이쑤시개로 빼내고 배 쪽 마디에 칼집을 넣은 후 손등 쪽으로 꺾어 허리를 펴준다.
2. 갑오징어는 껍질을 벗기고 사선으로 칼집을 넣어 2.5×7cm 크기로 자른다.
3. 바다장어는 뼈를 제거하고 물로 씻어 잔 칼집을 사선으로 넣어 펼쳐 놓는다.
4. 학꽁치는 내장과 머리, 가시를 제거한 후 칼집을 넣어 차새우 길이 정도로 잘라 놓는다.
5. 소양파는 1cm 두께로 썰어 요지로 고정시키고 피망은 오징어 크기로 자른다.
6. 표고는 칼집을 내어놓고, 연근은 껍질을 벗겨 7~8mm 정도 두께로 썰어 물에 담가 놓는다.
7. 달걀노른자를 차가운 물에 풀어 달걀 물을 만들어 놓는다.
8. 밀가루와 달걀 물을 약 6 : 4 비율로 섞어 튀김옷(고로모)을 만든다.
9. 각각의 재료에 기름이 닿는 부분에 밀가루를 묻히고 튀김옷을 입혀 170℃의 온도에서 튀겨낸다.
10. 접시에 종이를 깔고, 색 없는 채소와 생선은 바닥에 깔고 새우를 앞으로 보이도록 세워 담는다.
11. 고추나 표고버섯 등 색이 있는 채소를 맨 나중에 새우 앞에 담아 놓고 레몬을 한 조각 곁들여 낸다.
11. 튀김소스(덴다시)와 양념(야쿠미)을 만들어 놓았다가 덴뿌라 담은 것과 함께 제출한다.
    - ▶ 덴다시 : 다시 5, 간장 1, 설탕 2/3, 청주 1/2
    - ▶ 야쿠미 : 무즙, 생강즙, 실파 잘게 썬 것

● 주의 사항

1. 튀김요리 시 튀김옷의 농도와 기름의 양과 온도에 유의한다.
2. 기름이 과열되면 타고, 저온에서 튀기면 재료에 기름이 많이 배이므로 주의한다.
3. 새우는 튀겼을 때 휘어지지 않도록 사전에 칼집을 넣어 펼쳐지도록 손질을 잘해야 한다.
4. 푸른색 채소는 한쪽에만 튀김옷을 묻혀서 색이 변하지 않도록 단시간에 튀겨내도록 한다.
5. 담을 때 새우 꼬리가 위로 올라오도록 세워서 담아 야마모리(山盛り : やまもり)하도록 한다.
6. 생강즙의 양이 많으면 쓴맛이 나므로 무즙에 깨알 정도의 크기로 찍어 담아 덴다시를 부어 낸다.
7. 덴다시와 튀김은 뜨거운 상태로 제출되어야 한다.
8. 양파에 꽂았던 이쑤시개는 제거하여 제출한다.

● 용어 해설

1. 튀김요리의 종류(揚げ物 : あげもの)
    - ▸ 고로모아게(衣揚げ : ごろもあげ) : 튀김옷이 있는 튀김
      - –덴푸라(天婦羅 : てんぷら) : 밀가루와 달걀 물 반죽에 담가 튀기는 것
      - –가와리아게(変揚 : かわりあげ) : 튀김옷에 다양한 변화를 주는 것
      - –가라아게(空揚げ : からあげ) : 전분이나 밀가루를 묻혀서 튀기는 것
    - ▸ 스아게(素揚げ : すあげ) : 튀김옷이 없는 튀김

2. 고로모(衣 : ころも) - 튀김옷

튀김이나 무침요리, 과자 등의 재료의 표면에 덮어씌우거나 처바르거나 하는 것을 말한다. 튀김의 경우 '튀김옷' 이라고도 한다. 덴뿌라는 주로 밀가루와 달걀 물 섞은 것을 사용하나, 경우에 따라서 여러 가지 변화가 있는 것을 사용하기도 하는데 이것을 '가와리아게' 라고 한다.

3. 덴푸라(天婦羅 : てんぷら)

고로모아게 중의 하나. 어류, 채소류 등을 달걀, 물, 밀가루를 혼합하여 만든 튀김옷을 입혀서 기름에 튀겨낸 것. 일반적으로 무즙과 생강즙을 야쿠미로 하는 간장 양념소스인 덴쯔유에 담구어 적혀서 먹는다. 어원은 그 의견이 분분하나 포루투칼어의 temporas, 이탈리아어의 tempora에서 유래되었다는 설이 유력하다. 또 하나 어묵을 튀긴 것을 말하기도 한다.

4. 덴다시(天汁 : てんだし) - 튀김소스

덴푸라를 먹을 때 곁들이는 일종의 소스를 말한다. 다시에 간장, 미림, 설탕 등으로 간을 하여 끓여내는 것인데, 반드시 뜨겁게 서브되어야 한다. 고로모의 종류나 용도에 따라 변화를 준다. '덴쯔유' 라고도 하며 무즙, 생강즙, 실파 등의 양념(야쿠미)과 함께 낸다.

5. 야쿠미(亮薬味 : やくみ) - 양념

요리에 첨가하는 향신료나 양념을 말한다. 요리에 조금 첨가하여 먹으면 훨씬 더 좋은 맛을 내거나 향기를 발하여, 식욕을 증진시키는 역할을 한다. 여기서는 무즙, 생강즙, 실파를 그릇에 담아내는 것을 말하며, 그 위에 뜨거운 덴쓰유를 부어서 섞어 준 후 덴푸라를 덴다시에 푹 담갔다가 바로 건져 먹는다.

6. 구루마에비(車海老 : くるまえび) - 차새우

차새우과의 새우로서 길이는 20cm 정도이고, 몸이 약간 구부러진 듯한 모습에서 차와 비슷하다고 하여 '차새우' 라고 불리게 되었다고 한다. 시장에 나오는 살아있는 것은 대부분 양식한 것이라 한다. 회나 초밥, 고급 덴푸라의 재료로 활용된다.

TIP. 덴푸라를 바삭바삭하게 튀길 수 있는 비결

얼핏 보기에는 튀김요리가 쉬워 보여도 상당히 까다로운 조건을 충족시켜야만 품질 좋은 튀김요리를 기대할 수 있다. 그 비결을 몇 가지 공개한다.

1. 반드시 박력분을 사용한다.

글루텐이 적어 끈기가 약하기 때문인 것은 잘 알 것이고, 이것을 체로 걸러서 튀기는 것이 더욱 좋다. 그리고 습도가 높은 보관하면 눅눅해 지므로 보관에 주의하고, 전분이나 튀김가루 제품을 섞어 쓰는 것도 하나의 방법이 될 수 있다. 또 한 가지의 팁은 밀가루 속에 드라이아이스를 넣어서 보관하게 되면, 밀가루가 저온 상태로 되면서 드라이아이스가 녹으며 수분을 발산시켜 밀가루가 뽀송뽀송하게 되어 바삭한 튀김이 된다.

2. 튀김옷은 꼭 차가운 물을 사용한다.

튀김기름과 온도 차이가 많이 날수록 튀겨질 때 반죽이 잘 퍼져 꽃이 핀 것처럼 튀김의 모양이 살아난다. 이를 위하여 밀가루를 드라이아이스에 넣어 보관했듯이, 물도 얼음물을 냉장고에 두고 사용하는 것이 좋다.

3. 튀김옷의 농도에 유의한다.

대체적으로 밀가루와 튀김옷에 사용하는 물이 비슷한 분량이지만, 밀가루의 상태에 따라 다소 비율에 차이가 난다. 너무 묽으면 튀김옷이 재료를 벗어나고, 너무 되면 눅눅한 튀김이 되므로 걸쭉한 두유 정도의 농도를 유지하도록 한다.

4. 튀기기 바로 직전에 튀김옷을 만든다.

미리 튀김옷을 만들어 두거나 많이 저어주면 밀가루 단백질인 글루텐이 활성화되어 끈기가 생긴다. 그러면 바삭한 튀김이 될 수 없으므로, 기름에 튀기기 바로 직전에 튀김옷을 만들도록 하며, 튀김옷을 너무 많이 저어주지 않도록 한다.

5. 튀김 재료의 표면에 있는 수분을 제거한다.

튀김 재료의 수분은 튀김옷의 농도와 튀김 품질에 영향을 미치므로 재료 표면에 수분이 없도록 한다. 심한 경우 기름에 넣는 순간 '펑' 하고 기름이 튈 수도 있으므로 주의한다.

6. 튀김 기름의 양이 충분해야 한다.

기름이 양이 적으면 튀길 때 온도가 내려가 잘 튀겨지지 않는다. 기름의 높이가 최소한 10cm 정도 되도록 기름의 양을 넉넉히 유지하여야 한다.

7. 튀김 기름 온도의 조절이 관건이다.

온도가 180℃ 이상으로 높으면 튀김 재료의 표면만 타고 속이 익지 않으며, 튀김옷이 얇아진다. 반대로 160℃ 이하로 낮으면 재료가 바닥에 가라앉으며 튀김옷에 기름이 많이 스며들어 느끼한 튀김이 된다. 이를 위하여 기름의 양을 충분하게 유지하는 것이다.

결론적으로 이 모든 변수가 정확하게 일치했을 때 바삭거리며 고소한 튀김을 완성할 수 있으므로, 이러한 조건을 잘 숙지하여 맛좋은 튀김을 튀기는 일에 성공하기를 바란다.

05 소고기양념튀김 | 30분

능력단위 [1301010409_14v2 / 일식 튀김조리(4)]

자격종목	일식조리 기능사	과제명	소고기양념튀김

비번호

시험 시간 : 30분

● 요구 사항

※ 주어진 재료를 사용하여 다음과 같이 소고기 양념튀김을 만드시오.

가. 소고기를 결의 반대로 잘게 굵은 채로 써시오.

나. 소고기에 양념을 한 후 달걀과 밀가루, 전분을 넣어 섞으시오.

다. 양념한 재료는 조금씩 떼어 넣어 튀겨 내시오.
(동그랗게 모양을 만들어 튀기는 경우는 오작 처리)

● 수험자 유의 사항

1) 장식품과 곁들일 재료를 준비한다.
2) 조리작품 만드는 순서는 틀리지 않게 하여야 한다.
3) 숙련된 기능으로 맛을 내야 하므로 조리작업 시 음식의 맛을 보지 않는다.
4) 지정된 수험자 지참 준비물 이외의 조리기구나 재료를 시험장 내에 지참할 수 없다.
5) 지급 재료는 시험 전 확인하여 이상이 있을 경우 시험위원으로부터 조치를 받고 시험 도중에는 재료의 교환 및 추가 지급은 하지 않는다.
6) 다음과 같은 경우에는 **채점 대상에서 제외한다.**
   가) 시험시간 내에 과제 두 가지를 제출하지 못한 경우 : 미완성
   나) 시험시간 내에 제출된 과제라도 다음과 같은 경우
      (1) 문제의 요구사항대로 작품의 수량이 만들어지지 않은 경우 : 미완성
      (2) 해당 과제의 지급 재료 이외의 재료를 사용한 경우 : 오작
      (3) 구이를 찜으로 조리하는 등과 같이 요리의 형태를 다르게 만든 경우 : 오작
      (4) 불을 사용하여 만든 조리 작품이 작품 특성에 벗어나는 정도로 타거나 익지 않은 경우 : 실격
      (5) 가스레인지 화구 2개 이상 사용한 경우 : 실격

● 지급 재료 목록

일련번호	재료명	규격	단위	수량	비고
1	소고기	등심	g	100	
2	실파		g	20	1뿌리
3	참기름		ml	5	
4	흰참깨	볶은 것	g	5	
5	달걀		개	1	
6	마늘	중(깐 것)	쪽	1	
7	전분		g	30	
8	밀가루	박력분	g	30	
9	소금	정제염	g	2	
10	당면		g	10	
11	파슬리		g	5	
12	레몬		개	1/4	
13	식용유		ml	500	
14	한지	25㎝ 사각	장	2	A4용지 대체 가능
15	청주		ml	5	

잔소리

- 실기시험 실기 전에 반드시 재료 목록표의 재표들을 메뉴별로 확인하고 분류해 놓는다.
- 부족하거나 부실한 재료의 교환 및 지급 요청은 이때만 가능하다.
- 두 가지 과제의 재료가 서로 섞이지 않도록 분리하고, 지급 재료 목록에 없는 것을 사용하지 않도록 한다. – **실격 처리함**

규니쿠가라아게

(牛肉唐揚げ：ぎゅうにく　からあげ, Fried Beef)

● 조리법

1. 소고기는 반대 결로 채 썰어 놓는다.
2. 실파는 잘게 썰고, 마늘은 다져 둔다.
3. 소고기에 참기름을 넣고, 소금으로 간을 한 후 마늘, 흰깨, 청주 등을 넣어 재워둔다.
4. 재워 둔 소고기에 밀가루와 전분을 3 : 1 비율로 섞어 넣고, 여기에 달걀과 실파를 넣어 버무린다.
5. 파슬리는 찬물에 넣어 살리고, 레몬을 썰어 준비하며, 다른 채소는 각각 먹기 좋게 썰어 놓는다.
6. 식용유를 170℃가 되도록 온도를 올려 소고기 반죽을 조금씩 떼어 넣어 튀겨낸다.
7. 다 익으면 건져낸 다음, 조금 낮은 온도에서 당면을 모아 넣고 살짝 튀겨 건져낸다.
8. 접시에 종이를 접어 얹어놓고 그 위에 당면을 놓은 다음, 소고기 튀김을 보기 좋게 올려놓는다.
9. 파슬리와 레몬으로 장식하여 낸다.

● 주의 사항

1. 소고기의 힘줄이나 기름은 제거하여 사용한다.
2. 재료를 미리 동그랗게 만들어 두지 않도록 한다.
3. 재료의 내부가 완전히 익도록 튀겨내도록 해야 한다.
4. 재료가 타거나 재료에 기름이 배지 않도록 튀김 기름의 온도에 유의한다.

● 용어 해설

1. 가라아게(唐揚げ ; からあげ)

   중국에서 유래된 튀김 방법으로서 재료에 여러 가지 양념으로 맛을 들이고, 녹말가루를 묻혀 튀기는 것에서 발전하여 현재의 양념 튀김의 모양으로 발전하였다. 소고기를 동그랗게 만들어 튀길 수도 있겠지만 자연스럽게 떼어가며 튀겨내도록 한다.

2. 규니쿠(牛肉 ; ぎゅうにく)

   소고기, 소의 고기를 뜻하며, 일본요리에서 대표적인 것이 스키야키, 샤브샤브, 소고기덮밥, 구이 등의 요리가 발달하였다. 하지만, 일본요리에서 소고기가 사용된 것은 서구화가 시작된 근대 이후의 일이다.

06 전골냄비(스끼야끼) | 40분

능력단위 [1301010405_14v2 / 일식 냄비조리(3)]

자격종목	일식조리 기능사	과제명	전골냄비

비번호

시험 시간 : 40분

● 요구 사항

※ 주어진 재료를 사용하여 전골냄비를 만드시오.

가. 전골(스끼야끼) 양념장(다레)과 다시(국물)를 준비하시오.
나. 고기와 채소류를 각각 적합한 크기로 썰어 준비하시오.
다. 재료의 특성에 맞게 순서대로 볶아서 익히시오.

● 수험자 유의 사항

1) 익힐 때는 다른 작품과 함께 완성되도록 하고 생달걀 1개를 같이 내야 한다.
2) 조리작품 만드는 순서는 틀리지 않게 하여야 한다.
3) 숙련된 기능으로 맛을 내야 하므로 조리작업 시 음식의 맛을 보지 않는다.
4) 지정된 수험자 지참 준비물 이외의 조리기구나 재료를 시험장 내에 지참할 수 없다.
5) 지급 재료는 시험 전 확인하여 이상이 있을 경우 시험위원으로부터 조치를 받고 시험 도중에는 재료의 교환 및 추가 지급은 하지 않는다.
6) 다음과 같은 경우에는 **채점 대상에서 제외한다.**
   가) 시험시간 내에 과제 두 가지를 제출하지 못한 경우 : 미완성
   나) 시험시간 내에 제출된 과제라도 다음과 같은 경우
      (1) 문제의 요구사항대로 작품의 수량이 만들어지지 않은 경우 : 미완성
      (2) 해당 과제의 지급 재료 이외의 재료를 사용한 경우 : 오작
      (3) 구이를 찜으로 조리하는 등과 같이 요리의 형태를 다르게 만든 경우 : 오작
      (4) 불을 사용하여 만든 조리 작품이 작품 특성에 벗어나는 정도로 타거나 익지 않은 경우 : 실격
      (5) 가스레인지 화구 2개 이상 사용한 경우 : 실격

● 지급 재료 목록

일련번호	재료명	규격	단위	수량	비고
1	소고기	등심	g	100	
2	대파		토막	1	흰 부분 15cm
3	판두부		g	50	
4	우엉		g	40	
5	생표고버섯		g	20	1개
6	팽이버섯		g	30	
7	배추		g	70	
8	양파	중 (150g 정도)	g	100	
9	실곤약		g	30	
10	죽순		g	30	
11	건다시마	5X10cm	장	1	
12	달걀		개	1	
13	청주		ml	30	
14	백설탕		g	30	
15	쑥갓		g	30	
16	진간장		ml	50	
17	식용유		ml	10	

스키야키

(鋤焼き : すきやき, Sukiyaki)

● 조리법

1. 다시를 뽑아 전골양념장(스키야키다레 : 간장 2, 청주 2, 설탕 1, 다시마)를 만들어 식혀 둔다.
2. 배추를 길이 4~5cm, 폭 1.5~2cm정도의 크기로 썰고, 대파는 어슷하게 썰어 둔다.
3. 두부는 두께 1.5cm, 크기 3×4cm 정도로 썰어, 소금을 뿌려 구워서 찬물에 식혀 놓는다.
4. 실곤약은 끓는 물에 데쳐 식혀 놓는다.
5. 우엉은 칼등으로 껍질을 긁어내고 길게 칼집을 넣어 마치 연필 등을 깎듯이 사사가끼하여 찬물에 2~3회 헹구어 물에 담가 둔다.
6. 양파는 두께 1cm정도로 썰고, 표고버섯은 '✻' 자 형태의 모양을 낸다.
7. 죽순은 1~2mm 두께로 썰고, 팽이버섯은 뿌리 부분을 자르고 밑동을 갈래갈래 떼어놓는다.
8. 쑥갓을 중심으로 준비한 채소를 가지런히 접시에 담는다.
9. 냉동 상태의 소고기를 얇게 썰어 보기 좋게 담아 놓는다.
10. 냄비를 불 위에 얹어 쇠기름(식용유)을 바르고, 단단한 재료부터 넣은 다음 부드러운 채소와 고기를 넣고 다레와 다시를 1 : 1 비율로 부어 익힌 다음, 간을 맞추어 쑥갓을 올려낸다.
11. 달걀을 그릇에 깨어 담아 함께 낸다.

● 주의 사항

1. 소고기는 면포로 싸 두었다가 기름기나 힘줄을 제거하고 녹기 전에 알맞은 두께로 얇게 썬다.
2. 냄비에 단단한 재료부터 볶아 전체 익힘의 정도가 균일하도록 주의하여야 한다.
3. 고기는 완전히 익힌다.

● 용어 해설

1. 스키야키(鋤焼き : すきやき)

소고기를 이용하여 진한 국물로 맛을 낸 냄비요리.
일본 특유의 육요리로서 우시스키, 우시나베라고도 한다.
불교가 전래되었을 때 나라에서는 육식을 금지하였지만, 일부에서는 육식이 행해지고 있었다. 그때 야외에서 냄비 대신에 스키라고 불리던 농기구를 이용하여서 '가모시카(산양의 일종)' 라는 짐승의 고기를 몰래 구워 먹었었다. 이것이 스키야키의 어원이라고 할 수 있다. 메이지유신(1876) 이후 육식을 금하던 것이 해제되면서, 서양에서 들어온 소고기의 식용이 대중에게 널리 퍼지게 되었고, 냄비에 고기와 채소를 함께 졸이면서 먹는 하나의 형식을 갖춘 요리로서 스끼야끼가 유행하여, 다이쇼지다이(1912~1926년)에는 가정요리로서도 광범위하게 보급되었다. '스키야키' 의 한자인 '서(鋤)' 자는 '호미' 를 뜻하며, '저민 고기' 라는 뜻도 있다.
우리의 조리기능사 시험에서는 이것을 '전골냄비' 라고 하는데, 관동식으로 다레를 만들어 사용하도록 하고 있다. 각 채소의 특성에 따라 손질하여, 얇게 썬 소고기와 함께 정갈하게 접시에 담는 법, 다레를 만드는 법, 익히는 순서 등에 유의하면 된다.

2. 스키야키나베(鋤焼鍋 : すきやきなべ)

스키야키 요리에 쓰이는 냄비로서, 기름이 잘 발리고 보온성이 좋은 쇠로 두껍게 만든 것이 적당하다. 냄비의 모양은 원형 또는 사각형이 있으나, 보통은 원형의 것을 사용하고 있으며, 높이가 낮고 넓은 것으로 화력을 잘 받을 수 있는 것이 좋다.

3. 사사가끼(笹掻 : ささがき)

칼의 끝을 사용하여 우엉 등의 채소를 마치 연필을 깎는 것처럼 돌려가면서 깎는 방법으로써 기본 썰기의 종류 중 하나이다.

▸ 우엉을 썬 후 물에 헹구어 내는 이유

탄닌(tannin)계의 폴리페놀(polyphenol) 화합물이 우엉 중에 있는 산화효소의 작용에 의해 공기 중의 산소로 산화하기 때문에, 우엉을 잘게 잘라 놓으면 흑변 현상이 일어난다. 식초에 담가 산화효소의 작용을 억제시킬 수도 있지만, 음식의 맛을 위해 물로 헹구어 흑변된 것을 씻어내고, 표면 수분으로 인해 흑변을 억제시키는 효과를 얻을 수 있기 때문이다.

TIP. 스키야키 메뉴에 대한 보충 설명

자격증 실기시험을 위해 전골냄비라고 표현을 했지만 이것은 올바르지 못한 해석이다. 스키야키 본질의 취지와도 어긋나게 실기시험도 행해지고 있다. 스키야키는 테이블에서 즉석 요리해서 먹는 메뉴이다. 따라서 음식이 나올 때는 생재료가 접시에 담겨나온다. 실기시험에서는 이것을 익혀서 제출해야 하므로 차이가 나는 것이다.

첨부한 사진은 호텔이나 스키야키 취급점에서 나오는 일반적인 형태이다. 이것을 조금씩 볶듯이 살짝 익혀 다레로 간을 하여 단시간 졸여서 먹는 것이 올바른 방법이다.

이러한 차이를 이해하고 수험에 응시하도록 한다.

07 닭버터구이 | 30분

능력단위 [1301010410_14v2 / 일식 구이조리(3)]

자격종목	일식조리 기능사	과제명	닭버터구이

비번호

시험 시간 : 30분

● 요구 사항

※ 주어진 재료를 사용하여 다음과 같이 닭버터구이를 만드시오.

가. 닭의 뼈를 발라내고 한입 크기로 자르시오.
나. 초벌구이를 하고 끓는 물로 기름기를 제거하시오.
다. 재차 볶으면서 채소와 함께 간 하시오.

● 수험자 유의 사항

1) 닭살이 찢어지지 않도록 뼈를 발라내어야 한다.
2) 프라이팬에 양쪽이 노릇노릇하게 구이를 해야 한다.
3) 버터나 소금, 후추, 청주로 간을 해야 한다.
4) 조리작품 만드는 순서는 틀리지 않게 하여야 한다.
5) 숙련된 기능으로 맛을 내야 하므로 조리작업 시 음식의 맛을 보지 않는다.
6) 지정된 수험자 지참 준비물 이외의 조리기구나 재료를 시험장 내에 지참할 수 없다.
7) 지급 재료는 시험 전 확인하여 이상이 있을 경우 시험위원으로부터 조치를 받고 시험 도중에는 재료의 교환 및 추가 지급은 하지 않는다.
8) 다음과 같은 경우에는 **채점 대상에서 제외한다.**
   가) 시험시간 내에 과제 두 가지를 제출하지 못한 경우 : 미완성
   나) 시험시간 내에 제출된 과제라도 다음과 같은 경우
      (1) 문제의 요구사항대로 작품의 수량이 만들어지지 않은 경우 : 미완성
      (2) 해당 과제의 지급 재료 이외의 재료를 사용한 경우 : 오작
      (3) 구이를 찜으로 조리하는 등과 같이 요리의 형태를 다르게 만든 경우 : 오작
      (4) 불을 사용하여 만든 조리 작품이 작품 특성에 벗어나는 정도로 타거나 익지 않은 경우 : 실격
      (5) 가스레인지 화구 2개 이상 사용한 경우 : 실격

● 지급 재료 목록

일련번호	재료명	규격	단위	수량	비고
1	닭고기		g	200	뼈 포함
2	깻잎		잎	1	
3	양파	중(150g 정도)	개	1/2	
4	청피망		개	1/2	
5	버터		g	30	
6	검은 후춧가루		g	2	
7	소금	정제염	g	2	
8	식용유		ml	40	
9	청주		ml	20	
10					
11					
12					
13					
14					
15					

잔소리

- 실기시험 실기 전에 반드시 재료 목록표의 재표들을 메뉴별로 확인하고 분류해 놓는다.
- 부족하거나 부실한 재료의 교환 및 지급 요청은 이때만 가능하다.
- 두 가지 과제의 재료가 서로 섞이지 않도록 분리하고, 지급 재료 목록에 없는 것을 사용하지 않도록 한다. – **실격 처리함**

도리니쿠버터야끼

(鷄肉バター燒き：とりにくバタ一やき, Buttered chickens)

● 조리법

1. 닭고기가 찢어지지 않도록 뼈에서 발라낸 다음 한 입 크기로 썰어 놓는다.
2. 양파는 껍질을 한 겹씩 벗겨 내면서 닭고기 크기와 비슷하게 썰고 피망도 같은 크기로 썬다.
3. 팬을 달구어 기름을 두른 후, 닭고기를 초벌구이하여 노릇노릇하게 익혀서 끓는 물에 데쳐 낸다.
4. 팬에 식용유를 두르고 닭고기를 볶다가 거의 익었을 때 버터와 양파, 피망을 넣고 볶는다.
5. 채소가 절반 정도 익으면 소금, 후추로 간을 하고 청주를 뿌려 마무리한다.
6. 준비된 접시에 깻잎을 깔고, 닭고기와 채소를 보기 좋게 담아낸다.

● 주의 사항

1. 닭고기를 자를 때, 초벌구이와 볶음을 할 때에 껍질이 벗겨지지 않도록 주의한다.
2. 닭고기의 색은 노릇노릇하게 구워내되 타지 않도록 유의한다.
3. 피망과 양파는 다 익히지 말고, 씹을 때 사각거릴 수 있도록 한다.
4. 신속하게 단시간에 조리되어야 하므로 재료의 익히는 정도에 유의한다.
5. 닭고기는 완전히 익히고, 채소는 약간 덜 익도록 해야 한다.
6. 닭고기의 기본 손질과 기초 조리법을 평가하는 시험 문제로서 숙련된 모습을 보여야 한다.

● 용어 해설

1. 도리니쿠(鷄肉 : とりにく) – 계육, 닭고기

   일본에서의 '닭'은 원래 니와도리라고 하고, 도리는 새를 총칭하는 말이다. 하지만, 같은 발음으로 한자만 다르게 하여, 도리라고 하면 닭고기를 의미하기도 한다. 요리에서 '도리니쿠' 하면 대게는 닭고기를 의미하는 경우가 많지만, 올바른 표현은 '카시와' 이다.

2. 버터야키(バターやき) – 버터구이

   Butter를 이용하여 볶아낸 요리로서, 현재 일본요리에서 버터구이는 닭고기보다는 전복이나 바닷가재의 버터구이가 대부분 이용되고 있지만, 고가의 재료로 인하여 메뉴 가격이 다소 비싸게 느껴진다. 버터는 간장과 잘 어울리므로 실제 버터구이 요리를 할 때에는 소금보다는 약간의 간장을 곁들이는 것이 훨씬 더 좋은 맛을 느낄 수 있다. 하지만, 자격증 실기시험에서는 간장을 지급하지 않았으므로 사용하지 않도록 한다.

08 도미냄비 | 30분

능력단위 [1301010405_14v2 / 일식 냄비조리(3)]

자격종목	일식조리 기능사	과제명	도미냄비

비번호

시험 시간 : 30분

● 요구사항

※ 주어진 재료를 사용하여 다음과 같은 도미냄비를 만드시오.

가. 손질한 도미를 5~6cm로 자르고 머리는 반으로 갈라 소금을 뿌리시오.
나. 머리와 꼬리는 데친 후 불순물을 제거하시오.
다. 무, 당근, 배추는 삶고 다른 채소도 밑손질 하시오.
라. 무는 은행잎, 당근은 매화 모양으로 만드시오.
마. 양념(야꾸미)과 초간장(폰즈/지리스)을 만드시오.

● 수험자 유의 사항

1) 조리작품 만드는 순서는 틀리지 않게 하여야 한다.
2) 숙련된 기능으로 맛을 내야 하므로 조리작업 시 음식의 맛을 보지 않는다.
3) 지정된 수험자 지참 준비물 이외의 조리기구나 재료를 시험장 내에 지참할 수 없다.
4) 지급 재료는 시험 전 확인하여 이상이 있을 경우 시험위원으로부터 조치를 받고 시험 도중에는 재료의 교환 및 추가 지급은 하지 않는다.
5) 다음과 같은 경우에는 **채점 대상에서 제외한다.**
   가) 시험시간 내에 과제 두 가지를 제출하지 못한 경우 : 미완성
   나) 시험시간 내에 제출된 과제라도 다음과 같은 경우
      (1) 문제의 요구사항대로 작품의 수량이 만들어지지 않은 경우 : 미완성
      (2) 해당 과제의 지급 재료 이외의 재료를 사용한 경우 : 오작
      (3) 구이를 찜으로 조리하는 등과 같이 요리의 형태를 다르게 만든 경우 : 오작
      (4) 불을 사용하여 만든 조리 작품이 작품 특성에 벗어나는 정도로 타거나 익지 않은 경우 : 실격
      (5) 가스레인지 화구 2개 이상 사용한 경우 : 실격

● 지급 재료 목록

일련번호	재료명	규격	단위	수량	비고
1	도미	140~150g	마리	1	
2	배추		g	70	
3	무		g	110	
4	당근		g	60	둥근 모양으로 잘라서 지급
5	대파		토막	1	흰 부분 15cm
6	판두부		g	60	
7	죽순		g	50	
8	건다시마	5X10cm	장	1	
9	팽이버섯		g	30	
10	생표고버섯		g	20	1개
11	쑥갓		g	30	
12	소금	정제염	g	10	
13	청주		ml	20	
14	고춧가루		g	5	고운 것
15	실파		g	20	1뿌리
16	진간장		ml	30	
17	식초		ml	30	
18	레몬		개	1/4	
19	맛술(미림)		ml	20	

도리니쿠바타야키

(鶏肉バター焼き:とりにくバターやき)

● 조리법

1. 도미는 비늘을 긁어내고 깨끗이 씻어 내장을 제거하여 세장 뜨기 한다. 살은 먹기 좋게 적당한 크기로 잘라 소금을 뿌려 놓고, 머리는 반으로 갈라 끓는 물에 살짝 데쳐 시모후리하여 남은 비늘과 피 등을 제거한다.
2. 무와 당근, 배추 등은 끓는 물에 삶아서 각기 꽃 모양을 내고 죽순도 삶아서 사용한다.
3. 대파는 4cm 길이로 어슷하게 자르고, 생표고는 '⊛' 모양을 내어 준비해 놓는다.
4. 팽이버섯은 밑둥을 제거하고 갈라놓고, 두부는 두툼하게 죽순은 1~2mm 정도로 썰어 놓는다.
5. 쑥갓은 씻어 찬물에 담가 둔다.
6. 다시마와 가다랑어포를 이용하여 다시를 만들어 놓고, 폰즈 및 야쿠미도 만들어 둔다.
7. 실파는 가늘게 채 썰어 물에 헹궈 놓고, 무는 즙을 내어 고춧가루로 모미지오로시를 만들어 놓는다.
8. 준비된 냄비에 쑥갓을 제외한 모든 재료들을 보기 좋게 담아, 다시다 국물을 재료만큼 부어 소금과 청주로 간을 하며 끓인다.
9. 끓기 시작하면 불을 줄이고 거품을 거둬 내면서, 약한 불로 끓이다가 쑥갓을 얹어 완성하여, 폰즈와 야쿠미를 함께 곁들여 제출한다.

● 주의 사항

1. 지리는 담백하고 개운한 맛을 내야 하므로 신선한 도미를 사용해야 한다.
2. 도미 머리를 데친 후 속에 응고되어 있는 피를 반드시 제거해야 지리 국물에서 씁쓸한 맛이나, 비린내가 나지 않는다.
3. 끓을 때 거품을 걷어내야 하며, 너무 센 불이 가해지거나 오래 끓이면 국물이 탁해지기 쉬우므로 특히 주의해야 한다.
4. 채소는 쑥갓을 제외하고는, 어느 하나라도 덜 익거나 너무 익혀서는 안 되고, 똑같이 익은 상태여야 한다.
5. 완성 시 모든 재료가 조금씩이라도 보이도록 잘 정돈해서 제출하도록 한다.

● 용어 해설

1. 다이(鯛 : たい : sea bream) – 도미

도미는 도미과의 바다고기의 총칭이며, 세계적으로 100여 종이 있으나 근해에는 약 13종이 서식하고 있다. 도미과에 속하는 것으로는 참돔속, 붉돔속, 청돔속, 감성돔속, 실붉돔속, 황돔속 등이 있으며, 대표적인 것으로는 참돔을 꼽을 수 있다. 참돔의 경우 큰 것은 최대 길이가 1m가 넘는 것도 있으며, 꼬리 끝쪽이 검은 것이 특징이다. 최상품은 적색을 띠고 있으며, 배는 백색에 가까운 미색이고, 몸체 옆 부분은 코발트색의 무늬가 산재해 있기도 하다. 4~6월이 산란기이며 우리나라와 대만, 중국 등에 분포하고, 수심 20~200m의 대륙붕에 살며, 새우 등

의 작은 갑각류와 오징어류, 조개류, 갯지렁이 등의 저생동물을 먹고 살며, 죽은 것은 먹지 않는다. 인공적인 양식으로 생산된 것이 자연산 천연어보다 성장 속도가 빠르고, 지방 성분이 많다.

▸ 성분 : 수분 75~77%, 단백질 20%, 지방질 1.7~3.4%, 미네랄, 비타민 약간.

2. 일본요리에 있어서의 도미

구삿데모다이(썩어도 도미)라는 일본 속담이 있다. 직역하면 '썩어도 도미' 라고 할 수 있는데, 이것은 우리 속담의 '썩어도 준치' 에서 '도미' 와 '준치' 라는 생선의 이름만 다를 뿐 그 뜻은 마찬가지라 할 수 있다. '도미' 라고 하는 생선의 상품성과 귀중함을 잘 대변해 주고 있는 말인 것이다. 도미는 고급 어종으로서 일본인들의 식탁에 자주 오르고 있는 아주 친숙한 생선이고, 조리 시 머리부터 꼬리까지 버릴 것이 거의 없는 소중한 식재료이며, 그 조리법 또한 회, 초밥, 구이, 조림, 지리 등 다양성을 보여 주고 있다.

3. 지리나베 (ちり鍋 : ちりなべ) - 지리냄비

생선 등을 주체로 하여 두부, 계절 채소 등을 하나의 냄비에서 끓이면서 폰즈를 곁들여 먹는 냄비요리로서 간단히 '지리' 라고도 한다. 주로 냄새가 없는 신선한 흰살생선인 대구, 도미, 복, 아구 등을 사용한다. '지리' 라는 명칭은 지리나베가 끓은 때의 모습이 마치 지리지리(ちりちり : 쪼글쪼글, 오글오글) 하는 것 같다는 데에서 유래하였다고 한다.

4. 산마이오로시(三枚卸 : さんまいおろし) - 세장 뜨기

생선을 손질하는 방법 중의 하나. 보통 생선을 눕혀 놓았을 때 위에 있는 살, 중간 뼈, 아래에 있는 살의 세장으로 뜨기를 해서 지어진 이름. 물로 씻은 생선을 먼저 둘로 가른 다음 중간 뼈에 붙은 것을 뒤집어 칼을 넣어 살을 발라 떼어내는 것을 말한다.

5. 시모후리(霜降 : しもふり) - 데치기

어류나 육류 등을 이용하기 전의 처리법 중 하나. 표면이 하얗게 되는 정도만 재료에 끓는 물을 뿌리거나, 끓는 물에 재료를 담가 내는 것. 또는, 직접 불을 가하는 것을 말함. 가열 후 바로 냉수에 담가 차갑게 하여 표면의 미끄러운 액체, 비늘, 피, 냄새, 지방, 여분의 수분 등을 제거함과 동시에 표면을 응고시켜 본래의 맛이 달아나지 않도록 하는데 목적이 있다. 이러한 조리 작업은 표면이 하얗게 변한 것이 마치 서리가 내린 것 같다고 하여 시모후리라고 전해지고 있다.

6. 폰즈(ポン酢) - 초간장

폰즈 쇼유(ポン酢 醬油 : ポンずしょうゆ)의 약어로 오란다어의 pons에서 유래된 단어로서, 본래는 레몬이나 스다치(スダチ) 등을 이용한 과즙초의 뜻을 가지고 있지만, 식초와 간장을 섞은 초간장으로서 생선회나 초회, 지리냄비 등의 요리에 곁들여 먹는 소스의 일종으로 더 알려져 있다. '지리스(ちりす)' 라고도 한다.

▸ 만드는 법

간장 2Ts, 식초 2Ts, 다시 2Ts, 청주 1Ts, 설탕 1/2Ts, 조미료 등을 섞고, 레몬이나 유자즙을 약간 뿌려주면 된다. 청주가 없으면 미림을, 미림도 없으면 다시를 그 양 만큼 더 넣는다.

7. 야쿠미(藥味 : やくみ) – 양념

요리에 첨가하는 향신료나 양념을 말한다. 요리에 조금 첨가하여 먹으면 훨씬 더 좋은 맛을 내거나 향기를 발하여, 식욕을 증진시키는 역할을 한다. 여기에서는 실파 채 썬 것과 레몬, 모미지오로시를 담은 것을 말한다.

8. 모미지오로시(紅葉卸: もみじおろし) – 빨간 무즙

고추즙에 무즙을 개어 빨간색을 띤 무즙을 말한다. 색이 단풍이 물들은 것처럼 적색을 띠고 있어, 모미지라는 이름을 붙였다. '아카오로시' 라고도 하며, 폰즈에 곁들이거나 초회 등의 덴모리(고명같이 음식 위에 얹는 것)나 복 껍질 무침 등에 사용된다.

▸ 무 은행잎 만들기

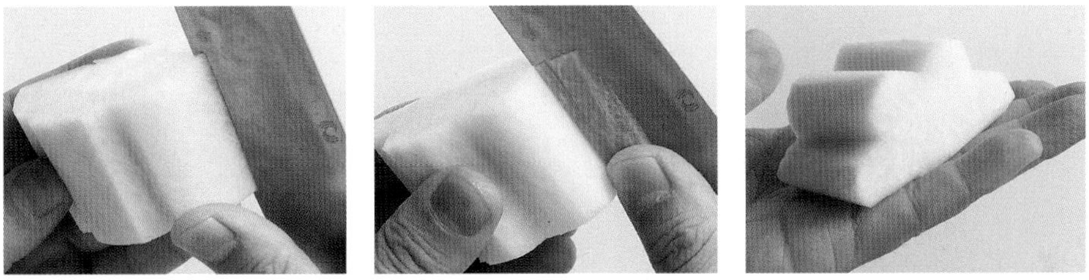

▸ 당근 매화꽃 만들기 – 오각형을 만들어 홈을 파서 둥근 모양으로 다듬어 준다.

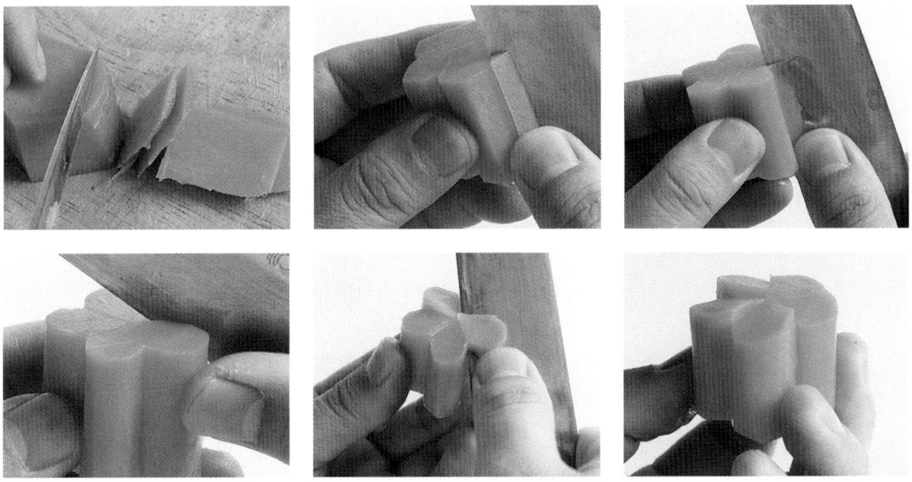

09 꼬치냄비 | 40분

능력단위 [1301010405_14v2 / 일식 냄비조리(3)]

자격종목	일식조리 기능사	과제명	꼬치냄비

비번호

시험 시간 : 40분

● 요구 사항

※ 주어진 재료를 사용하여 다음과 같이 꼬치냄비를 만드시오.

가. 어묵(오뎅)은 용도에 맞게 자르시오. (단, 사각형으로 된 오뎅은 5cm 정도로 잘라 사용한다.)
나. 다시마는 매듭을 만드시오.
다. 곤약은 길이 7cm, 폭 3cm 정도 잘라서 꼬인 상태로 만들어 사용하시오.

〈꼬인 상태〉 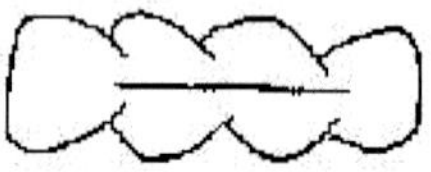

라. 당근은 벚꽃 모양으로 만드시오.
마. 소고기, 실파, 목이버섯, 당면, 배추, 당근으로 일본식 잡채를 만들어서 유부에 넣으시오.
바. 겨자와 간장을 함께 곁들이시오.

● 수험자 유의 사항

1) 무 삶기와 곤약 조림에 유의한다.
2) 재료의 전처리에 유의한다.
3) 조리작품 만드는 순서는 틀리지 않게 하여야 한다.
4) 숙련된 기능으로 맛을 내야 하므로 조리작업 시 음식의 맛을 보지 않는다.
5) 지정된 수험자 지참 준비물 이외의 조리기구나 재료를 시험장 내에 지참할 수 없다.
6) 지급 재료는 시험 전 확인하여 이상이 있을 경우 시험위원으로부터 조치를 받고 시험 도중에는 재료의 교환 및 추가 지급은 하지 않는다.
7) 다음과 같은 경우에는 **채점 대상에서 제외한다.**
   가) 시험시간 내에 과제 두 가지를 제출하지 못한 경우 : 미완성
   나) 시험시간 내에 제출된 과제라도 다음과 같은 경우
      (1) 문제의 요구사항대로 작품의 수량이 만들어지지 않은 경우 : 미완성
      (2) 해당 과제의 지급 재료 이외의 재료를 사용한 경우 : 오작
      (3) 구이를 찜으로 조리하는 등과 같이 요리의 형태를 다르게 만든 경우 : 오작
      (4) 불을 사용하여 만든 조리 작품이 작품 특성에 벗어나는 정도로 타거나 익지 않은 경우 : 실격
      (5) 가스레인지 화구 2개 이상 사용한 경우 : 실격

● 지급 재료 목록

일련번호	재료명	규격	단위	수량	비고
1	어묵		g	180	사각형, 완자, 구멍난 것
2	판곤약		g	50	
3	당근		g	60	둥근 모양으로 잘라서 지급
4	무		g	70	
5	쑥갓		g	30	
6	건다시마	5X10cm	장	1	
7	가다랑어포(가쓰오부시)		g	10	
8	진간장		ml	30	
9	청주		ml	15	
10	맛술(미림)		ml	15	
11	소금	정제염	g	2	
12	대꼬챙이	20㎝ 정도	개	2	
13	달걀	삶은 것	개	1	
14	겨자가루		g	10	
15	유부		장	2	
16	소고기		g	30	
17	실파		g	20	1뿌리
18	목이버섯		g	5	
19	당면		g	10	
20	배추		g	50	1/2장
21	식용유		ml	30	
22	이쑤시개(요지)		개	2	
23	검은 후춧가루		g	5	

오뎅

(御田 : おでん, Boiled Fishcake with Eggs)

● 조리법

1. 무를 부채꼴로 썰어서 멘도리하고, 당근은 삶아서 벚꽃 모양을 만든다(p183 참조).
2. 곤약은 길이 7cm, 폭 3cm로 잘라서 가운데 칼집을 넣어 꼬인 상태로 만든다.
3. 가다랑어포 국물(다시)로 오뎅다시를 만들어 무와 달걀, 곤약을 색과 간이 배도록 끓여 준다.
   (다시 3cup, 국간장 2Ts, 청주 1Ts, 미림 1Ts, 소금 1ts)
4. 오뎅은 끓는 물에 한 번 데쳐내어 기름기를 제거해 두고, 당근은 삶아 벚꽃 모양을 만든다.
5. 다시마는 길게 7~8cm 정도로 잘라 매듭을 지어 모양을 내고, 쑥갓은 데쳐 놓는다.
6. 목이버섯은 불리고, 당면은 데쳐 소고기, 실파, 배추, 당근 등과 함께 3cm로 채 썰어 소금, 간장, 후추로 간을 하며 볶아낸다.
7. 볶아낸 일본식 잡채를 유부에 넣고 이쑤시개로 입구를 꿰어 놓는다.(후쿠로)
8. 꼬치에 오뎅을 꽂아 놓고, 재료들을 보기 좋게 담아 끓인 다음 거품을 걷어낸다.
9. 데쳐낸 쑥갓을 곁들여 마무리하고, 겨자를 질지 않도록 개어서 간장과 같이 제출한다.

● 주의 사항

1. 오뎅은 너무 오래 삶으면 불어나 국물이 줄어들 위험이 있으니 주의한다.
2. 겨자는 그릇을 엎어도 떨어지지 않을 정도의 농도로 개어 둔다.
3. 유부 속 재료를 따로 손질하여 볶아내는데 유의한다.
4. 당근은 삶아서 벚꽃 모양도 만들고 유부 속 재료로도 사용해야 하는 것에 유의한다.
5. 삶은 달걀은 미리 자르면 난황이 흩어져 국물이 탁해지므로 국물을 한 번 끓여낸 다음 자른다.
6. 제출 시 간장과 겨자를 빼 놓지 않고 함께 제출하도록 한다.

● 용어 해설

1. 오뎅(御田：おでん)

   니코미덴가쿠의 약어. 원래는 곤약, 무, 달걀 등의 재료를 많은 국물에 끓여서 먹던 하류 계층의 요리였지만, 시대의 변천을 따라 현대에 오면서 재료와 맛에 다양성이 생겨나게 되었다.

2. 멘도리(面取りし：めんどり)

   채소류를 깎는 방법 중의 하나로써 주로 니모노 재료에 이용된다. 무, 가부, 감자류 등의 채소를 썰어서 사용할 때 모서리의 각진 부분을 다듬는 것을 말한다.

3. 후쿠로(袋：ふくろ)

   유부를 부대 형태로 하여 그 안에 채소류나 고기를 싸매어 주둥이를 박고지나 미나리 등으로 묶은 것으로서 오뎅 재료 등으로 사용된다.

10 튀김두부 | 25분

능력단위 [1301010409_14v2 / 일식 튀김조리(4)]

자격종목	일식조리 기능사	과제명	튀김두부

비번호

시험 시간 : 25분

● 요구 사항

※ 주어진 재료를 사용하여 다음과 같이 튀김두부를 만드시오.

가. 가다랑어국물(가쓰오다시)을 뽑아서 튀김다시(덴다시)를 만드시오.
나. 연두부의 물기를 제거하고 4cm×5cm×4cm 정도로 썰어 튀기시오.
다. 무즙(오로시), 실파, 채 썬 김(하리노리)으로 양념(야꾸미)을 만드시오.
라. 튀김두부 3개를 그릇에 담고, 튀김다시(덴다시)에 무즙을 풀어 위에 끼얹으시오.
마. 라) 위에 고명(덴모리)으로 썬 실파와 채 썬 김을 올려 제출하시오.

● 수험자 유의 사항

1) 가다랑어국물(가쓰오다시) 뽑기와 튀김 온도에 유의한다.
2) 연두부의 형태를 잘 유지한다.
3) 고명을 만드는 방법에 유의한다.
4) 조리작품 만드는 순서는 틀리지 않게 하여야 한다.
5) 숙련된 기능으로 맛을 내야 하므로 조리작업 시 음식의 맛을 보지 않는다.
6) 지정된 수험자 지참 준비물 이외의 조리기구나 재료를 시험장 내에 지참할 수 없다.
7) 지급 재료는 시험 전 확인하여 이상이 있을 경우 시험위원으로부터 조치를 받고 시험 도중에는 재료의 교환 및 추가 지급은 하지 않는다.
8) 다음과 같은 경우에는 **채점 대상에서 제외한다.**
   가) 시험시간 내에 과제 두 가지를 제출하지 못한 경우 : 미완성
   나) 시험시간 내에 제출된 과제라도 다음과 같은 경우
      (1) 문제의 요구사항대로 작품의 수량이 만들어지지 않은 경우 : 미완성
      (2) 해당 과제의 지급 재료 이외의 재료를 사용한 경우 : 오작
      (3) 구이를 찜으로 조리하는 등과 같이 요리의 형태를 다르게 만든 경우 : 오작
      (4) 불을 사용하여 만든 조리 작품이 작품 특성에 벗어나는 정도로 타거나 익지 않은 경우 : 실격
      (5) 가스레인지 화구 2개 이상 사용한 경우 : 실격

● 지급 재료 목록

일련번호	재료명	규격	단위	수량	비고
1	연두부	300g 정도	모	1	
2	감자 전분		g	100	
3	실파		g	20	1뿌리
4	김		장	1/4	
5	무		g	100	
6	가다랑어포(가쓰오부시)		g	10	
7	건다시마	5X10cm	장	1	
8	진간장		ml	50	
9	식용유		ml	500	
10	맛술(미림)		ml	50	
11					
12					
13					
14					
15					

잔소리

- 실기시험 실기 전에 반드시 재료 목록표의 재표들을 메뉴별로 확인하고 분류해 놓는다.
- 부족하거나 부실한 재료의 교환 및 지급 요청은 이때만 가능하다.
- 두 가지 과제의 재료가 서로 섞이지 않도록 분리하고, 지급 재료 목록에 없는 것을 사용하지 않도록 한다. – **실격 처리함**

아게다시도후

(揚げ出し豆腐：あげだしとうふ, Fried Bean curd)

● 조리법

1. 연두부의 크기를 4cm×5cm×4cm 정도로 잘라 물기를 제거한다.
2. 가다랑어포를 이용하여 다시를 만든다.
3. 만들어진 다시를 이용하여, 튀김두부용 양념간장(덴다시)을 만든다.
   ▶ 덴다시 : 진간장 1Ts, 다시 5Ts, 설탕 1ts, 맛술(미림) 1ts
4. 물기를 제거한 연두부에 전분을 묻혀 튀겨 낸다.
5. 무를 강판에 갈아 준비하고, 실파는 잘게 썰며, 김을 구워 부수거나 가늘게 썰어둔다.
6. 튀김두부는 3개를 그릇에 담고 튀김다시(덴다시)에 무즙을 풀어 위에 끼얹어 낸다.
7. 위에 고명으로 썬 실파와 김을 올려 제출한다.

● 주의 사항

1. 튀김두부는 뜨겁게 제출되어야 하므로 튀김두부용 양념간장은 제출 직전에 부어준다.
2. 실파와 김은 국물을 부어준 다음에 올려내도록 한다.
3. 연두부가 부서지지 않도록 취급에 주의한다.
4. 연두부를 튀길 때 딱딱함이 느껴지도록 잘 튀겨내도록 한다.

● 용어 해설

1. 아게다시(揚げ出し ; あげだし)

   재료를 기름에 튀겨내어 무즙과 생강즙을 곁들인 양념간장을 이용하여 먹는 요리로서 가지, 두부, 흰살생선 등을 이용하여 조리한다.

2. 도후(豆腐 ; とうふ) – 두부

   대두를 물에 불려 삶아 걸러낸 두유를 응고시켜 낸 식품으로서 일본요리에서는 냉동두부, 튀김두부, 깨두부 등 다양하게 만들어 이용되고 있다.

+

조리실기시험 출제 기준

1. 조리기능사 공통 수정사항

■ 수험자 유의사항 추가 및 변경

1) 만드는 순서에 유의하며, 위생과 숙련된 기능평가를 위하여 조리작업 시 맛을 보지 않습니다.
2) 지정된 수험자지참준비물 이외의 조리기구나 재료를 시험장내에 지참할 수 없습니다.
3) 지급재료는 시험 전 확인하여 이상이 있을 경우 시험위원으로부터 조치를 받고 시험 중에는 재료의 교환 및 추가지급은 하지 않습니다.
4) 요구사항의 규격은 "정도"의 의미를 포함하며, 지급된 재료의 크기에 따라 가감하여 채점합니다.
5) 위생복, 위생모, 앞치마를 착용하여야 하며, 시험장비 · 조리도구 취급 등 안전에 유의합니다.
6) 다음 사항에 대해서는 채점대상에서 제외하니 특히 유의하시기 바랍니다.
   가) 기권 – 수험자 본인이 시험 도중 시험에 대한 포기 의사를 표현하는 경우
   나) 실격 – (1) 가스레인지 화구 2개 이상(2개 포함) 사용한 경우
   (2) 불을 사용하여 만든 조리작품이 작품특성에 벗어나는 정도로 타거나 익지 않은 경우
   (3) 위생복, 위생모, 앞치마를 착용하지 않은 경우
   (4) 시험 중 시설·장비(칼, 가스레인지 등) 사용 시 시험위원 및 타수험자의시험 진행에 위해를 일으킬 것으로 시험위원 전원이 합의하여 판단한 경우
   다) 미완성 – (1) 시험시간 내에 과제 두 가지를 제출하지 못한 경우
   (2) 문제의 요구사항대로 과제의 수량이 만들어지지 않은 경우
   라) 오작 – (1) 구이를 조림 등으로 조리하여 완성품을 요구사항과 다르게 만든 경우
   (2) 해당과제의 지급재료 이외의 재료를 사용하거나 석쇠 등 요구사항의 조리도구를 사용하지 않은 경우
   마) 요구사항에 표시된 실격, 미완성, 오작에 해당하는 경우
7) 항목별 배점은 위생상태 및 안전관리 5점, 조리기술 30점, 작품의 평가 15점입니다.
8) 시험시작 전 가벼운 몸 풀기(스트레칭) 동작으로 긴장을 풀고 시험을 시작합니다.

2. 조리실기시험 출제 기준

직무 분야	음식서비스	종직무 분야	조리	자격 종목	일식조리기능사	적용 기간	20201.1.~2022.12.31.

○ 직무 내용 : 일식메뉴 계획에 따라 식재료를 선정, 구매, 검수, 보관 및 저장하며 맛과 영양을 고려하여 안전하고 위생적으로 음식을 조리하고 조리기구와 시설관리를 수행하는 직무이다.

○ 수행 준거 : 1. 위생관련지식을 이해하고 개인위생 · 식품위생을 관리하고 전반적인 조리작업을 위생적으로 할 수 있다.
2. 일식 기초조리작업 수행에 필요한 칼 다루기, 조리 방법 등 기본적 지식을 이해하고 기능을 익혀 조리업무에 활용할 수 있다.
3. 준비된 식재료에 따라 다양한 양념을 첨가하여 용도에 맞춰 무쳐낼 수 있다.
4. 준비된 맛국물에 주재료를 사용하여 맛과 향을 중요시하게 조리할 수 있다.
5. 다양한 식재료을 이용하여 조림을 할 수 있다.
6. 면 재료를 이용하여 양념, 국물과 함께 제공하여 조리할 수 있다.
7. 식사로 사용되는 밥 짓기, 녹차 밥, 덥밥 류, 죽류를 조리할 수 있다.
8. 손질한 식재료를 혼합 초를 이용하여 초회를 조리할 수 있다.

실기검정방법	작업형	시험 시간	1시간 정도

실기과목명	주요 항목	세부 항목	세세 항목
일식조리 실무	1. 일식 위생관리	1. 개인위생관리하기	1. 위생관리기준에 따라 위생복, 위생모, 위생화 등을 착용할 수 있다. 2. 두발, 손톱, 손 등 신체청결을 유지하고 작업수행 시 위생습관을 준수할 수 있다. 3. 근무 중의 흡연, 음주, 취식 등에 대한 작업장 근무수칙을 준수할 수 있다. 4. 위생관련법규에 따라 질병, 건강검진 등 건강 상태를 관리하고 보고할 수 있다.
		2. 식품위생관리하기	1. 식품의 유통기한 · 품질 기준을 확인하여 위생적인 선택을 할 수 있다. 2. 채소 · 과일의 농약 사용여부와 유해성을 인식하고 세척할 수 있다. 3. 식품의 위생적 취급기준을 준수할 수 있다. 4. 식품의 반입부터 저장, 조리과정에서 유독성, 유해 물질의 혼입을 방지할 수 있다.
		3. 주방위생관리하기	1. 주방 내에서 교차오염 방지를 위해 조리생산 단계별 작업공간을 구분하여 사용할 수 있다. 2. 주방위생에 있어 위해요소를 파악하고, 예방할 수 있다. 3. 주방, 시설 및 도구의 세척, 살균, 해충 · 해서 방제작업을 정기적으로 수행할 수 있다. 4. 시설 및 도구의 노후상태나 위생상태를 점검하고 관리할 수 있다. 5. 식품이 조리되어 섭취되는 전 과정의 주방 위생 상태를 점검하고 관리할 수 있다. 6. HACCP적용업장의 경우 HACCP관리기준에 의해 관리할 수 있다.

실기과목명	주요 항목	세부 항목	세세 항목
	2. 일식 안전관리	1. 개인안전관리하기	1. 안전관리 지침서에 따라 개인 안전관리 점검표를 작성할 수 있다. 2. 개인안전사고 예방을 위해 도구 및 장비의 정리 정돈을 상시 할 수 있다. 3. 주방에서 발생하는 개인 안전사고의 유형을 숙지시키고 예방을 위한 안전수칙을 교육할 수 있다. 4. 주방 내 필요한 구급품이 적정 수량 비치되었는지 확인하고 개인 안전 보호 장비를 정확하게 착용하여 작업하는지 확인할 수 있다. 5. 개인이 사용하는 칼에 대해 사용안전, 이동안전, 보관안전을 수행 할 수 있다. 6. 개인의 화상사고, 낙상사고, 근육팽창과 골절사고, 절단사고, 전기기구에 인한 전기 쇼크 사고, 화재사고와 같은 사고 예방을 위해 주의사항을 숙지하고 실천할 수 있다. 7. 개인 안전사고 발생 시 신속 정확한 응급조치를 실시하고 재발 방지 조치를 실행할 수 있다.
		2. 장비 · 도구 안전작업하기	1. 조리장비·도구에 대한 종류별 사용방법에 대해 주의사항을 숙지할 수 있다. 2. 조리장비·도구를 사용전 이상 유무를 점검할 수 있다. 3. 안전 장비류 취급 시 주의사항을 숙지하고 실천할 수 있다. 4. 조리장비·도구를 사용 후 전원을 차단하고 안전수칙을 지키며 분해하여 청소 할 수 있다. 5. 무리한 조리장비·도구 취급은 금하고 사용 후 일정한 장소에 보관하고 점검할 수 있다. 6. 모든 조리장비·도구는 반드시 목적 이외의 용도로 사용하지 않고 규격품을 사용할 수 있다.
		3. 작업환경 안전관리하기	1. 작업환경 안전관리 시 작업환경 안전관리 지침서를 작성할 수 있다. 2. 작업환경 안전관리 시 작업장주변 정리 정돈 등을 관리 점검할 수 있다. 3. 작업환경 안전관리 시 제품을 제조하는 작업장 및 매장의 온 · 습도관리를 통하여 안전사고요소 등을 제거할 수 있다. 4. 작업장내의 적정한 수준의 조명과 환기, 이물질, 미끄럼 및 오염을 방지할 수 있다. 5. 작업환경에서 필요한 안전관리시설 및 안전용품을 파악하고 관리할 수 있다. 6. 작업환경에서 화재의 원인이 될 수 있는 곳을 자주 점검하고 화재 진압기를 배치하고 사용할 수 있다. 7. 작업환경에서의 유해, 위험, 화학물질을 처리기준에 따라 관리할 수 있다. 8. 법적으로 선임된 안전관리책임자가 정기적으로 안전교육을 실시하고 이에 참여할 수 있다.

실기과목명	주요 항목	세부 항목	세세 항목
	3. 일식 기초 조리실무	1. 기본 칼 기술 습득하기	1. 칼의 종류와 사용용도를 이해할 수 있다. 2. 기본 썰기 방법을 습득할 수 있다. 3. 조리목적에 맞게 식재료를 썰 수 있다. 4. 칼을 연마하고 관리할 수 있다.
		2. 기본기능 습득하기	1. 일식 기본양념에 대한 지식을 이해하고 습득할 수 있다. 2. 일식 곁들임에 대한 지식을 이해하고 습득할 수 있다. 3. 일식 기본 맛국물조리에 대한 지식을 이해하고 습득할 수 있다. 4. 일식 기본 재료에 대한 지식을 이해하고 습득할 수 있다.
		3. 기본 조리방법 습득하기	1. 일식 조리도구의 종류 및 용도에 대하여 이해하고 습득할 수 있다. 2. 계량방법을 습득할 수 있다. 3. 일식 기본 조리법에 대한 지식을 이해하고 습득할 수 있다. 4. 조리 업무 전과 후의 상태를 점검할 수 있다.
	4. 일식 무침조리	1. 무침재료 준비하기	1. 식재료를 기초손질 할 수 있다 2. 무침양념을 준비할 수 있다. 3. 곁들임 재료를 준비할 수 있다.
		2. 무침조리하기	1. 식재료를 전 처리 할 수 있다. 2. 무침양념을 사용할 수 있다. 3. 식재료와 무침양념을 용도에 맞게 무쳐낼 수 있다.
		3. 무침담기	1. 용도에 맞는 기물을 선택할 수 있다. 2. 제공직전에 무쳐낼 수 있다. 3. 색상에 맞게 담아 낼 수 있다.
	5. 일식 국물조리	1. 국물재료 준비하기	1. 주재료를 손질하고 다듬을 수 있다. 2. 부재료를 손질할 수 있다. 3. 향미재료를 손질할 수 있다.
		2. 국물우려내기	1. 물의 온도에 따라 국물재료를 넣는 시점을 조절할 수 있다. 2. 국물재료의 종류에 따라 불의 세기를 조절할 수 있다. 3. 국물재료의 종류에 따라 우려내는 시간을 조절 할 수 있다.
		3. 국물요리조리하기	1. 맛국물을 조리 할 수 있다. 2. 주재료와 부재료를 조리할 수 있다. 3. 향미재료를 첨가하여 국물요리를 완성할 수 있다.
	6. 일식 조림조리	1. 조림재료 준비하기	1. 생선, 어패류, 육류를 재료의 특성에 맞게 손질할 수 있다. 2. 두부, 채소, 버섯류를 재료의 특성에 맞게 손질할 수 있다. 3. 메뉴에 따라 양념장을 준비할 수 있다.

실기과목명	주요 항목	세부 항목	세세 항목
	6. 일식 조림조리	2. 조림조리하기	1. 재료에 따라 조림양념을 만들 수 있다. 2. 식재료의 종류에 따라 불의 세기와 시간을 조절할 수 있다. 3. 재료의 색상과 윤기가 살아나도록 조릴 수 있다.
		3. 조림담기	1. 조림의 특성에 따라 기물을 선택할 수 있다. 2. 재료의 형태를 유지할 수 있다. 3. 곁들임을 첨가하여 담아 낼 수 있다.
	7. 일식 면류조리	1. 면 재료 준비하기	1. 면류의 식재료를 용도에 맞게 손질할 수 있다. 2. 면 요리에 맞는 부재료와 양념을 준비할 수 있다. 3. 면 요리의 구성에 맞는 기물을 준비할 수 있다.
		2. 면 조리하기	1. 면 요리의 종류에 맞게 맛국물을 준비할 수 있다. 2. 부재료는 양념하거나 익혀서 준비할 수 있다. 3. 면을 용도에 맞게 삶아서 준비할 수 있다.
		3. 면 담기	1. 면 요리의 종류에 따라 그릇을 선택할 수 있다. 2. 양념을 담아 낼 수 있다. 3. 맛국물을 담아 낼 수 있다.
	8. 일식 밥류조리	1. 밥 짓기하기	1. 쌀을 씻어 불릴 수 있다. 2. 조리법(밥, 죽)에 맞게 물을 조절할 수 있다. 3. 밥을 지어 뜸들이기를 할 수 있다.
		2. 녹차 밥 조리하기	1. 녹차 맛국물을 낼 수 있다. 2. 메뉴에 맞게 기물선택을 할 수 있다. 3. 밥에 맛국물을 넣고 고명을 선택할 수 있다.
		3. 덮밥 류 조리하기	1. 맛국물을 만들 수 있다. 2. 맛국물에 튀기거나 익힌 재료를 넣고 조리할 수 있다. 3. 밥 위에 조리된 재료를 놓고 고명을 곁들일 수 있다.
		4. 죽류 조리하기	1. 맛국물을 낼 수 있다. 2. 용도(쌀, 밥)에 맞게 주재료를 조리 할 수 있다. 3. 주재료와 부재료를 사용하여 죽을 조리할 수 있다.
	9. 일식 초회조리	1. 초회재료 준비하기	1. 식재료를 기초손질 할 수 있다. 2. 혼합 초 재료를 준비할 수 있다. 3. 곁들임 양념을 준비할 수 있다.
		2. 초회조리하기	1. 식재료를 전 처리 할 수 있다. 2. 혼합 초를 만들 수 있다. 3. 식재료와 혼합초의 비율을 용도에 맞게 조리할 수 있다.

실기과목명	주요 항목	세부 항목	세세 항목
	10. 일식 찜조리	1. 찜재료 준비하기	1. 달걀, 어패류 등 재료의 특성에 맞게 손질할 수 있다. 2. 메뉴에 따라 양념장을 준비할 수 있다. 3. 메뉴에 맞게 기물선택을 할 수 있다.
		2. 찜조리하기	1. 재료에 따라 양념을 만들 수 있다. 2. 식재료의 종류에 따라 불의 세기와 시간을 조절할 수 있다. 3. 재료에 따라 찜조리를 할 수 있다.
		3. 찜담기	1. 찜 요리의 종류에 따라 그릇을 선택할 수 있다. 2. 재료의 형태를 유지할 수 있다. 3. 곁들임을 첨가하여 담아 낼 수 있다.
	11. 일식 롤 초밥조리	1. 롤 초밥재료 준비하기	1. 초밥용 밥을 준비할 수 있다. 2. 롤초밥의 용도에 맞는 재료를 준비할 수 있다. 3. 고추냉이(가루, 생)와 부재료를 준비할 수 있다.
		2. 롤 양념초 조리하기	1. 초밥용 배합초의 재료를 준비할 수 있다. 2. 초밥용 배합초를 조리할 수 있다. 3. 용도에 맞게 다양한 배합초를 준비된 밥에 뿌릴 수 있다.
		3. 롤 초밥 조리하기	1. 롤초밥의 모양과 양을 조절할 수 있다. 2. 신속한 동작으로 만들 수 있다.. 3. 용도에 맞게 다양한 롤초밥을 만들 수 있다.
		4.롤 초밥 담기	1. 롤초밥의 종류와 양에 따른 기물을 선택할 수 있다. 2. 롤초밥을 구성에 맞게 담을 수 있다. 3. 롤초밥에 곁들임을 첨가할 수 있다.
	12. 일식 구이조리	1. 구이재료 준비하기	1. 식재료를 용도에 맞게 손질할 수 있다. 2. 식재료에 맞는 양념을 준비할 수 있다. 3. 구이용도에 맞는 기물을 준비할 수 있다.
		2. 구이 조리하기	1. 식재료의 특성에 따라 구이방법을 선택할 수 있다. 2. 불의 강약을 조절하여 구워낼 수 있다. 3. 재료의 형태가 부서지지 않도록 구울 수 있다.
		3. 구이담기	1. 모양과 형태에 맞게 담아낼 수 있다. 2. 양념을 준비하여 담아낼 수 있다. 3. 구이종류의 특성에 따라 곁들임을 함께 낼 수 있다.

직무 분야	음식서비스	중직무 분야	조리	자격 종목	복어조리기능사	적용 기간	20201.1.~2022.12.31.

○직무 내용 : 복어조리메뉴 계획에 따라 식재료를 선정, 구매, 검수, 보관 및 저장하며 맛과 영양을 고려하여 안전하고 위생적으로 음식을 조리하고 조리기구와 시설관리를 수행하는 직무이다.

조리시설 및 기구를 위생적으로 관리, 유지하는 직무

○수행 준거: 1. 위생관련지식을 이해하고 개인위생·식품위생을 관리하고 전반적인 조리작업을 위생적으로 할 수 있다.

2. 복어 기초조리작업 수행에 필요한 칼 다루기, 조리 방법 등 기본적 지식을 이해하고 기능을 익혀 조리업무에 활용할 수 있다.
3. 주방에서 일어날 수 있는 사고와 재해에 대하여 안전수칙준수, 안전예방 등을 할 수 있다.
4. 복어조리 작업 수행에 필요한 재료를 저장, 재고관리 등 재료를 효율적으로 관리 할 수 있다.
5. 다양한 채소류, 복떡과 곁들임 재료를 손질 할 수 있다.
6. 초간장, 양념, 조리별 양념장을 용도에 맞게 만들 수 있다.
7. 채 썬 껍질을 초간장에 무쳐낼 수 있다.
8. 준비된 맛국물에 주재료를 사용하여 맛과 향을 중요시하게 조리할 수 있다.
9. 복어살을 전처리하여 얇게 포를 떠서 국화 모양으로 그릇에 담을 수 있다.

실기검정방법	작업형	시험 시간	60분 정도

실기과목명	주요 항목	세부 항목	세세 항목
1. 복어위생 관리	1. 개인위생 관리하기	1. 개인위생관리하기	1. 위생관리기준에 따라 조리복, 조리모, 앞치마, 조리안전화 등을 착용할 수 있다 2. 두발, 손톱, 손 등 신체청결을 유지하고 작업수행 시 위생습관을 준수할 수 있다. 3. 근무 중의 흡연, 음주, 취식 등에 대한 작업장 근무수칙을 준수할 수 있다. 4. 위생관련법규에 따라 질병, 건강검진 등 건강상태를 관리하고 보고할 수 있다.
		2. 식품위생 관리하기	1. 식품의 유통기한·품질 기준을 확인하여 위생적인 선택을 할 수 있다. 2. 채소·과일의 농약 사용여부와 유해성을 인식하고 세척할 수 있다. 3. 식품의 위생적 취급기준을 준수할 수 있다. 4. 식품의 반입부터 저장, 조리과정에서 유독성, 유해물질의 혼입을 방지할 수 있다.
		3. 주방위생 관리하기	1. 주방 내에서 교차오염 방지를 위해 조리생산 단계별 작업공간을 구분하여 사용할 수 있다. 2. 주방위생에 있어 위해요소를 파악하고, 예방할 수 있다. 3. 주방, 시설 및 도구의 세척, 살균, 해충·해서 방제작업을 정기적으로 수행할 수 있다. 4. 시설 및 도구의 노후상태나 위생 상태를 점검하고 관리할 수 있다. 5. 식품이 조리되어 섭취되는 전 과정의 주방 위생 상태를 점검하고 관리할 수 있다. 6. HACCP 적용 업장의 경우 HACCP 관리기준에 의해 관리할 수 있다.

실기과목명	주요 항목	세부 항목	세세 항목
	2. 복어 기초 조리실무	1. 기본 칼기술 습득하기	1. 칼의 종류와 사용용도를 이해한다. 2. 기본 썰기 방법을 습득할 수 있다. 3. 조리목적에 맞게 식재료를 썰 수 있다. 4. 칼을 연마하고 관리할 수 있다.
		2. 기본 기능 습득하기	1. 복어 기본양념에 대한 지식을 이해하고 습득할 수 있다. 2. 복어 곁들임에 대한 지식을 이해하고 습득할 수 있다. 3. 복어 기본 맛국물조리에 대한 지식을 이해하고 습득할 수 있다. 4. 복어 기본 재료에 대한 지식을 이해하고 습득할 수 있다.
		3. 기본 조리방법 습득하기	1. 복어 조리도구의 종류 및 용도에 대하여 이해하고 습득할 수 있다. 2. 계량방법을 습득할 수 있다. 3. 복어 기본 조리법에 대한 지식을 이해하고 습득할 수 있다. 4. 조리 업무 전과 후의 상태를 점검할 수 있다.
	3. 복어안전관리	1. 개인안전 관리하기	1. 안전관리 지침서에 따라 개인 안전관리 점검표를 작성할 수 있다. 2. 개인안전사고 예방을 위해 도구 및 장비의 정리정돈을 상시 할 수 있다. 3. 주방에서 발생하는 개인 안전사고의 유형을 숙지시키고 예방을 위한 안전수칙을 교육할 수 있다. 4. 주방 내 필요한 구급품이 적정 수량 비치되었는지 확인하고 개인 안전 보호 장비를 정확하게 착용하여 작업하는지 확인할 수 있다. 5. 개인의 화상사고, 낙상사고, 근육팽창과 골절사고, 절단사고, 전기기구에 인한 전기 쇼크사고, 화재사고와 같은 사고 예방을 위해 주의사항을 숙지하고 실천할 수 있다. 6. 개인 안전사고 발생 시 신속 정확한 응급조치를 실시하고 재발 방지 조치를 실행할 수 있다.
		2. 장비ㆍ도구 안전작업하기	1. 조리장비·도구에 대한 종류별 사용방법에 대해 주의사항을 숙지할 수 있다. 2. 조리장비·도구를 사용 전 이상 유무를 점검할 수 있다. 3. 안전 장비 류 취급 시 주의사항을 숙지하고 실천 할 수 있다. 4. 조리장비·도구를 사용 후 전원을 차단하고 안전수칙을 지키며 분해하여 청소 할 수 있다. 5. 무리한 조리장비·도구 취급은 금하고 사용 후 일정한 장소에 보관하고 점검할 수 있다. 6. 모든 조리장비·도구는 반드시 목적 이외의 용도로 사용하지 않고 규격품을 사용할 수 있다.
		3. 작업환경 안전관리하기	1. 작업환경 안전관리 시 작업환경 안전관리 지침서를 작성할 수 있다. 2. 작업환경 안전관리 시 작업장주변 정리 정돈 등을 관리 점검할 수 있다.

실기과목명	주요 항목	세부 항목	세세 항목
	4. 복어재료 관리하기	1. 저장 관리하기	1. 식재료 품목특성을 파악하여 냉동 저장 관리할 수 있다. 2. 식재료 품목특성을 파악하여 냉장 저장 관리할 수 있다. 3. 식재료 및 주방소모품은 품목특성을 파악하여 창고 저장 관리할 수 있다. 4. 저장고의 온도, 습도, 통풍 등을 관리하고 정리정돈을 할 수 있다.
		2. 재고 관리하기	1. 물품의 재고 수량을 확인할 수 있다. 2. 재료의 제조일자와 유통기한을 확인하고 상비량과 사용 시기를 조절할 수 있다. 3. 재료 유실방지 및 보안 관리를 할 수 있다.
		3. 선입선출하기	1. 조리된 재료의 제조일자에 따라 이름표를 붙이고 선·후로 적재하여 신선상태와 숙성 상태를 관리할 수 있다. 2. 물품의 입고된 순서와 유통기한에 따라 선·후로 정리할 수 있다. 3. 선입된 재료 순서에 따라 선출 할 수 있다.
	5. 복어 부재료손질하기	1. 채소 손질하기	1. 채소를 용도별로 구분할 수 있다. 2. 채소를 용도별로 손질할 수 있다. 3. 채소를 신선하게 보관할 수 있다.
		2. 복떡 굽기	1. 복떡을 용도에 맞게 전처리 할 수 있다. 2. 복떡을 쇠꼬챙이에 꿸 수 있다. 3. 복떡을 타지 않게 구울 수 있다.
	6. 복어 양념장 준비	1. 초간장 만들기	1. 초간장 제조에 필요한 재료를 준비할 수 있다. 2. 재료를 비율에 맞게 혼합하여 초간장을 만들 수 있다. 3. 초간장을 용도에 맞게 숙성시킬 수 있다.
		2. 양념 만들기	1. 양념 제조에 필요한 재료를 준비할 수 있다. 2. 양념 구성 재료를 용도에 맞게 손질할 수 있다. 3. 양념 구성 재료를 이용하여 양념을 만들 수 있다.
		3. 조리별 양념장 만들기	1. 조리별 양념장 제조에 필요한 재료를 준비할 수 있다. 2. 조리별 양념장 재료를 용도에 맞게 손질할 수 있다. 3. 재료를 이용하여 조리별 양념장을 만들 수 있다.
	7. 복어 껍질초회 조리하기	1. 복어껍질 준비하기	1. 복어껍질의 가시를 완전히 제거할 수 있다. 2. 손질된 복어껍질을 데치고 건조시킬 수 있다. 3. 건조된 복어껍질을 초회용으로 채 썰 수 있다.
		2. 복어초회 양념 만들기	1. 재료의 비율에 맞게 초간장을 만들 수 있다. 2. 양념재료를 이용하여 양념을 만들 수 있다. 3. 초간장과 양념으로 초회 양념을 만들 수 있다.
		3. 복어껍질 무치기	1. 재료의 배합 비율을 용도에 맞게 조절할 수 있다. 2. 채 썬 복어껍질을 초회 양념으로 무칠 수 있다. 3. 복어껍질초회를 제시된 모양으로 담아낼 수 있다.

실기과목명	주요 항목	세부 항목	세세 항목
	8. 복어 죽 조리하기	1. 복어 맛국물 준비하기	1. 맛국물을 내기 위한 전처리 작업을 준비할 수 있다. 2. 다시마로 맛국물을 내기 위해 준비할 수 있다. 3. 복어 뼈로 맛국물을 내기 위해 준비할 수 있다.
		2. 복어 죽재료 준비하기	1. 밥을 물에 씻어 복어 죽 용도로 준비할 수 있다. 2. 쌀을 씻어 불려서 복어 죽 용도로 준비할 수 있다. 3. 부재료를 복어 죽용으로 준비할 수 있다.
		3. 복어 죽 끓여서 완성하기	1. 불린 쌀과 복어 살 등으로 복어 죽을 만들 수 있다. 2. 씻은 밥과 복어 살 등으로 복어 죽을 만들 수 있다. 3. 복어죽의 종류별 차이점을 설명할 수 있다.
	9. 복어 회 국화 모양조리하기	1. 복어 살 전처리 작업하기	1. 복어살이 뼈에 붙어있지 않게 분리할 수 있다. 2. 복어살에 붙은 엷은 막을 제거할 수 있다. 3. 제거한 복어살을 회 장식에 사용할 수 있다. 4. 복어살의 어취와 수분을 제거할 수 있다.
		2. 복어 회뜨기	1. 복어살을 일정한 폭과 길이로 자를 수 있다. 2 복어 회의 끝부분을 삼각 접기할 수 있다. 3 복어 회를 국화 모양으로 만들 수 있다.
		3. 복어 회 국화모양 접시에 담기	1. 복어 회를 얇게 포를 뜰 수 있다 2. 복어 지느러미를 완성접시에 국화모양으로 만들어 담을 수 있다. 3. 실파, 미나리, 겉껍질, 속껍질 등 곁들임 재료들을 완성 접시에 제시된 모양으로 담을 수 있다.

- 일식조리기능사
- 복어산업기사
- 복어조리기능사
- 조리기능장
- 일식산업기사

+

국가직무능력표준(NCS)

1. 국가직무능력표준(NCS) 개념

국가직무능력표준(NCS, national competency standards[1])은 산업현장에서 직무를 수행하기 위해 요구되는 지식 · 기술 · 소양 등의 내용을 국가가 산업부문별 · 수준별로 체계화한 것으로, 국가적 차원에서 표준화한 것을 의미한다.

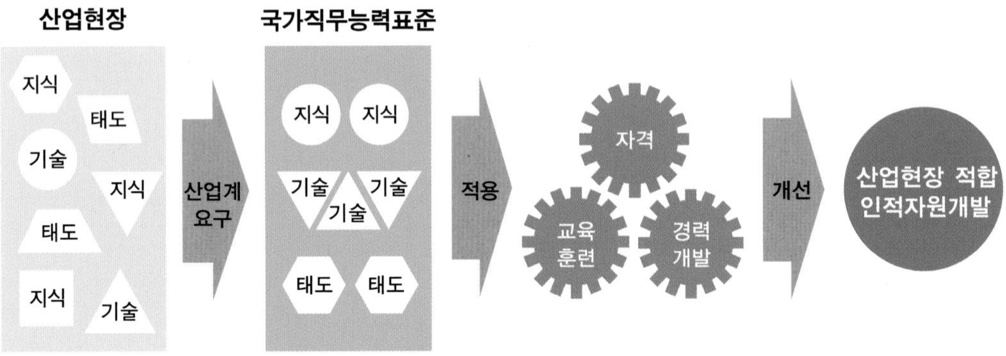

<국가직무능력표준 개념도>

---

1) 표준국어대사전('12년, 국립국어원)
① 직무능력 – 직무(職務) : 직책이나 직업상에서 책임을 지고 담당하여 맡은 사무. '맡은 일'로 순화.
– 능력(能力) : 일을 감당해 낼 수 있는 힘.
② 표준 – 표준(標準) : 사물의 정도나 성격 따위를 알기 위한 근거나 기준.

2. 사업수행 법적 근거

「자격기본법」 규정

(제2조제2호) "국가직무능력표준"이란 산업현장에서 직무를 수행하기 위하여 요구되는 지식 · 기술 · 소양 등의 내용을 국가가 산업부문별 · 수준별로 체계화한 것을 말한다.

3. 국가직무능력표준 구성

○ 직무는 국가직무능력표준 분류체계의 세분류를 의미하고, 원칙상 세분류 단위에서 표준이 개발

○ 능력단위는 국가직무능력표준 분류체계상 세분류의 하위단위로서 국가직무능력표준의 기본 구성요소에 해당

<국가직무능력표준 구성>

※ 능력단위는 능력단위분류번호, 능력단위정의, 능력단위요소(수행준거, 지식 · 기술 · 태도), 적용범위 및 작업상황, 평가지침, 직업기초능력으로 구성

구 성 항 목	내　　용 (휴먼명조, 10p, 98%, −10)
① 능력단위 분류번호 (competency unit code)	• 능력단위를 구분하기 위하여 부여되는 일련번호로서 12자리로 표현
② 능력단위 명칭 (competency unit title)	• 능력단위의 명칭을 기입한 것 (휴먼명조, 10p, 90%, −10)
③ 능력단위 정의 (competency unit description)	• 능력단위의 목적, 업무수행 및 활용범위를 개략적으로 기술
④ 능력단위 요소 (competency unit element)	• 능력단위를 구성하는 중요한 핵심 하위능력을 기술
⑤ 수행준거 (performance criteria)	• 능력단위 요소별로 성취여부를 판단하기 위하여 개인이 도달해야 하는 수행의 기준을 제시
⑥ 지식 · 기술 · 태도 (KSA)	• 능력단위 요소를 수행하는 데 필요한 지식 · 기술 · 태도
⑦ 적용범위 및 작업상황 (range of variable)	• 능력단위를 수행하는 데 있어 관련되는 범위와 물리적 혹은 환경적 조건 • 능력단위를 수행하는 데 있어 관련되는 자료, 서류, 장비, 도구, 재료
⑧ 평가지침 (guide of assessment)	• 능력단위의 성취여부를 평가하는 방법과 평가 시 고려되어야 할 사항
⑨ 직업 기초능력 (key competency)	• 능력단위별로 업무수행을 위해 기본적으로 갖추어야 할 직업능력

4. 국가직무능력표준 수준 체계

수 준	직무 수준 정의
8 수준	해당 분야에 대한 최고도의 이론 및 지식을 활용하여 새로운 이론을 창조할 수 있고, 최고도의 숙련으로 광범위한 기술적 작업을 수행할 수 있으며 조직 및 업무 전반에 대한 권한과 책임이 부여된 수준
	(지식기술) • 해당 분야에 대한 최고도의 이론 및 지식을 활용하여 새로운 이론을 창조할 수 있는 수준 • 최고도의 숙련으로 광범위한 기술적 작업을 수행할 수 있는 수준
	(역량) 조직 및 업무 전반에 대한 권한과 책임이 부여된 수준
	(경력) 수준 7에서 2~4년 정도의 계속 업무 후 도달 가능한 수준
7 수준	해당 분야의 전문화된 이론 및 지식을 활용하여, 고도의 숙련으로 광범위한 작업을 수행할 수 있으며 타인의 결과에 대하여 의무와 책임이 필요한 수준
	(지식기술) • 해당 분야의 전문화된 이론 및 지식을 활용할 수 있으며, 근접 분야의 이론 및 지식을 사용할 수 있는 수준 • 고도의 숙련으로 광범위한 작업을 수행하는 수준
	(역량) 타인의 결과에 대하여 의무와 책임이 필요한 수준
	(경력) 수준 6에서 2~4년 정도의 계속 업무 후 도달 가능한 수준
6 수준	독립적인 권한 내에서 해당 분야의 이론 및 지식을 자유롭게 활용하고, 일반적인 숙련으로 다양한 과업을 수행하고, 타인에게 해당 분야의 지식 및 노하우를 전달할 수 있는 수준
	(지식기술) • 해당 분야의 이론 및 지식을 자유롭게 활용할 수 있는 수준 • 일반적인 숙련으로 다양한 과업을 수행할 수 있는 수준
	(역량) • 타인에게 해당 분야의 지식 및 노하우를 전달할 수 있는 수준 • 독립적인 권한 내에서 과업을 수행할 수 있는 수준
	(경력) 수준 5에서 1~3년 정도의 계속 업무 후 도달 가능한 수준

수 준	직무 수준 정의
5 수준	포괄적인 권한 내에서 해당 분야의 이론 및 지식을 사용하여 매우 복잡하고 비일상적인 과업을 수행하고, 타인에게 해당 분야의 지식을 전달할 수 있는 수준
	(지식기술) • 해당 분야의 이론 및 지식을 사용할 수 있는 수준 • 매우 복잡하고 비일상적인 과업을 수행할 수 있는 수준
	(역량) • 타인에게 해당 분야의 지식을 전달할 수 있는 수준 • 포괄적인 권한 내에서 과업을 수행할 수 있는 수준
	(경력) 수준 4에서 1~3년 정도의 계속 업무 후 도달 가능한 수준
4 수준	일반적인 권한 내에서 해당 분야의 이론 및 지식을 제한적으로 사용하여 복잡하고 다양한 과업을 수행하는 수준
	(지식기술) • 해당 분야의 이론 및 지식을 제한적으로 사용할 수 있는 수준 • 복잡하고 다양한 과업을 수행할 수 있는 수준
	(역량) 일반적인 권한 내에서 과업을 수행할 수 있는 수준
	(경력) 수준 3에서 1~4년 정도의 계속 업무 후 도달 가능한 수준
3 수준	제한된 권한 내에서 해당 분야의 기초 이론 및 일반 지식을 사용하여 다소 복잡한 과업을 수행하는 수준
	(지식기술) • 해당 분야의 기초 이론 및 일반 지식을 사용할 수 있는 수준 • 다소 복잡한 과업을 수행하는 수준
	(역량) 제한된 권한 내에서 과업을 수행하는 수준
	(경력) 수준 2에서 1~3년 정도의 계속 업무 후 도달 가능한 수준

수 준	직무 수준 정의
2 수준	반적인 지시 및 감독하에 해당 분야의 일반 지식을 사용하여 절차화되고 일상적인 과업을 수행하는 수준
	(지식기술) • 해당 분야의 일반 지식을 사용할 수 있는 수준 • 절차화되고 일상적인 과업을 수행하는 수준
	(역량) 일반적인 지시 및 감독하에 과업을 수행하는 수준
	(경력) 수준 1에서 6~12개월 정도의 계속 업무 후 도달 가능한 수준
1 수준	구체적인 지시 및 철저한 감독하에 문자 이해, 계산능력 등 기초적인 일반 지식을 사용하여 단순하고 반복적인 과업을 수행하는 수준
	(지식기술) • 문자 이해, 계산능력 등 기초적인 일반 지식을 사용할 수 있는 수준 • 단순하고 반복적인 과업을 수행하는 수준
	(역량) 구체적인 지시 및 철저한 감독하에 과업을 수행하는 수준

5. 국가직무능력표준 분류체계

대 분 류	중 분 류	소 분 류	세 분 류
13. 음식 서비스	1. 식음료 조리 · 서비스	1. 음식조리	01. 한식조리
			02. 양식조리
			03. 중식조리
			04. 일식 · 복어조리

+

직무명 : 일식 · 복어조리

1. 직무 개요

1) 직무 정의

일식 · 복어조리는 다양한 식재료와 식용 가능한 복어를 선별하여 안전하게 제독 처리하고 손질한 후 재료 본연의 맛과 계절감을 살려 위생적이고, 다양한 조리법으로 조리하는 일이다.

2) 능력 단위

순 번	능 력 단 위
1	일식 조리실무
2	일식 초회조리
3	일식 무침조리
4	일식 국물조리
5	일식 냄비조리
6	일식 조림조리
7	일식 찜 조리
8	일식 회 조리

순 번	능 력 단 위
9	일식 튀김조리
10	일식 구이조리
11	일식 면류조리
12	일식 밥류조리
13	일식 초밥조리
14	일식 굳힘조리
15	복어 선별 관리
16	복어 조리도구 사용
17	복어 손질
18	복어 부재료 손질
19	복어 양념장 준비
20	복어 껍질굳힘조리
21	복어 껍질초회조리
22	복어 회조리
23	복어 구이조리
24	복어 튀김조리
25	복어 찜조리
26	복어 냄비조리
27	복어 초밥조리
28	복어 죽조리
29	복어 술제조

3) 능력단위별 능력단위 요소

분류 번호	능력 단위(수준)	능력 단위 요소	수준
1301010401_14v2	일식 조리실무(5)	1. 위생관리 하기	3
		2. 안전관리 하기	3
		3. 메뉴관리 하기	5
		4. 구매관리 하기	3
		5. 식재료관리 하기	5
		6. 일식 기초기능 익히기	5
1301010402_14v2	일식 초회조리(3)	1. 초회재료 준비하기	3
		2. 초회조리하기	3
		3. 초회 담기	3
1301010403_14v2	일식 무침조리(2)	1. 무침재료 준비하기	2
		2. 무침조리하기	2
		3. 무침담기	2
1301010404_14v2	일식 국물조리(3)	1. 국물재료 준비하기	3
		2. 국물우려내기	3
		3. 국물요리 조리하기	3
1301010405_14v2	일식 냄비조리(3)	1. 냄비재료 준비하기	3
		2. 냄비국물 우려내기	3
		3. 냄비요리 조리하기	3
1301010406_14v2	일식 조림조리(3)	1. 조림재료 준비하기	3
		2. 조림하기	3
		3. 조림 담기	2
1301010407_14v2	일식 찜조리(3)	1. 찜 재료 준비하기	3
		2. 찜 조리하기	3
		3. 찜 담기	2
1301010408_14v2	일식 회조리(5)	1. 곁들임 준비하기	4
		2. 회 손질하기	5
		3. 회 담기	5

분류 번호	능력 단위(수준)	능력 단위 요소	수준
1301010409_14v2	일식 튀김조리(4)	1. 튀김재료 준비하기	4
		2. 튀김하기	4
		3. 튀김담기	4
1301010410_14v2	일식 구이조리(3)	1. 구이재료 준비하기	3
		2. 구이 굽기	3
		3. 구이 담기	3
1301010411_14v2	일식 면류 조리(3)	1. 면 재료 준비하기	3
		2. 면 조리하기	3
		3. 면 담기	3
1301010412_14v2	일식 밥류 조리(3)	1. 밥 짓기	3
		2. 녹차 밥 조리하기	3
		3. 덮밥류 조리하기	3
1301010412_14v2	일식 밥류 조리(3)	1. 밥 짓기	3
		2. 녹차 밥 조리하기	3
		3. 덮밥류 조리하기	3
		4. 죽류 조리하기	3
1301010413_14v2	일식 초밥조리(5)	1. 초밥재료 준비하기	5
		2. 초밥 조리하기	5
		3. 초밥 담기	4
1301010414_14v2	일식 굳힘조리(4)	1. 굳힘 재료 준비하기	3
		2. 굳힘 조리하기	4
		3. 굳힘 담기	4
13110501_13v1	복어 선별관리(5)	1. 복어 종류 구별하기	5
		2. 복어 선도 구별하기	4
		3. 저장 · 관리하기	4
13110502_13v1	복어 조리도구 사용(2)	1. 용도별 칼 사용하기	2
		2. 용도별 조리도구 사용하기	2
		3. 조리도구 관리하기	2

분류 번호	능력 단위(수준)	능력 단위 요소	수준
13110503_13v1	복어 손질(4)	1. 기초 손질하기	3
		2. 식용 부위 손질하기	4
		3. 제독 처리하기	3
		4. 껍질 작업하기	4
		5. 독성 부위 폐기하기	3
13110504_13v1	복어 부재료 손질(2)	1. 채소 손질하기	2
		2. 복떡 굽기	2
13110505_13v1	복어 양념장 준비(3)	1. 초간장 만들기	3
		2. 양념 만들기	2
		3. 조리별 양념장 만들기	3
13110506_13v1	복어 껍질군힘 조리(4)	1. 부재료 썰기	3
		2. 복어껍질 졸이기	4
		3. 복어껍질 굳히기	4
13110507_13v1	복어 껍질초회 조리(3)	1. 복어껍질 준비하기	3
		2. 복어초회 양념 만들기	2
		3. 복어껍질 무치기	2
13110508_13v1	복어 회조리(5)	1. 복어살 전처리 작업하기	4
		2. 복어회 뜨기	5
		3. 접시에 담기	5
13110509_13v1	복어 구이조리(3)	1. 부위별 주재료 준비하기	2
		2. 복어갈비 양념하기	3
		3. 복어불고기 양념하기	3
		4. 복어구이 조리 완성하기	3
13110510_13v1	복어 튀김조리(4)	1. 복어튀김 재료 준비하기	3
		2. 복어 튀김옷 준비하기	3
		3. 복어튀김 조리 완성하기	4

분류 번호	능력 단위(수준)	능력 단위 요소	수준
13110511_13v1	복어 찜조리(4)	1. 복어 술찜 준비하기	3
		2. 복어수육 준비하기	3
		3. 복어 술찜 완성하기	4
		4. 복어수육 완성하기	4
13110512_13v1	복어 냄비조리(4)	1. 복어 맛국물 만들기	3
		2. 복어 샤브샤브 준비하기	3
		3. 복어 맑은탕 준비하기	3
		4. 복어냄비 조리하기	4
13110513_13v1	복어 초밥조리(5)	1. 복어 초밥용 밥 짓기	4
		2. 복어 배합초 만들기	4
		3. 복어초밥 주재료 준비하기	4
		4. 복어초밥 만들기	5
13110514_13v1	복어 죽조리(3)	1. 복어 맛국물 준비하기	3
		2. 복어 죽 재료 준비하기	2
		3. 복어 죽 끓여서 완성하기	3
13110515_13v1	복어 술제조(3)	1. 복어 지느러미술 만들기	3
		2. 복어 정소술 만들기	3
		3. 복어 살술 만들기	3

4) 능력 단위 구조도

직능 수준 / 직능 유형	한식조리	양식조리	중식조리	일식 · 복어 조리
5 수준	한식 찜·선조리 김치조리 한과조리	양식 어패류 조리 양식 육류 조리	중식 딤섬 조리 중식 볶음 조리 중식 구이 조리	일식 조리실무 일식 회조리 일식 초밥조리 복어 선별관리 복어 회조리 복어 초밥조리
4 수준	한식 찌개 · 전골조리 한식 조림 · 초 · 볶음조리 한식 구이조리	양식 소스조리 양식 수프조리 양식 전채조리 양식 파스타조리	중식 육수소스조리 중식 냉채조리 중식 수프 탕조리 중식 찜조리 중식 면조리 중식 후식조리	일식 튀김조리 일식 굳힘조리 복어 손질 복어 껍질굳힘조리 복어 튀김조리 복어 찜 조리 복어 냄비조리
3 수준	한식 조리실무 한식 면류조리 한식 국·탕조리 한식 전·적·튀김조리 한식 음청류조리 한식 장아찌조리	양식 조리실무 양식 샐러드조리 양식 달걀조리	중식 조리실무 중식 튀김조리 중식 밥조리	일식 초회조리 일식 국물조리 일식 냄비조리 일식 조림조리 일식 찜조리 일식 구이조리 일식 면류조리 일식 밥류조리 복어 양념장준비 복어 껍질초회조리 복어 구이조리 복어 죽조리 복어 술제조
2 수준	한식 밥. 죽조리 한식 생채 · 숙채 · 회조리	양식 스톡조리	중식 절임 무침조리 중식 조림조리	일식 무침조리 복어 조리도구사용 복어 부재료손질

5) 평생 경력개발 체계도

직능수준 / 직능유형	한식조리	양식조리	중식조리	일식 · 복어 조리
5 수준	**한식 조리장** 한식 찜 · 선조리 김치조리 한과조리	**양식 조리장** 양식 어패류조리 양식 육류조리	**중식 조리장** 중식 딤섬조리 중식 볶음조리 중식 구이조리	**일식·복어 조리장** 일식 조리 실무 일식 회 조리 일식 초밥 조리 복어 선별 관리 복어 회 조리 복어 초밥 조리
4 수준	**한식 부조리장** 한식 찌개 · 전골 조리 한식 조림 · 초 · 볶음조리 한식 구이조리	**양식 부조리장** 양식 소스조리 양식 수프조리 양식 전채조리 양식 파스타조리	**중식 부조리장** 중식 육수소스 조리 중식 냉채조리 중식 스프 탕조리 중식 찜조리 중식 면조리 중식 후식조리	**일식·복어 부조리장** 일식 튀김조리 일식 굳힘조리 복어 손질 복어 껍질굳힘조리 복어 튀김조리 복어 찜조리 복어 냄비조리
3 수준	**한식 조리사** 한식 조리실무 한식 면류조리 한식 국 · 탕조리 한식 전 · 적 · 튀김조리 음청류조리 장아찌조리	**양식 조리사** 양식 조리실무 양식 샐러드조리 양식 달걀조리	**중식 조리사** 중식 조리실무 중식 튀김조리 중식 밥조리	**일식·복어 조리사** 일식 초회조리 일식 국물조리 일식 냄비조리 일식 조림조리 일식 찜 · 조리 일식 구이조리 일식 면류조리 일식 밥류조리 복어 양념장준비 복어 껍질초회조리 복어 구이조리 복어 죽조리 복어 술제조
2 Cook Helper	**한식 보조 조리사** 한식 밥 · 죽조리 한식 생채 · 숙채 회조리	**한식 보조 조리사** 양식 스톡조리	**한식 보조 조리사** 중식 절임 무침조리 중식 조림조리	**일식·복어 보조 조리사** 일식 무침조리 복어 조리도구 사용 복어 부재료 손질

6) 평생 경력개발 경로

직능 수준 / 직능 유형	한식조리	양식조리	중식조리	일식 · 복어 조리
5 Master Chef	한식 조리장	양식 조리장	중식 조리장	일식 조리장 복어 조리장
4 Head Chef	한식 부조리장	양식 부조리장	중식 부조리장	일식 부조리장 복어 부조리장
3 Cook	한식 조리사	양식 조리사	중식 조리사	일식 조리사 복어 조리사
2 Cook Helper	한식 보조 조리사	양식 보조 조리사	중식 보조 조리사	일식 보조 조리사 복어 보조 조리사

개인위생상태 및 안전관리 세부기준 안내

1. 개인위생상태 세부기준

순번	구분	세 부 기 준
1	위생복	• 상의 : 흰색, 긴팔 • 하의 : 색상무관, 긴바지 • 안전사고 방지를 위하여 반바지, 짧은 치마, 폭넓은 바지 등 작업에 방해가 되는 모양이 아닐 것
2	위생모	• 흰색 • 일반 조리장에서 통용되는 위생모
3	앞치마	• 흰색 • 무릎아래까지 덮이는 길이
4	위생화 또는 작업화	• 색상 무관 • 위생화, 작업화, 발등이 덮이는 깨끗한 운동화 • 미끄러짐 및 화상의 위험이 있는 슬리퍼류, 작업에 방해가 되는 굽이 높은 구두, 속 굽 있는 운동화가 아닐 것
5	장신구	• 착용 금지 • 시계, 반지, 귀걸이, 목걸이, 팔찌 등 이물, 교차오염 등의 식품위생 위해 장신구는 착용하지 않을 것
6	두발	• 단정하고 청결할 것 • 머리카락이 길 경우, 머리카락이 흘러내리지 않도록 단정히 묶거나 머리망 착용할 것
7	손톱	• 길지 않고 청결해야 하며 매니큐어, 인조손톱부착을 하지 않을 것

※ 위생복, 위생모, 앞치마 미착용시 채점대상에서 제외됩니다.

※ 개인위생, 조리도구 등 시험장내 모든 개인물품에는 기관 및 성명 등의 표시가 없어야 합니다.

2. 안전관리 세부기준

1. 조리장비·도구의 사용 전 이상 유무 점검
2. 칼 사용(손 빔) 안전 및 개인 안전사고 시 응급조치 실시
3. 튀김기름 적재장소 처리 등

03

현대 일본요리의 메뉴

특급 호텔의 메뉴는 국내 L 호텔 일식당에서 판매 하였던 것과 일본요리 전문점 k수사의 요리를 소개하여 보았다. 메뉴의 기본적인 내용은 변함이 없으며, 세트 메뉴 및 계절 특선은 고객의 반응에 따라 매년 조금씩 수정 및 보완되고 있다. 모든 호텔의 메뉴가 동일하지는 않지만, 조리된 형태나 방법별로 대분류되는 것은 거의 유사하다고 할 수 있다. 다음에서는 각 메뉴별 특성을 설명하였고, 재료 및 조리법을 참고할 수 있도록 간단하게 나타내었다.

현대 일본요리의 메뉴 03

1. 특급 호텔 일식당의 메뉴

특급 호텔의 메뉴는 국내 L 호텔 일식당에서 판매하였던 것을 소개하여 보았다. 메뉴의 기본적인 내용은 변함이 없으며, 세트 메뉴 및 계절 특선은 고객의 반응에 따라 매년 조금씩 수정 및 보완되고 있다. 모든 호텔의 메뉴가 동일하지는 않지만, 조리된 형태나 방법별로 대분류되는 것은 거의 유사하다고 할 수 있다. 다음에서는 각 메뉴별 특성을 설명하였고, 재료 및 조리법을 참고할 수 있도록 간단하게 나타내었다.

1) 회석요리(懷石料理 · 会席料理 : かいせきりょうり: TABLE d'HOTE)

회석요리는 서양요리의 풀코스 요리와도 같으며, 특급 호텔 Japanese Restaurant의 메뉴판 첫 페이지에 나오는 경우가 많다. 보통은 자회사 일식당 이름을 붙여 ㅇㅇ코스라고도 부르는데, 대개 1인분의 가격은 15만 원 내외이나, 특별한 예약이나 주문에 의할 경우에는, 조리장의 요구에 따라 더욱 비싸게 받기도 한다.

코스의 구성은 간단한 안주와 전채요리로부터 시작하여 맑은국, 생선회, 구이요리, 튀김요리, 조림요리, 초회나 특별 안주요리, 식사, 후식 등으로 이어지는데, 각 호텔이나 업장에 따라 요리가 나오는 순서에 다소 상이함이 보이곤 한다.

회석요리의 특징은, 각 요리에 사용하는 그릇이나 식재료에서 계절감을 느낄 수 있고, 또한 한 가지씩 나오는 음식을 술을 마시며 천천히 음미하면서 즐길 수 있다는 것이다. 식사는 계절이나 조리장의 추천에 따라 밥이나 면 등을 선택할 수 있는 경우도 있다. 회석요리는 다도의 형식에서 시작되어 중세를 거쳐 모모야마시대에 걸쳐 발전한 요리의 형식인 가이세키요리(懷石料理)와 연회의 향응 음식으로서의 가이세키요리(会席料理)로 대별된다. 가이세키(懷石)란, 선종의 승려가 공복을 견디기 위해 따뜻한 돌(온석)을 배에 품고 견디었다는 의미에서 생겨난 말이다. 결국 공복을 피하고 신체에 영양을 위하여 먹던 간소한 음식으로서 차를 곁들이며, 접대 전에 나오는 가벼운 식사로 일즙삼채를 기본으로 하는 요리인 것이다.

처음에는 사찰음식인 쇼진요리의 영향을 받았으나, 무사나 도시인들에게 퍼져나가면서 육류와 어개류도 사용하게 되어 현재의 가이세키요리(会席料理)의 기초가 되었다. 원래 가이세키요리(懷石料理)는 차를 마시기 위한 차가이세끼요리(茶懷石料理)이고, 일본식 발음이 같은 가이세키요리(会席料理)는 술을 마시기 위한 연회요리인데, 에도시대 말기부터 메이지에 걸쳐서 예법에 구애받지 않는 연회요리(宴会料理)를 일반적으로 가이세끼요리(会席料理)라고 부르게 되었고, 지금은 가이세키요리라는 용어가 그 상징적인 의미만을 내포한 채 메뉴에 사용되고 있다. 그래서 호텔에 따라 가이세키요리(会席料理), 혹은 가이세키요리(懷石料理)로 표기해서 사용하고 있으나, 실제 나오는 요리의 형식을 보면, 두 가지의 형식이 병용되거나 가이세키요리(会席料理)에 많이 가까운 것을 알 수 있다.

(1) 진미(先付 : さきつけ, Specialties)

고객의 주문이 떨어지자마자 가장 먼저 나가는 간단한 안주요리이다. 일본사람들은 식사 전에 맥주나 청주 등을 먼저 한 잔씩 마시는 습관이 있는데, 그것을 위한 술안주로서 또한, 식욕 촉진의 역할을 할 수 있는 음식으로서 서브되는 음식이다. 작은 그릇에 소량의 음식을 담아 나간다고 하여 고바치 고스케 혹은, 쓰키다시라고도 한다.

(2) 전채(前菜 : ぜんさい, Assorted Seasonal Appetizers)

사키쓰케와 더불어 식전에 내는 안주요리로서 삼품, 오품의 모리쓰께(담기)가 주로 쓰인다. 젠사이 그릇에 세 가지 혹은 다섯 가지의 음식을 조금씩 내는데, 계절과 색감, 그리고 채소, 육류, 어류, 난류 등의 조화가 맞아야 한다. 그래서 젠사이만 보고도 그 계절의 자연을 음식 속에서 찾을 수 있고, 그 업장의 수준을 가늠해 볼 수 있다.

(3) 맑은국(吸物 : すいもの, Today's Clear Soup)

일번 다시를 소금, 간장, 청주 등으로 간을 한 국물요리로서 주재료와 부재료, 그리고 향기를 내는 재료 등의 조화와 계절감이 중요하다. 주로 생선회를 먹기 전에 나오는데, 이는 생선회의 참맛을 즐길 수 있도록 입을 가셔주는 역할을 하기 때문이다. 따라서 맑은국의 간은 아주 약하게 하며, 주재료 및 부재료의 냄새가 너무 강하게 되지 않도록 유의해야 한다. 맑은국은 스이몽, 스마시지루, 오스마시라고 부르기도 한다.

(4) 생선회(造り : つくり, Assorted Raw Fish)

어류를 생식하는 일본의 대표적인 요리로서, 사시미라고도 한다. 대개는 어패류를 사용하는데, 무를 채 썰은 갱 위에 청차조기잎이라고 불리는 시소(Perilla)를 얹고, 3~5종의 생선회를 내어준다. 원래는 육류 등도 날것으로 사용되었다.

(5) 생선구이(燒物 : やきもの, Broiled Fish)

원래는 생선이나 육류 등도 사용했으나 현재는 거의 생선이 사용되며, 경우에 따라서는 육류나 가금류와 같이 조리하여 담아내기도 한다. 소금구이, 간장구이, 된장구이, 꼬치구이 등이 나올 수 있다. 보통은 직화로 구우며, 구이 옆에 곁들임으로 나오는 요리를 아시라이라고 하는데, 이것 또한 계절감과 색깔, 향기, 생선과의 조화가 잘 어울리도록 한다.

(6) 튀김요리(揚物 : あげもの, Fried Dish)

다량의 기름에 재료를 넣어 튀겨낸 요리로서 튀김 방법이나 튀김옷의 종류에 따라 여러 가지 모양으로 나올 수 있는데, 튀김 온도와 시간에 유념한다. 주로 식물성 기름을 사용하고, 요리 밑에는 창호지나 당면 튀긴 것을 깔며, 그 위에 요리를 담아내는 경우가 많다.

(7) 특별안주(口代り : くちがわり, Dishes of the Day)

중간에 내는 술안주 요리로서 산이나 바다에서 나는 재료를 이용하여 3~5종류의 것을 한 접시에 담아낸다. 입맛을 환기시키거나 강한 맛으로 표현하는 경우가 많다.

(8) 조림요리(煮物 : にもの, Boiled Dish)

니모노는 식사 때의 찬으로서 역할도 하며, 때에 따라서는 가이세키에서 식사 바로 전에 나오기도 한다. 재료의 특성에 따라 간을 하여 졸이는 방법이 다양하며, 관동과 관서의 차이가 국물의 양이나 농도에서 현저함을 나타낸다.

(9) 초회(酢物 : すのもの, Vinegared Dish)

주로 해초나 해산물 등의 재료에 식초와 설탕, 간장, 청주, 다시 등으로 만든 삼바이스, 도사스나 아마스 같은 소스를 곁들인 요리로서 새콤달콤한 맛으로 입맛을 개운케 해준다. 경우에 따라서는 고마다래 소스를 사용하는 경우도 있다.

(10) 식사(食事 : しょくじ, Steamed Rice or Noodles)

보통은 밥과 된장국을 내기도 하지만, 주먹밥을 구운 야키메시나, 오차즈케, 죽, 초밥 등 변화스럽게 식사를 내는 경우도 있다. 또한, 메밀국수나 우동, 소면 등을 주문에 의해 선택할 수 있도록 다양화 한 업소도 있다. 어떠한 형태이든 간에 밥이 나가는 경우에는 미소시루(된장국)와 오싱코(일본김치), 면이 나갈 경우에는 오싱코만 곁들여서 나간다.

① 우동

② 차소바

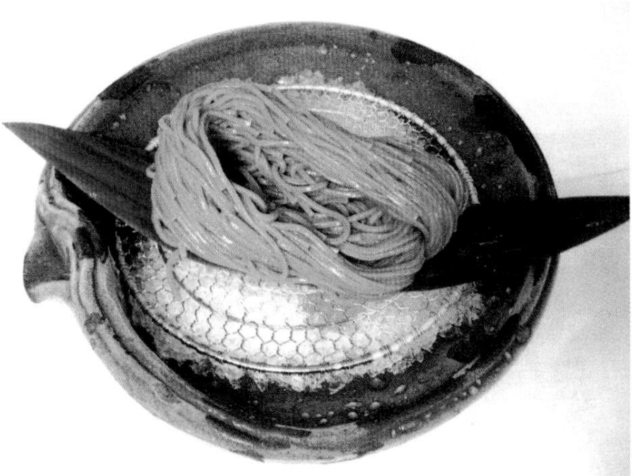

③ 소면

④ 도미차밥 – 도미회에 참깨를 묻혀 밥에 얹고, 다시를 부어준다.

⑤ 연어차밥

⑥ 매실차밥

(11) 후식(デザート：DESSERT)

① 과일(果物：くだもの, 水菓子：みずかし, Fresh Fruit)
② 아이스크림(アイスクリーム：Ice Cream)
③ 화과자(和菓子：わかし, Red Bean Cake)
④ 맛차(抹茶：まっちゃ, Nippon Tea Ceremony)

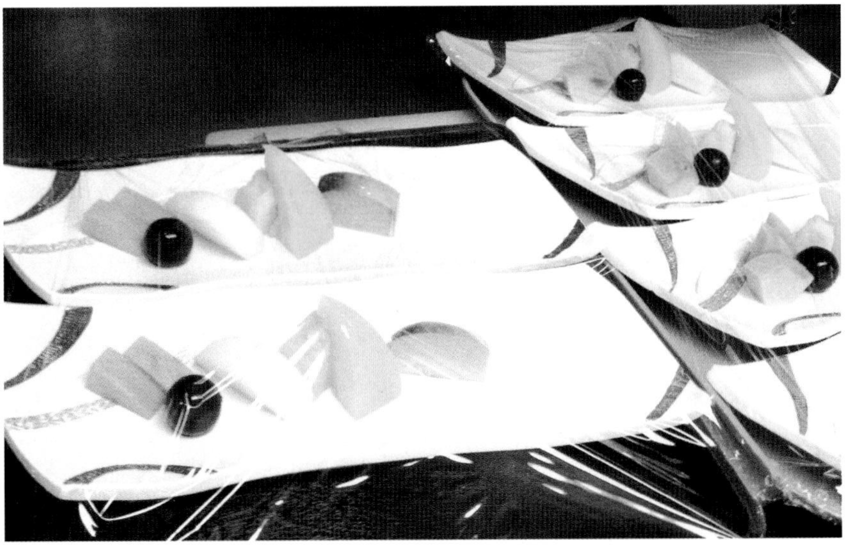

일본요리라고 하면, 대개는 양이 적다고 생각하지만, 가이세키요리의 경우는 좀 다르다. 각각 요리의 양은 그다지 많지 않으나, 식사가 끝날 즈음에는 만복감을 느끼게 된다. 그러므로 식사 도중에 많은 대화를 나누며 술과 함께 천천히 먹는 요령이 필요하다.

(12) 음료

① 히레사케

복지느러미를 구워 따끈하게 데운 청주에 넣고 불을 붙여 알코올을 태워 증발시킨 후 마신다.

② 다마고사케

따끈한 청주에 달걀을 풀어 마신다.

③ 히라코사케

뜨겁게 데운 청주에 복어의 정소(이리)를 넣어 풀어 마신다.
복어 정소(이리)인 히라코를 뜨겁게 데운 청주에 넣어 저분등으로 저어 풀어 주며 마신다.

2) 진미안주(酒肴珍味 : さけざかなちんみ, APPETIZER)

진미안주로서 일본사람들이 좋아하는 전통적인 소량의 안주요리이다. 한국사람이 처음 먹기에는 다소 거부감이 있긴 하지만, 입맛을 들이고 나면 다시 찾게 되는 요리들이다.

(1) 낫토(納豆 : なっとう)

대두를 삶아 익혀 볏집에 넣어 자연 발효시킨 식품으로서 우리의 청국장에 해당하지만 맛과 용법의 형태가 차이가 난다. 겨자와 약간의 간장 등으로 간을 하여 먹는다.

(2) 해삼창자젓(海鼠腸 : このわた, Salted Entrails of Trepang)

해삼의 내장으로 만든 젓갈로서 가라스미(숭어난소절임), 우니(성게알)와 더불어 삼대 진미로 전해져 내려오고 있다. 약간 굵은 실처럼 긴 모양으로 한 마리에서 한 줄 나온다. 이것을 취해 불순물을 제거하고 소금에 절였다가 숙성시켜 만든다. 고객에게 서브될 때는 청주 등으로 적당히 간을 하고, 메추리알과 김을 잘게 썰어 올려 준다. 이것을 밥에 올려 비벼 먹거나 술안주로 즐긴다.

(3) 산마즙(月見薯蕷: つきみとろろ, Grated Yam with Egg)

산마를 껍질을 벗겨 강판에 갈아낸 즙으로써 흰색의 점액질 물질이다. 소금과 청주, 계란흰자 등으로 간을 하여 내어준다. 위에 달 모양처럼 계란이나 메추리알의 노른자를 올려준다. 한 입에 후루룩 마시거나 메밀국수 다시에 넣어 먹기도 한다.

(4) 연어알(いくら : икра, Red Caviar)

연어나 송어의 알을 염장시킨 것으로서, 러시아어의 어란의 뜻을 가진 '이크라'를 일본식으로 발음한 것이다. 산란 직전의 연어를 잡아 알을 빼내어, 포화식염수에 10~20분 정도 담가 두었다가 헹구어 식물성유지에 묻혀 밀봉하여 냉동 유통한다. 이것을 청주로 살짝 헹구어 약간의 와사비를 곁들여 조리한다.

(5) 청어알(数の子 : かずのこ, Air Dried herring-roe)

청어의 알이나 그 가공품으로서, 가공품으로는 소금에 절인 것과 건조시킨 것이 있다. 염장 제품의 경우 약 5%의 식염수에서 2~3일 염지시킨 것으로서, 조리 시 사용할 때에는 물에 하루 이틀 정도 담가 소금기를 빼낸다. 말린 것은 3~4일 간 쌀 씻은 물에 담갔다가 사용한다. 요즘에는 염장시킨 것이 많으며, 대개는 삼바이스나 도사스를 곁들여 이도가키 등을 얹어나가는 경우가 많다.

(5) 아구간(鮟鱇の肝 : あんこうのきも, Angler fish liver)

아구의 간으로서 생물을 사용하기도 하지만, 대부분 통조림으로 가공된 것을 사용한다. 단백질과 지방이 많이 있어 맛이 진하므로 주고 폰즈쇼유 및 아카오로시에 곁들여 제공된다.

3) 생선회(御造リ′刺身 : おつくり′さしみ , SASHIMI)

(1) 모듬생선회(刺身盛リ合わせ : さしみもりあわせ, Assorted Sashimi)

① 재료

참치, 도미, 광어, 피조개, 왕우럭조개, 갑오징어, 학꽁치, 성게, 전복, 전어, 고등어, 갱, 시소, 무순, 와사비, 무즙, 오이꽃, 당근나비

② 조리법

- 각각의 생선을 특성에 맞게 손질하여 놓는다.
- 접시에 시소잎을 깔고 색과 모양을 맞춰 담는다.
- 무순이나 채소 등 곁들임 재료로 장식하여 담아낸다.

(2) 특별 생선회(特別刺身 : とくべつさしみ, Special Assorted Sashimi)

① 재료

전복, 피조개, 참치, 광어, 갑오징어, 왕우럭조개, 갱, 오이, 유채, 소국, 당근, 엽란, 와사비, 이십일무, 도사카노리

② 조리법

- 전복과 피조개, 왕우럭조개는 껍질을 이용하여 담는다.
- 참치의 붉은살을 중심으로 하여 위치를 잡는다.
- 갑오징어는 칼집을 넣어 당근과 김으로 말아 썬다.
- 채소로 장식하고 와사비의 모양을 내어 담아낸다.

(3) 바닷가재회(伊勢海老刺身 : いせえびさしみ, Lobster Sashimi)

① 재료

바닷가재, 도사카노리, 레몬, 이십일무, 갱, 오이, 무즙, 와사비

② 조리법

- 바닷가재의 꼬리 부분에 칼집을 넣어 분리하여 살을 떼어낸다.
- 머리를 갈라 미소(내장 부분)를 꺼내어 슬라이스 레몬 위에 담는다.
- 떼어낸 살을 한 입 크기로 썰어서 얼음물에 담갔다가 재빨리 건져 물기를 제거한다.
- 접시 위에 갱을 깔고, 가재의 머리와 꼬리 부분을 얹어놓는다.
- 꼬리 부분을 뒤집어 살을 담고, 해초와 채소로 장식한다.
- 머리와 다리는 고객의 주문에 의해, 지리나 구이로 조리하여 낸다.

(4) 참치회(鮪刺身：まぐさしみ, Tuna Sashimi)

① 재료

참치 붉은살, 오도로, 쥬도로, 아가미살, 기미, 갱, 무순, 시소, 와사비 등

② 조리법

- 갱을 깔고 참치 붉은살(아카미)를 중심에 놓은 다음, 다른 부위를 주위에 둘러 담는다.
- 아카미를 가쿠기리 하여 주사위 모양으로 썰어, 계란 노른자로 만든 기미를 발아 담는다.
- 부재료로 장식하여 낸다.

2. 일본요리 전문점의 메뉴

1) 생선회

(1) 전어(고하다)

(2) 강섬돔(구로다이)

(3) 쥐노래미(아이나메)

(4) 쑤기미(오코제)

(5) 갈치회(다치우오)

(6) 학꽁치(사요리)

(7) 전갱이(아지)

2) 튀김 요리

3) 롤스시

4) 게요리

5) 도미구이

6) 도미조림

7) 모듬초밥

8) 참치초밥

9) 게소

갑오징어의 다리를 구워낸 것으로서 별미 음식으로 취급된다.

3. 일본요리 창업 메뉴

1) 데까돈

참치 붉은살을 먹음직스럽게 썰어 와사비 간장을 묻혀 초밥 위에 얹어낸 특유의 덮밥 요리

2) 우나큐마키

민물장어와 오이 채 썬 것을 가늘게 김말이 하여 썰어낸 것으로서 김과 오이의 씹히는 맛과 장어 맛이 잘 어우러진 요리

3) 다테마키

여러 가지 채소를 넣어 김으로 말아낸 것으로서 양쪽 끝이 자연스럽게 나오도록 표현된 요리

4) 사이꾸스시(세공 초밥)

생선을 세밀하게 손질하여 낸 세공 초밥요리

5) 게소초밥

갑오징어의 다리를 구워 만들어 낸 니기리스시 요리

6) 도미광어회

도미와 광어의 흰살생선 모듬회 요리

7) 모둠초회

여러 가지 해산물을 데치고 손질하여 색상별로 아름답게 조화되도록 담아 새콤달콤한 배합초를 곁들여 낸 요리

8) 데마키

손말이 김밥으로 해석되며 일반적으로는 고깔 형태로 말지만, 여기에서는 전통적인 다른 방법으로 마는 것을 소개해 보겠다.

9) 전복조림

부록1

+

일본조리 용어 해설

용어 해설

부록

아(あ)

• **아이나메(あいなめ)** : 쥐노래미(fat greenling). 놀래미라고도 하며, 살이 부드럽고 단백하여 생선회, 튀김 등으로 이용된다.

• **아에모노(あえもの)** : 무침요리. 채소, 해물, 해초 등에 각종 어울리는 소스를 끼얹어 주거나 무쳐주는 요리의 총칭.

• **아오지소(あおじそ)** : 청차조기의 잎(perilla). 보통 시소라고 하면 푸른색의 차조기 잎을 말하며, 붉은색의 잎은 아카시소(적차조기)라고 한다. 특유의 향이 생선회와 잘 어울리므로 생선회의 밑에 깔아주는 채소로 가장 많이 이용되고 있으며, 조리 방법에 따라 채 썰거나 다져서 사용하기도 한다.

• **아오토가라시(あおとうがらし)** : 풋고추(a green pepper)

• **아오니(あおに)** : 푸른색 채소조림. 조림요리 방법 중의 하나로서 채소의 푸른색이 변하지 않도록 단시간에 살짝 졸여 내는 방법 또는 그러한 요리를 지칭함.

• **아오노리(あおのり)** : 파래(green laver), 파래김

• **아오미(あおみ)** : 완성된 요리를 돋보이게 하기 위하여, 음식 위에 곁들이는 녹색의 채소 ↔ 아카미(붉은살)

• **아오야기(あおやぎ)** : 개랑조개 = 바카가이

• **아까오로시(あかおろし)** : 빨간무즙 = 모미지오로시. 무를 통째로 가운데 홈을 파서 홍고추를 넣어 강판에 갈아 적색이 나도록 한 무즙으로서, 간편하게는 무즙에 고춧가루를 섞어 무치기도 한다. 고추 특유의 맛과 색과 향으로 음식의 맛을 더욱 담백하게 만들어 주며, 색감과 향을 통해 식욕을 자극해 주기도 한다.

• **아카가이(あかがい)** : 피조개(ark shell). 붉은 피를 머금고 있는 조개라서 피조개로 불린다. 살에 탄력이 많아 특유의 쫄깃함으로 생선회, 초밥 등의 고급 재료로 사용된다.

• **아카다시(あかだし)** : 적된장국(soybean soup). 일반적으로 사용되는 된장국으로서 이보다 맛과 색이 순한 백된장국인 시로다시(しろだし)에 반하는 뜻으로 사용된다.

• **아카니(あかに)** : 조림요리 중 하나로서 청주와 미림, 다마리간장, 설탕으로 아주 진하게 익혀 조려내는 것

• **아카미(あかみ)** : ① 붉은 색의 살코기. ② 참치의 붉은 살. ③ 붉은 색의 채소.
요리에 들어가는 재료가 진한 색을 띠거나 또는 강한 적색으로서 요리의 포인트로 강조될 경우 이를 지칭하는 용어

• **아카미소**(あかみそ) : 적된장. 백된장보다 진한 된장으로서 보통 된장국을 끓이는데 사용되는 된장.

• **아가리**(あがり) ① 하나의 요리를 완성하여 낸 것.
② 녹차를 따라놓은 잔. 또는, 녹차를 지칭.

• **아쿠**(あく) ① 재. 또는, 잿물.
② 식품을 삶을 때 나는 아린 맛이나 거품 등 불쾌취를 내는 모든 것.

• **아쿠누끼**(あくぬき) : 조리 시 식품의 좋지 않은 맛이나 아꾸, 또는 거품을 없애는 조작.

• **아게다시도후**(あげだしどうふ) : 두부튀김요리. 일본 특유의 튀김요리 중 하나로서, 연두부를 한 입 크기로 썰어 전분을 묻혀 튀긴다음, 덴다시에 무즙을 섞어 끓여 뿌려낸 것으로서, 덴모리로 실파, 생강즙, 김 등을 올려낸다.

• **아게모노**(あげもの) : 튀김요리(fried dish). 일본요리 중 기름에 튀기는 요리의 총칭으로서 그 방법이 다양하다.

• **아사게**(あさげ) : 아침식사. 조반(breakfast).

• **아사쓰키**(あさつき) : 실파. 잔파.

• **아사노미**(あさのみ) : 대마의 씨. 삼씨(hempseed). 시치미토가라시(しちみとうがらし)에 들어가는 재료 중 하나로 사용된다.

• **아사리**(あさり) : 모시조개(short-necked clam).

• **아지**(あじ) : 전갱이(jack). 하급 생선으로 분류되나 일본요리의 생선회, 초밥 등의 재료에서 빼놓을 수 없는 등푸른생선으로 꼽힌다.

• **아지쓰케**(あじつけ) : 조미(seasoning). 음식을 조리할 때 양념과 간을 하여 맛을 내는 행위.

• **아시라이**(あしらい) : 곁들임(garnish). 생선구이 등의 요리에 곁들이는 재료.

• **아즈키**(あずき) : 팥(red bean).

• **아타리고마**(あたりごま) : 참깨를 기계로 곱게 갈아서 만든 반 가공식품으로서, 깨를 사용한 소스나 요리에 첨가.

• **아차라즈케**(アチャラづけ) : 초절임 방법 중 하나로서, 고추를 첨가한 혼합초에 재료들을 담가 절인 것. 초연근 등.

• **아테시오**(あてしお) : 재료에 뿌리는 소금. 또는, 재료에 소금을 뿌리는 것. 아데루라고도 함.

• **아나고**(あなご) : 붕장어(conger eel).

• **아부라**(あぶら) : 기름(oil).

• **아부라아게**(あぶらあげ) : 유부. 얇게 저며서 기름에 튀긴 두부. 약어로 아부라게(あぶらげ)라고도 함.

• **아부라키리**(あぶらきり) : 튀김요리의 기름이 빠져 나가도록 건져 두는 망으로 된 용기.

- 아부라나(あぶらな) : 평지. 유채(rape).
- 아부라누키(あぶらぬき) : 탈지(defat). 유부 등의 재료를 뜨거운 물에 데쳐 기름기를 제거하는 것.
- 아마이모노(あまいもの) : ① 단맛이 나는 음식. ② 팥앙금과 한천을 이용하여 만든 양갱이나 요깡.
- 아마에비(あまえび) : 단새우(northern shrimp). 원명은 홋꼬꾸아까에비. 붉은색과 회로 먹을 때 단맛이 나며, 난반에비 라고도 한다.
- 아마자케(あまざけ) : 감주. 단술. 단맛이 나는 약한 술로서 뜨겁게 데워 겨울철에 음료처럼 애용된다.
- 아마스(あます) : 단식초. 식초와 설탕, 술, 미림 등을 섞어 만든 혼합초의 일종으로서, 단맛이 강하게 만든 것.
- 아마다이(あまだい) : 옥돔(blanquillo). 도미의 종류로서 고급어종에 속한다. 생으로 먹기보다는 반건조 상태로 구이하면 더욱 감칠맛이 나며, 찜이나 초밥, 튀김재료로도 사용된다.
- 아미야끼(あみやき) : 석쇠구이.
- 아메(あめ) : ① 물엿. 조청. ② 설탕이나 엿을 고아 만든 과자류.
- 아유(あゆ) : 은어(sweet fish). 여름철 특선요리의 재료로 많이 사용되는 생선으로서, 맑은 담수에서 많이 잡히며 배에서 독특한 수박 향이 난다.
- 아라(あら) : 생선을 손질한 뒤에 남은 머리, 아가미밑살, 뼈살. 이것을 토막 내어 간장, 설탕, 미림, 청주 등을 넣어 진하게 조린 것을 아라니, 또는 아라다끼라고 하며, 도미의 아라다끼 요리가 대표적.
- 아라이(あらい) : ① 세척. ② 얼음물로 씻은 생선회.
- 아라레(あられ) : 쌀과의 일종으로 찹쌀을 이용하며, 아라레모찌의 약어.
- 아라레카유(あられかゆ) : 어죽. 어육을 분쇄하여, 체에 걸러 다시를 넣어 조미하여 만든 죽.
- 아라레기리(あられぎり) : 기본 썰기 방법 중 하나. 재료를 약 8mm 정도의 정육면체 주사위 모양으로 써는 것.
- 아와(あわ) : 조, 좁쌀(foxtail millet).
- 아와세즈(あわせず) : 혼합초. 배합초. 식초에 각종 재료를 넣어 섞어 만든 것. 도사스, 니하이스, 삼바이스, 아마스, 기미스, 요시노스 등 배합비나 재료, 만드는 방법에 따라 그 종료가 다양하다.
- 아와다테키(あわだてき) : 거품기(wire whip).
- 아와비(あわび) : 전복(abalone).
- 앙(あん) : ① 물에 푼 녹말. 또는, 이것을 사용한 요리. ② 두류를 삶아 설탕을 넣고 굳히면서 졸인 것.
- 앙카케(あんかけ) : 전분가루를 물에 푼 것을 넣어, 국물에 점성이 있도록 농도를 첨가한 요리.
- 안코우(あんこう) : 아귀(angler fish).
- 안쵸비(anchovy) : 지중해 근해에서 잡힌 멸치. 또는, 그 멸치로 만든 염장제품.

• 이이다코(いいだこ) : 낙지(ocellated octopus).

• 이카(いか) : 오징어(cuttlefish).

• 이가이(いがい) : 홍합(mussel).

• 이카나고(いかなご) : 까나리(pacific sandlance).

• 이쿠라(イクラ) : 연어알(salmon roe).

• 이케지메(いけじめ) : 생선의 선도를 유지하기위해, 생선이 살아 있을 때 인위적으로 머리에 생선 빗장을 찔러 출혈로 죽음에 이르게 하는 것.

• 이케즈쿠리(いけづくり) : 활어생선회. 생선을 산채로 내장만 제거하여, 생선 모양의 원형을 살려 만들어 담아 낸 생선회요리. = 이키즈쿠리. 스가다즈쿠리. 카쓰즈쿠리.

• 이자카야(いざかや) : 선술집. 가게 앞에서 간단히 술을 마실 수 있는 점포. 일종의 포장마차.

• 이시가레이(いしがれい) : 돌가자미(stone flounder).

• 이시다이(いしだい) : 돌돔(rock bream).

• 이시나베(いしなべ) : 돌냄비. 내열성이 강한 돌로 만들어졌으며, 내열성이 높아 맛과 보온성이 뛰어나다. 한국에서 자주 사용하기 때문에 초센나베라고도 한다.

• 이시모치(いしもち) : 조기(silver croaker). 한국에서는 염건품으로 가공하여 조리에 사용(굴비).

• 이시야키(いしやき) : 돌구이. 돌을 가열하여 전도열로 재료를 익혀내는 원시적인 조리방법.

• 이세에비(いせえび) : 바닷가재(lobster).

• 이타(いた) : 생선묵. 찜어묵.

• 이타마에(いたまえ) : 조리사. 조리장(chef). 관서지방의 조리장은 싱.

• 이타메모노(いためもの) : 볶음요리. 냄비나 철판에서 소량의 기름으로 재료를 볶아 맛을 내는 요리.

• 이치고(いちご) : 딸기(strawberry).

• 이치지꾸(いちじく) : 무화과나무(fig).

• 이치반다시(いちばんだし) : 일번다시.
가다랑어포를 이용하여 국물을 낼 때 최초의 국물을 일컬으며, 맑은 국 등에 사용된다. 두 번째로 뽑아내는 국물을 이번다시라고 하며, 된장국이나 우동국물 등에 사용된다.

• 이치미(いちみ) : 고춧가루.

• 이치몬지(いちもんじ) : 보통 금속주걱. 프라이나 구이 등의 요리에서 음식을 뒤집거나 누르는데 사용.

• 이쵸이모(いちょういも) : 은행마. 산마과의 덩굴성 다년초로서 산마의 일품종.

• 이쵸기리(いちょうぎり) : 은행잎 모양 썰기.

• 잇핀요리(いっぴんりょうり) : 일품요리(A la carte). 일본요리에서 코스요리에 반하는 의미로서, 단품

으로 내는 요리를 뜻하며, 일품요리로서 레스토랑의 수준이나 조리장의 실력이 가늠되기도 한다.

- **이토카키**(いとかき) : 가다랑어포인 가쓰오부시를 실처럼 가늘게 긁어 뽑아 놓은 가공식품으로서, 무침요리나 일품요리의 덴모리로 사용되는 경우가 많다.
- **이토곤냐쿠**(いとごんやく) : 실곤약. 보통의 곤약을 압출 성형하여, 라면 굵기의 실 모양으로 뽑아낸 것.
- **이토즈쿠리**(いとづくり) : 생선회 종류 중의 하나로서 오징어, 보리멸 등의 생선회 재료를 가늘게 썬 것. 주로 무침에 사용.
- **이나**(いな) : 숭어의 유어. 모쟁이(stripet mullet).
- **이나리즈시**(いなりずし) : 유부초밥.
- **이노시시니쿠**(いのししにく) : 멧돼지고기(wild boar).
- **이보다이**(いぼだい) : 샛돔(Pacific rudderfish).
- **이리타마고**(いりたまご) : 볶은 달걀.
- **이와시**(いわし) : 정어리(sardine).
- **이와시부시**(いわしぶし) : 정어리의 부시제품. 가쓰오부시보다 맛이 떨어지며, 주로 면 요리의 다시국물을 만드는 데 사용.
- **이와타케**(いわたけ) : 석이버섯.
- **이와나**(いわな) : 곤들매기(char).
- **인겐마메**(いんげんまめ) : 강낭콩(kidney beans).
- **인쇼쿠텡**(いんしょくてん) : 음식점. 식당.
- **우오스키**(うおすき) : 생선 스끼야키.
- **우시오지루**(うしおじる) : 소금으로만 간을 하여 끓여낸 맑은 국물요리로서 조개나 생선을 이용하여 만든다. 소금만 넣고 조린 요리는 우시오니(ういおに)라고 한다.
- **우시니쿠**(うしにく) : 쇠고기(beef).
- **우스이타**(うすいた) : 종이처럼 얇게 가공한 나무판자. 손질한 어패류를 보관하는데 사용.
- **우스즈쿠리**(うすづくり) : 흰살생선회. 도미, 광어, 복어 등의 흰살생선을 얇게 저며 썰어 만든 생선회.
- **우스바보초**(うすばぼうちょう) : 채소 전용 식칼.
- **우즈라**(うずら) : 메추라기(quail).
- **우치와에비**(うちわえび) : 부채새우(slipper lobter).
- **우쓰보**(うつぼ) : 곰치(moray eel).
- **우도**(うど) : 땅두릅.
- **우동**(うどん) : 우동. 우동국수.

• 우나기(うなぎ) : 뱀장어. 민물장어(eel).

• 우니(うに) : 성게. 성게알젓(sea urchin).

• 우니쿠라게(うにくらげ) : 해파리와 성게알젓을 조미하여 만든 무침요리. 전채요리에 이용.

• 우네리구시(うねりぐし) : 구이 요리를 위하여 생선이 수영하는 모습대로 구부려 꼬챙이를 끼우는 것.

• 우노하나(うのはな) : 콩비지. = 오까라(おから)

• 우노하나즈시(うのはなずし) : 비지초밥.

• 우바가이(うばがい) 함박조개(hen clam). 홋키가이라고도 함.

• 우마니(うまに) : 조림요리의 방법 중 하나로서, 재료를 진한 맛과 윤이 나도록 간장과 설탕, 미림 등을 넣어 달게 바짝 조린 것을 말하며, 대표적인 것이 닭고기와 채소를 함께 졸여낸 것이다.

• 우마미(うまみ) 맛있는 맛. 지미.

• 우메(うめ) : 매화(Japanese apricot). 일본요리에서 매화는 그 꽃이나 가지 등을 요리에 곁들여 계절감을 나타내 주기도 하며, 음식의 모양을 내는 채소 특히 당근 등의 모양을 매화꽃 모양을 내어 장식하는데 많이 이용되기도 한다.

• 우메보시(うめぼし) : 매실지. 매실을 소금에 절였다가 새콤하게 맛을 낸 것으로서, 한국요리의 장아찌와 유사하며, 한국사람들이 김치를 좋아하듯 일본사람들이 가장 좋아하는 것으로서, 해외여행 시 반드시 가지고 다니며 먹는 사람들도 많다.

• 우라고시(うらごし) : 체(strainer). 보통은 체를 지칭하지만, 식품을 체에 걸러 내리는 작업 자체를 뜻하기도 한다. 고급제품으로는 말총(말의 꼬리)을 이용했다고 한다.

• 우리(うり) : ① 호리병박(cucurbit). ② 참외, 오이 , 수박 등 박과 식물에 속하는 열매의 총칭. 오이와 호박의 중간정도의 형태로서 한국에서 보기 드물지만, 일본에서는 절임요리로 많이 이용되고 있다.

• 우루치마이(うるちまい) : 멥쌀(nonglutinous rice). 쌀밥에 이용되는 보통의 쌀을 말하며, 찹쌀과 대별되어 붙여진 이름.

• 우루메이와시(うるめいわし) : 눈퉁멸(big-eye sardine).

• 우로코(うろこ) : 비늘(scale). 생선의 비늘을 말하며, 보통은 생선 손질 시 제거해 버리지만, 모아서 삶거나 튀겨서 요리에 응용하는 경우도 있다.

• 에이(えい) : 가오리(ray, skate).

• 에키벤(えきべん) : 철도역에서 파는 도시락. 일본에서는 도시락 문화가 발달하여 기차를 타고 장거리 여행을 할 때 많이 이용한다.

• 에고마(えごま) : 들깨(perilla).

• 에다마메(えだまめ) : 풋콩(green soybeans).

• 에노키타케(えのきたけ) : 팽이버섯.

- **에비(えび)** : 새우(shrimp, prawn, lobster). 새우, 가재 등의 총칭으로서 앞에 붙는 낱말에 따라 그 종류가 상당히 많다. 또한, 그 종류별로 요리에 쓰이는 방법이나 맛이 상이하다.
- **에라(えら)** : 아가미. 생선의 아가미로서 생선의 호흡 시 불순물을 걸러 주는 기관으로 요리에 사용되는 경우는 거의 없다.
- **엔가와(えんがわ)** : ① 툇마루. ② 광어의 지느러미 살. 광어의 엔가와는 근육이 발달하여 쫄깃한 맛이 강하고 고소한 맛이 일품이다.
- **엔도(えんどう)** : 완두(peas). 완두콩
- **엔페라(えんぺら)** : 오징어의 지느러미살.
- **오이카와(おいかわ)** : 피라미(pale chub).
- **오우토(おうとう)** : 버찌(cherry). 벚나무의 열매.
- **오사카즈시(おおざかずし)** : 관서초밥. 오사카 중심으로 발전된 초밥. 오시즈시(틀에 넣어 누른 초밥), 사바즈시(고등어 초밥), 무시즈시(찜초밥)
- **오무기(おおむぎ)** : 대맥. 보리(barley).
- **오카즈(おかず)** : 반찬. 부식물.
- **오카친(おかちん)** : 떡.
- **오카라(おから)** : 비지. =우노하나(卯の花)
- **오키츠다이(おきつだい)** : 건옥돔. 옥돔의 염건품
- **오키나마스(おきなます)** : 고기를 낚아 배에서 바로 요리해 먹는 회요리.
- **오키나와요리(おきなわりょうり)** : 오키나와의 향토요리. 본토와는 다른 형식을 가진 것으로 돼지고기, 두부, 소바 등.
- **오쿠라(オクラ)** : 오크라(okra). 아욱과의 일년초로서, 깍지는 수프로 종자는 커피로 대용.
- **오구라(おぐら)** : 팥을 사용한 음식물. 또는, 과자.
- **오코시(おこし)** : 일본 건과자의 일종으로서, 찹쌀을 쪄서 말려 여러 재료와 물엿을 넣어 굳힌 것.
- **오코제(おこぜ)** : 쑤기미(devil stinger). 일부 지방에서는 삼순이 또는 삼식이로 불린다. 외모가 준수하지 못하여 삼순이, 삼식이 등으로 불리지만, 생선회로서는 특유한 담백한 맛을 내는 고급 재료로 이용된다.
- **오코노미야키(おこのみやき)** : 일본식 빈대떡. 밀가루, 전분, 양배추 등의 기본 반죽에 간을 하고, 해산물이나 육류 등의 재료에 따라 그 종류가 다양하다. 철판 위에서 은은하게 구워낸 다음 소스와 가다랑어포를 곁들여 낸다.
- **오시즈시(おしずし)** : 틀에 놓고 눌러 썬 초밥. = 하꼬스시(상자초밥). 기리즈시
- **오시다시(おしだし)** : 간장(soy sauce). = 쇼유. 간장을 뜻하기도 하지만, 간장을 약하게 희석하여 요리에 곁들여 먹도록 만들어 놓은 것을 지칭하기도 한다.

- **오세치요리**(おせちりょうり) : 정월이나 명절 등에 쓰이는 특별요리. 약어로서 오세찌(お節)라고도 한다. 달게 조린 것이 많으며 재료로 사용되는 콩, 생선, 다시다 등은 각각 나름대로 축복과 장수를 기원하는 뜻을 담고 있다.
- **오도시부타**(おとしぶた) : 조림요리용 뚜껑. 조림요리를 하는 경우에 사용하는 것으로서 냄비의 직경보다 작은 뚜껑을 말한다. 뚜껑이 냄비 안으로 들어가 재료위에 직접 닿도록 하여 재료의 움직임을 방지하고, 대류효과를 올려줌으로서 조림의 간과 색이 잘 배이도록 한다. 한지 등을 사용하기도 하며, 최근에는 쿠킹호일로 대치하기도 한다.
- **오차즈케**(おちゃづけ) : 차밥. 일본요리 특유의 메뉴. 밥에 다시를 부어 먹는 밥으로서, 곁들이는 재료에 따라 김차밥, 연어차밥, 도미차밥, 우메차밥 등 다양하게 불리운다.
- **오뎅**(おでん) : 덴가쿠. 또는 니코미덴가쿠의 약어. 곤약, 무, 계란, 생선어묵 등을 넣어 간을 해 끓여낸 냄비요리로서, 일본식 잡채를 볶아 유부에 싸 넣은 후꾸로(ふくろ)를 넣어 맛을 더해 줄 수 있다.
- **오니기리**(おにぎり) : 주먹밥. 한국에서는 삼각김밥으로 더욱 잘 알려져 있는 것으로서, 밥 속에 재료를 넣거나, 아예 밥과 재료를 비벼서 만들기도 하며, 역시 사용되는 재료에 따라 각각 다른 명칭으로 불린다.
- **오니스다레**(おにすだれ) : 굵은 삼각형의 나무로 엮어진 일종의 김발.
- **오히타시**(おひたし) : 채소를 물에 데쳐 간장으로 간을 한 요리. = 히타시모노
- **오히쓰**(おひつ) : 나무로 만든 밥통. 원형, 사각형 등이 있고 오하츠라고도 한다.
- **오보로**(おぼろ) : 김초밥에 쓰이는 생선 가루. 흰살생선을 삶아 짜서 간을 하고, 색을 내서 볶아낸 것. 다른 여러 가지 요리에도 색상이나 고소한 맛을 내는데 응용.
- **오마-루**(オマール) : 바닷가재(lobster). 집게가 큰 바닷가재로서, 캐나다산이 유명하고, 일본이나 호주산 이세에비와는 구별된다.
- **오모유**(おもゆ) : 미음.
- **오야코돈부리**(おやこどんぶり) : 닭고기덮밥.
- **오야쓰**(おやつ) : 간식.
- **오로시**(おろし) : 무즙.
- **오로시가네**(おろしがね) : 강판. 금속, 플라스틱도 있으나 상어 가죽으로 만든 사메가와가 가장 고급품으로 알려져 있다.
- **오로시니**(おろしに) : 무즙을 국물에 넣어 졸이는 조림요리.
- **오로스**(おろす) : ① 채소 등을 강판에 가는 것. ② 어류나 조류를 갈라 베는 것. 산마이오로시, 고마이오로시.
- **온도타마고**(おんどたまご) : 온센타마고(溫泉卵). 온천물의 온도인 70℃에서 30분 정도 익히는 반숙 달걀요리로서 반숙된 것을 그릇에 담고 양념된 국물을 끼얹어 먹는다.

가(か)

- 가이세키요리(かいせきりょうり) : 회석요리(懷石料理). 다도(茶道)에서 차를 마시기 위해서 내는 간단한 요리로서, 차카이세키요리라고도 한다. 공복의 괴로움을 달래기 위해 뜨거운 돌을 헝겊에 싸서 배에 품어 그 고통을 참아 낸 것에서 유래된 명칭이다.
- 가이세키요리(かいせきりょうり) : 회석요리(会席料理). 본래는 정식의 일본요리인 혼젠요리를 간략하게 한 요리였으나, 현재에는 술을 마시며 즐기는 연회나 모임을 위한 고급 요리로 발전하였다. 일본요리의 풀코스 요리로 이해할 수 있다.
- 가이소(かいそう) : 해초. 해조(sea weed). 김, 다시마, 미역 등의 해초, 해조류의 총칭.
- 가이토(かいとう) : 해동. 냉동된 식재료를 상온 또는 냉장고 안에서 녹여주는 것.
- 가이바시라(かいばしら) : 조개관자(adductor muscle). 조개의 힘줄이라고도 하며, 조개마다 가지고 있는 관자를 일컫는다. 이것만 모아서 요리를 하는 경우도 있다.
- 가이와리 : ① 조개를 손질할 때 사용하는 기구. ② 자엽. 떡잎.
- 가이와레(かいわれ) : 떡잎. 무순. 카이와리라고도 함.
- 가에루(蛙 : 와 : かえる) : 개구리(frog). 식용개구리로서는 송장개구리가 대표적.
- 가오리(香 : 향 : がおり) : 향기. 향(aroma). 음식이나 재료의 좋은 냄새를 의미하며 불쾌취인 경우, 니오이 또는 '쿠사' 라고도 한다.
- 가키(かき) : 감. 감나무(persimmon).
- 가키(かき) : 굴(oyster). 굴을 뜻하며 생으로도 먹지만, 볶거나 튀겨(카키푸라이)낸 요리도 유명하다.
- 가키아게(かきあげ) : 잘게 썬 여러 가지 재료들을 섞어 튀김옷을 입혀 모양을 잡아 튀겨낸 튀김요리.
- 가키나베(かきなべ) : 굴냄비.
- 가쿠자토(かくざとう) : 각설탕.
- 가쿠즈쿠리(かくづくり) : 사각 주사위 모양으로 썬 생선회.
- 가쿠니(かくに) : 중국식 돈육조림. 싯뽀꾸료리의 대표적인 요리 중 하나. 돈육 삼겹살을 5cm 정도 사각으로 썰어, 단맛이 나도록 부드럽게 졸여 먹는 요리.
- 가케かけ) : 가케우동, 가케소바의 준말. 우동이나 메밀국수에 국물만을 넣어 뜨겁게 끓인 요리.
- 가고(かご) : 바구니. 주로 대나무로 만들며 물을 빼는 체로 쓰거나 튀김요리의 식기로 사용.
- 가사고(かさご) : 쏨뱅이. 수염어 (scorpion fish).
- 가자미(かざみ) : 꽃게. 와다리카니라고도 함.
- 가자리기리(かざりぎり) : 장식 썰기. 각종 재료를 세공하여 꽃 모양 등으로 만드는 썰기 방법.

- **가지카**(かじか) : 독중개(sculpin).
- **가지키**(かじき) : 청새치. 새치과 바닷물고기의 총칭이나 보통은 청새치를 지칭함. 마까지끼의 준말로서 참치회 대용으로도 많이 사용된다.
- **가지츠슈**(かじつしゅ) : 과실주.
- **가지츠스**(かじつす) : 과실초.
- **가시루이**(かしるい) : 과실류(fruits).
- **가쥬우**(かじゅう) : 과즙(fruit juice).
- **가시루이**(かしるい) : 과자류.
- **가스고다이**(かすごだい) 참돔의 치어.
- **가즈노코**(かずのこ) : 청어알(herring roe). 청어의 알을 뜻하며, 보통을 절여서 먹거나 초밥의 재료로 많이 활용된다.
- **가타쿠치이와시**(かたくちいわし) : 멸치(anchovy).
- **가타쿠리코**(かたくりこ) : 갈분(arrowroot starch). 칡의 가루, 또는 칡의 전분 가루로서 입자가 거칠어 튀기거나 조리했을 때 나름대로의 질감이 식욕을 자한다.
- **가쓰오**(かつお) : 가다랑어(skipjack). 가다랑어포의 재료가 되는 생선으로서, 생선회나 구이, 초밥으로도 많이 이용된다.
- **가쓰오타타키**(かつおたたき) : 야키시모 하여 만든 다랑어회. 가다랑어를 표면만 구워 가지런히 썰어 생강, 파 등의 양념을 얹고, 국물을 끼얹어 낸다.
- **가쓰오부시**(かつおぶし) : 가다랑어포. 가다랑어의 살만 발라 익혀 말려(열풍, 또는 천일건조)낸 것으로써, 이것을 특수한 도구 등으로 얇게 깎아내어 다시국물을 내는 데 사용한다.
- **갓콩**(かっこん) : 칡전분.
- **갓파**(かっぱ) : 오이(cucumber). 초밥집 은어로서, 초밥에 사용되는 오이를 지칭.
- **갓펭**(かっぺん) : 갈변(browning). 음식의 성분이 산소 등과 결합하여 식품의 색이 갈색으로 변하는 현상.
- **가쓰라무키**(かつらむき) : 돌려 깎기. 기본 썰기 방법 중의 하나로서 겡으로 사용하기 위한 무의 가쓰라무키가 대표적이다.
- **가나구시**(かなぐし) : 쇠꼬챙이. 긴치
- **가니**(かに) : 게(crab)의 총칭
- **가바야키**(かばやき) : 데리(照り)를 발라구운 장어구이요리.
- **가부**(かぶ) : 순무(turnip). 가부라(蕪) 라고도 함.
- **가부토**(かぶと) : 생선의 머리. 생선 머리가 마치 투구와 같은 모양이라 하여 붙여진 이름. 도미 한 마리의

머리를 사용하여 졸여낸다. 타이카부도니(도미조림)가 대표적.

- 가보차(かぼちゃ) : 호박(pumpkin)의 총칭.
- 가마(かま) : 솥. 가마. 가마솥.
- 가마(かま) : 카마. 볼떼기 살. 물고기의 아가미 아래 지느러미가 붙어 있는 부위의 살.
- 가마스(かます) : 꼬치고기(barracuda).
- 가마보코(かまぼこ) : 어묵. 생선묵(fish cake). 찜 어묵.
- 가미가타요리(かみがたりょうり) : 관서요리(關西料理).
- 가미시오(かみしお) : 생선 위에 종이를 깔고, 그 위에 소금을 종이 위에 뿌려서 생선에 스며들도록 하는 방법.
- 가미나베(かみなべ) : 종이냄비.
- 가메(かめ) : 거북(turtle).
- 가야쿠(かやく) : 첨가 재료. 요리에 부재료나 야꾸미(양념) 등을 첨가하는 의미로서, 냄비요리나 우동, 비빔밥 등에 넣는 재료를 지칭.
- 가야쿠우동(かやくうどん) : 닭고기, 어묵, 버섯 등의 재료를 넣어 만든 우동.
- 가야쿠메시(かやくめし) : 각종 채소와 닭고기 등을 넣어 지은 밥. = 고모쿠메시(五目飯).
- 가야노미(かやのみ) : 비자나무 열매.
- 가유(かゆ) : 죽(gruel). 보통의 밥보다 물을 많이 넣어 만든 부드러운 죽.
- 가라아게(からあげ) : 재료에 전분이나 밀가루를 묻혀 튀기는 것으로서, 튀김요리 방법 중 하나.
- 가라이모(からいも) : 고구마. = 사쓰마이모(薩摩芋). = 칸쇼(甘藷).
- 가라시(からし) : 겨자(mustard).
- 가라시아게(からしあげ) : 튀김옷에 겨자를 풀어 튀긴 요리로서, 돼지고기요리에 적합.
- 가라시즈(からしず) : 겨자초. 산바이즈나 니하이즈 등에 배합초에 겨자를 넣어 절인 음식. 겨자 갠 것을 풀어 넣은 식초소스.
- 가라시즈께(からしづけ) : 겨자 절임.
- 가라시나(からしな) : 갓. 겨자잎.
- 가라스(からす) : 참복.
- 가라스미(からすみ) : 어란. 숭어 난소를 염장하여 건조한 것으로서 삼대 진미 중의 하나.
- 가리(がり) : 초생강. 스시쇼우가. 초밥용 생강.
- 가린(かりん) : 모과(Chinese quince).
- 가레이(かれい) : 가자미(flatfish)의 총칭

• 가와우오(かわうお) : 담수어. 하천어(fresh water fishes). = 가와자가나

• 가와에비(かわえび) : 민물새우. 토하. 담수하천에서 나오는 새우의 총칭.

• 가와시모(かわしも) : 뜨거운 물을 뿌려서 껍질만 살짝 데친 생선회.

• 가와하기(かわはぎ) : 쥐치(filefish). 말쥐치.

• 가와리아게(かわりあげ) : 튀김 방법 중 하나. 튀김옷에 변화를 특색 있는 모양이 나도록 튀겨낸 튀김 조리법.

• 간(がん) : 기러기(wild goose). 또는 기러기 고기.

• 간키츠루이(かんきつるい) : 감귤류(citrus fruit).

• 간키리(かんきり) : 통조림을 따는 기구.

• 간쇼(かんしょ) : 고구마 = 사쓰마이모.

• 간조(かんぞう) : 동물의 간(liver) = 기모.

• 간즈메(かんづめ) : 통조림(canned food).

• 간텐(かんてん) : 한천(agar).

• 간파치(かんぱち) : 잿방어(amberjack).

• 간표(かんぴょう) : 박고지. 호박의 과육을 길게 깎아 말려낸 것

• 간부쯔(かんぶつ) : 건조식품. 호시모노(干物).

• 칸미료(かんみりょう) : 감미료(sweetener).

• 칸란(かんらん) : 양배추(cabbage). = 가베쓰 = 타마나

• 간로니(かんろに) : 식품을 단맛이 진하게 나도록 간장과 설탕, 미림 등을 넣어 졸인 조림요리.

• 기쿠(きく) : 국화(chrysanthemum). 국화꽃.

• 기쿠즈쿠리(きくづくり) : 국화모양 생선회. 생선회를 얇게 썰어서 국화꽃 모양으로 만드는 것.

• 기쿠나(きくな) : 쑥갓. = 순기꾸(旬菊).

• 기쿠라게(きくらげ) : 목이버섯(jew' s ear).

• 기지(きじ) : 꿩(pheasant).

• 기스(きす) : 보리멸(sand borer).

• 기다이(きだい) : 황돔(yellowback seabream). = 렌꼬다이

• 깃카(きっか) : 국화(chrysanthemum).

• 기쓰네(きつね) : ① 여우(fox). ② 유부를 넣어 조리한 요리.

• 기노코(きのこ) : 버섯(fungi)류.

• 기노메(きのめ) : 산초의 어린 잎.

• 기하다(きはだ) : 황다랑어(yellowfin tuna).

• 기비나고(きびなご) : 샛줄멸.

• 기미(きみ) : 난황. 계란노른자(yolk)

• 기무치(キムチ) : 김치. 한국의 대표적인 음식. = 초센쓰케(朝鮮漬け).

• 기모(きも) : 간. 간장. 요리에 이용되는 동물의 간.

• 카베쓰(キャベツ) : 양배추(cabbage).

• 규돈(きゅうどん) : 쇠고기덮밥. = 니꾸돈, 규메시(牛飯).

• 규나베(ぎゅうなべ) : 쇠고기냄비. 스키야키

• 규니쿠(ぎゅうにく) : 쇠고기(beef).

• 규뉴(ぎゅうにゅう) : 우유. 소의 젖(milk).

• 규리(きゅうり) : 오이(cucumber).

• 교나(きょうな) : 교나. 일본절임요리에 사용되는 채소.

• 교리키코(きょうりきこ) : 강력분. 밀 단백질인 글루텐의 함량이 높아 제빵에 적합한 밀가루.

• 교-자(ギョーザ) : 중국요리의 교자. 만두.

• 교카이루이(ぎょかいるい) : 생선과 조개류.

• 교쿠(ぎょく) : 계란(鶏卵)을 의미하는 초밥집의 은어.

• 교뎅(ぎょでん) : 생선에 된장을 발라 구운 요리.

• 교니쿠(ぎょにく) : 생선의 살코기.

• 기라즈(きらず) : 조리에 쓰이는 비지. 오까라(オカラ)라고도 함.

• 기루(きる) : 절단. 칼로 식품을 용도와 조리방법에 따라 써는 것.

• 깅가미야키(ぎんがみやき) : 재료를 은박지로 싸서 굽는 요리.

• 깅캉(きんかん) : 금귤. 금색의 작은 감귤.

• 긴시(きんし) : 비단실 장식. 음식에 계란 지단이나 유바 등을 가늘게 채 썰어, 비단실같이 노랗게 장식하는 것.

• 긴다라(ぎんだら) : 은대구(black cod).

• 긴통(きんとん) : 감자류를 달게 졸여서 체에 걸러 조미 한 후, 행주로 감아 밤 모양으로 만든 음식.

• 긴낭(きんなん) : 은행(ginkgo nuts).

• 긴피라고보(きんぴらごぼう) : 우엉 조림.

• 긴포(ぎんぽ) : 베도라치(blenny). 긴포우라고도 함.

• 긴메다이(きんめだい) : 금눈돔(alfonsino).

• 구에(くえ) : 구문쟁이. 자바리(kelp grouper).

• 구사우오(くさうお) : 꼼치. 곰치(sea snail).

• 구사모치(くさもち) : 쑥떡. 쑥을 첨가해서 만든 떡. 요모기모찌라고도 함.

• 구시아게(くしあげ) : 꼬치튀김.

• 구시야키(くしやき) : 꼬치구이.

• 구지라(くじら) : 고래(whale).

• 구즈(くず) : 칡.

• 구즈앙(くずあん) : 물에 갠 칡 전분.

• 구즈코(くずこ) : 칡 전분.

• 구다모노(くだもの) : 과실 과일(fruit). = 카지쓰루이 = 미즈카시

• 구치가와리(くちがわり) : 연회음식에서의 입맛을 환기시키기 위한 쿠치도리용 술안주요리.

• 구치토리(くちとり) : 입가심. 다른 음식의 맛을 만끽할 수 있도록, 입맛을 가셔내기 위한 안주, 과자, 맑은 국 등.

• 구치나시(くちなし) : 치자나무(gardenia). 또는 그 열매

• 구라게(くらげ) : 해파리(jellyfish).

• 구리(くり) : 밤(chestnuts).

• 구리킨톤(くりきんとん) : 고구마를 삶아 잘게 으깨어 설탕 등으로 조미하여, 밤 열매 모양으로 만든 것.

• 구리메시(くりめし) : 밤밥. 밤을 넣고 지은 밥.

• 구루텐(グルテン) : 구루텐(gruten). 밀가루를 물에 반죽할 때 생기는 점탄성 밀 단백질로 함량에 따라 분류된다.

• 구루마에비(くるまえび) : 차새우(tiger prawn).

• 구루미(くるみ) : 호두(walnuts).

• 구로소이(くろそい) : 조피볼락 (jacopever).

• 구로다이(くろだい) : 감성돔(black seabream).

• 구로마구로(くろまぐろ) : 참다랑어(bluefin tuna). 보통 마구로라고 하며, 참치의 대표적인 존재. = 혼마구로.

• 게쇼지오(けしょうじお) : 화장염. 생선의 소금구이를 할 때, 타지 않도록 지느러미에 소금을 묻혀주는 것.

• 게쇼데리(けしょうでり) : 화장데리. 생선구이를 할 때, 윤기가 나도록 양념간장을 발라주는 것

• 게즈리부시(けずりぶし) : 가쓰오부시, 사바부시 등을 다시를 만들기 용이하도록 얇게 깎아 놓은 것. 특유의 휘발 성분의 향을 고려하여 고급요리에서는 다시를 뽑을 때마다 조금씩 만들어 사용하는 경우가 많고, 보통은 기계로 깎아 진공 포장하여 판매한다.

• 게소(げそ) : 초밥집 용어로서 삶은 오징어 다리.

• 겟케이쥬(げっけいじゅ) : 월계수(laurel). 잎에 향기가 있어서 분말 향신료로 요리에 이용.

• 갱(けん) : 무, 당근, 오이 등을 가쓰라무키하여 가늘게 채 썬 것으로서 생선회 담기에 사용.

• 겐칭(けんちん) : 채소를 가늘게 썰어 으깬 두부와 함께 요리에 이용하는 것.

• 겐친지루(けんちんじる) : 맑은국.

• 겐친니(けんちんに) : 졸여서 소금과 간장으로 간을 한 것.

• 겐친무시(けんちんむし) : 생선살이나 닭고기로 싸서 찐 것.

• 겐친야키(けんちんやき) : 생선으로 싸서 구운 것.

• 겐마이(げんまい) : 현미(brown rice).

• 고이(こい) : 잉어(common carp).

• 고이쿠치쇼유(こいくちしょうゆ) : 간장. 관동지방에서 발달한 진한 색의 보통 간장. 약어로 코이구치(진간장)라고도 함.

• 고이까(こういか) : 갑오징어(edible commonfish).

• 고지(こうじ) : 누룩.

• 고시니쿠(こうしにく) : 송아지고기(veal).

• 고신료(こうしんりょう) : 향신료(spice).

• 고소(こうそ) : 효소(enzyme).

• 고차(こうちゃ) : 홍차(black tea).

• 고노모노(こうのもの) : 일본김치.

• 고베우시(こうべうし) : 고베고기 = 고베니꾸.일본의 코베지방에서 생산되는 것으로서 마블링이 잘된 육질이 대단히 좋은 식용 쇠고기.

• 고야도후(こうやどうふ) : 냉동 두부. 두부를 얼려 말린 것으로서 물에 불려서 사용 = 코오리도우후(凍豆腐 ; こおりどうふ).

• 고라가에시(こうらがえし) : 게 껍질을 초절임하여 각종 요리에 응용하는 것.

• 고라아게(こうらあげ) : 게 껍질에 채소와 달걀을 풀어 전분을 묻혀 튀긴 것.

• 고라무시(こうらむし) : 게 껍질에 채소와 달걀을 풀어 담아 쪄낸 것

• 고라야키(こうらやき) : 게 껍질에 채소와 달걀을 풀어 담아 구워낸 것.

• 고라모리(こうらもり) : 게 껍질을 그릇으로 사용하는 것.

• 고리(こおり) : 얼음(ice).

• 고쿠루이(こくるい) : 곡류(cereal).

• 고케히키(こけひき) : 생선의 비늘을 제거할 때 사용되는 조리도구. 우로꼬히끼라고도 함.

• 고코쿠(ごこく) : 오곡(five grains). 다섯 종류의 곡물. 코메(쌀), 무기(보리), 아와(조), 키비(수수), 마메(콩).

• 고쇼(こしょう) : 후추(pepper).

• 고치(こち) : 양태(bartailed flathead).

• 고나와사비(こなわさび) : 가루 와사비.

• 고노코(このこ) : 해삼의 난소를 건조시킨 식품.

• 고노시로(このしろ) : 전어(gizzard shad). 15cm 정도 크기의 것을 코하다라고 함.

• 고노와다(このわた) : 해삼창자젓. 해삼의 창자를 모아 소금에 절여서 숙성시켜 만든 젓갈.

• 고바치(こばち) : ① 무침요리 등을 담는 작은 그릇. ② 일본요리의 메뉴 이름으로서, 초회나 무침 등의 요리.

• 고히쓰지니쿠(こひつじにく) : 양고기(lamb).

• 고부(こぶ) : 식용 다시마. 콘부라고도 한다.

• 고부시메(こぶしめ) : 다시마 절임 생선회. 오로시 한 생선에 소금을 뿌려 다시마로 말았다가 사용하는 생선회요리.

• 고부다시(こぶだし) : 다시마국물. 다시마를 물에 담가 다시마의 지미 성분을 추출하여 얻어낸 국물.

• 고부마키(こぶまき) : 다시마 말이. 다시마로 재료를 말아서 간장과 설탕, 미림을 넣어 부드럽게 졸여 익힌 요리.

• 고보(ごぼう) : 우엉(edible burdock).

• 고마(ごま) : 참깨(sesame).

• 고마아부라(ごまあぶら) : 참기름(sesame oil). 우리나라의 참기름은 깨를 볶아 짜내지만, 일본식은 깨를 그대로 짜내서 색이 맑고 향이 연하다.

• 고마이오로시(ごまいおろし) : 5장 뜨기.

• 고마도후(ごまどうふ) : 참깨 두부.

• 고무기(こむぎ) : 밀(wheat).

• 고무기코(こむぎこ) : 밀가루(flour).

- **고무베라**(ごむべら) : 고무주걱. 용기에 남아 붙어 있는 것들을 긁어모으는데 사용하는 조리도구.
- **고메**(こめ) : 쌀(rice)의 총칭
- **고메코**(こめこ) : 쌀가루. 멥쌀 또는 찹쌀을 갈아 분말로 한 것으로 과자나 떡의 재료로 사용.
- **고메코지**(こめこうじ) : 쌀누룩.
- **고메미소**(こめみそ) : 쌀된장. 쌀누룩을 원료로 해서 만든 된장으로 쌀과 콩과 소금의 배합 비율에 따라 맛과 색이 다름.
- **고모쿠즈시**(ごもくずし) : 비빔초밥. = 마제즈시.
- **고모치**(こもち) : ① 산란기에 알을 뱃속에 갖고 있는 생선. ② 생선이 알을 낳아 놓은 미역이나 다시마. ③ 알을 가진 생선의 모양을 세공하여 조리한 것.
- **고리**(ごり) : 독중개의 방언
- **고로모**(ころも) : 튀김옷. 튀김이나 무침, 과자 등의 재료에 묻히거나 담그기 위해 만든 재료.
- **고로모아게**(ころもあげ) : 튀김옷인 다양한 고로모(衣)를 사용하여 만든 튀김요리.
- **곤다테**(こんだて) : 메뉴(menu).
- **곤냐쿠**(こんにゃく) : 곤약(elephant foot).
- **곤부**(こんぶ) : 다시마(kelp).
- **곤부즈시**(こんぶずし) : 다시마로 만 초밥.

사(さ)

- **사이쿄즈케**(さいきょうづけ) : 된장절임.
- **사이쿄미소**(さいきょうみそ) : 서경된장.
  쌀을 원료로 하여 만든 흰 된장으로서, 사이꾜 지방이 주산지.
- **사이쿄야키**(さいきょうやき) : 된장구이.
  생선을 양념한 된장에 절였다가 굽는 생선구이 요리.
- **사이쿠가마보코**(さいくかまぼこ) : 세공 어묵. 어묵을 세공하여 잘라 모양을 낸 것.
- **사이쿠즈시**(さいくずし) : 세공 초밥. 여러 가지 재료를 사용하여 갖가지의 모양과 색을 내고 장식하여 만든 초밥요리.
- **사이쿠다마고**(さいくたまご) : 세공 달걀. 삶은 달걀이나 메추리알을 이용하여 세공 조작을 통해 모양을 낸 것.
- **사이쿠즈쿠리**(さいくづくり) : 세공 회. 생선회를 썰어서 꽃이나 잎사귀 모양으로 만들어 모양을 낸 것.

- **사이노메기리**(さいのめぎり) : 재료를 1cm 정도의 정육면체 주사위 모양으로 써는 것으로 기본 썰기 방법 중 하나.
- **사이바시**(さいばし) : 조리한 음식을 그릇에 담을 때 사용하는 젓가락.
- **사카시오**(さかしお) : 조미술. 술에 향과 소금을 섞은 조미용 술.
- **사카나**(さかな) : 생선(fish). 어류의 총칭. 우오(魚)라고도 읽는다.
- **사카무시**(さかむし) : 술찜. 청주를 이용한 찜요리로서 술의 향기가 재료의 냄새를 없애며 요리를 향기롭게 한다. 생선이나 패류를 주로 이용하며, 채소와 함께 담아 청주를 다시와 50%씩 섞어서 약하게 소금간을 하여 끼얹어 쪄낸다. 폰즈와 야쿠미를 곁들인다.
- **사쿠라**(さくら) : ① 벚나무(cherry). 벚꽃. ② 말고기(馬肉).
- **사쿠라즈케**(さくらづけ) : 벚꽃을 소금에 절인 것.
- **사쿠라나베**(さくらなべ) : 말고기를 이용한 냄비요리.
- **사쿠라니**(さくらに) : 문어나 낙지를 벚꽃색이 나도록 졸인 음식.
- **사쿠라니쿠**(さくらにく) : 말고기. 말고기 회.
- **사쿠라미소**(さくらみそ) : 나메미소의 일종으로서 그냥 반찬으로 먹을 수 있는 된장을 말하며, 된장에 우엉, 생강, 설탕을 넣어 단맛이 강하게 만든다.
- **사쿠라무시**(さくらむし) : 재료를 벚나무 잎으로 싸거나, 색을 내거나, 혹은 얹어서 쪄낸 요리.
- **사쿠라메시**(さくらめし) : 간장과 술을 넣어 지은 쌀밥.
- **사쿠라모치**(さくらもち) : 밀가루 반죽에 팥을 넣고 벚나무 잎으로 싸서 찐 음식.
- **사쿠란보**(さくらんぼ) : 벚나무 열매(cherry).
- **자쿠로**(ざくろ) : 석류나무.
- **사케**(さけ) : ① 술의 총칭. ② 청주. 니혼슈 라고도 함.
- **사케**(さけ) : 연어(salmon).
- **사케카스**(さけかす) : 술찌꺼기. 술지게미.
술을 만들고 남은 주박으로서, 나라즈케의 원료로 사용.
- **사케즈시**(さけずし) : 연어초밥. 대나무 잎 위에 초밥을 깔고 연어를 얇게 썰어 무, 당근과 함께 올려놓은 다음 꼭 눌러 한 달 정도 두었다가 먹는 것.
- **사케차즈케**(さけちゃづけ) : 연어차밥.
- **자코**(ざこ) : 잡어. 종유를 분류하기 어려운 작은 물고기들의 총칭. 쟈코라고도 한다.
- **사사**(ささ) : ① 대나무 잎. ② 음식을 싸서 대나무 잎의 향을 음식에 담아낸 것.
- **사자에**(さざえ) : 소라(top shell).

• 사자에노쓰보야키(さざえのつぼやき) : 소라껍질구이. 소라껍질에 소라 등의 재료들을 넣어 껍질째 구운 요리

• 사사가키(ささがき) : 우엉 등의 채소를 대나무 잎 모양으로 깎는 것으로서, 사사가키기리의 준말.

• 사사마키즈시(ささまきずし) : 대나무잎으로 말아낸 초밥.

• 사사미(ささみ) : 닭고기의 안심 부위.

• 사사라(ささら) : 조리용 대나무솔.

• 사지(さじ) : 숟가락.

• 사시미(さしみ) : 생선회. = 오쓰쿠리

• 사시미가유(さしみがゆ) : 회죽. 죽 속에 흰살생선회와 간장을 넣어 먹는 요리.

• 사시미보초(さしみぼうちょう) : 생선회용 칼. 야나기바와 다코히키가 있다.

• 사츠마이모(さつまいも) : 고구마(sweet potato).

• 사토이모(さといも) : 토란(dasheen).

• 사토(さとう) : 설탕(sugar).

• 사나기(さなぎ) : 번데기.

• 사바(さば) : 고등어(mackerel).

• 사바쿠(さばく) : 닭고기 등의 손질 시, 뼈에서 살을 발라내는 작업. = 오로스.

• 사바즈시(さばずし) : 고등어초밥.

• 사바부시(さばぶし) : 고등어부시.

• 사비(さび) : 와사비. 초밥집의 은어.

• 사메(さめ) : 상어(shark).

• 사야인겐(さやいんげん) : 강낭콩(kidney beans).

• 사야엔도(さやえんどう) : 청대콩(podded peas). 꼬투리째 먹는 완두콩.

• 사요리(さより) : 공미리. 침어. 학공치(halfbeak).

• 사라(さら) : 접시. 음식을 담는 넓은 그릇

• 사라시네기(さらしねぎ) : 칼로 썬 파를 물에 씻어서 매운 맛이나 이취 등을 제거한 것. 주로 야쿠미에 사용.

• 사라다아부라(サラダあぶら) : 샐러드 기름. 순도가 높은 식물성 식용유.

• 자루(ざる) : 소쿠리.

• 자루소바(ざるそば) : 메밀국수(buckwheat noodle).

• 사와가니(さわがに) : 민물 게 종류의 하나.

• 사와라(さわら) : 삼치(spanish mackerel).

• 산쇼(さんしょう) : 산초나무(japanese pepper) 또는 열매(가루)

• 산쇼야끼(さんしょうやき) : 산초구이. 생선이나 수조육류의 테리야끼에 산초가루를 뿌려 낸 요리.

• 산친미(さんちんみ) : 삼진미. 일본요리의 삼대 진미. 나가사키의 가라스미(숭어알 염건품), 에치고의 우니(성게알젓), 미가와의 고노와다(해삼창젓).

• 산바이즈(さんばいず) : 삼배초. 식초와 간장, 설탕, 미림 등을 넣어 만든 새콤달콤한 혼합초.

• 산마(さんま) : 꽁치(saury).

• 산마이오로시(さんまいおろし) : 세장 뜨기.

• 산마이니쿠(さんまいにく) : 삼겹살. = 바라니쿠.

• 시자카나(しいざかな) : 술안주요리.

• 시다케(しいたけ) : 표고버섯.

• 시오(しお) : 소금. 식염. 쇼쿠엔이라고도 함.

• 시오카라(しおから) : 젓. 또는, 젓갈.

• 시오콘부(しおこんぶ) : 다시마 가공품의 일종. 다시마를 조미액에 담가 건조한 것.

• 시오자케(しおざけ) : 연어의 염장품.

• 시오사바(しおさば) : 자반고등어. 고등어의 염장 또는 염건품.

• 시오지메(しおじめ) 소금 절임. 생선에 소금을 뿌려 삼투압에 의한 탈수로 살이 단단해지게 하는 것.

• 시오즈께(しおづけ) 소금 절임. 염지. 채소를 소금으로 절인 것으로서 채소절임을 만들기 위한 것과 저장용으로 구분.

• 시오보시(しおぼし) : 염건. 어패류를 소금에 절여 건조하여 염건품을 만드는 것.

• 시오야키(しおやき) : 소금구이. 생선 등의 재료에 소금을 뿌리거나, 절이거나, 화장염으로 하여 굽는 것.

• 지가미기리(じがみぎり) : 채소를 부채 모양으로 써는 것.

• 시코미(しこみ) : 주방에서 조리를 하기 위해 행하는, 모든 전 처리 및 준비 작업.

• 시지미(しじみ) : 재첩조개.

• 시샤모(ししゃも) : 열빙어(capelin). 시사모.

• 시쇼쿠(ししょく) : 시식. 요리의 품질을 평가 혹은, 확인하기 위해 미리 맛을 보는 것.

• 시소(しそ) : 차조기(perilla). 청차조기의 잎.

• 시타아지(したあじ) : 밑간. 조리 전 생 재료에 향신료나 조미료로 미리 양념해 놓는 것.

• 시치미토가라시(しちみとうがらし) : 시치미. 고춧가루에 깨, 겨자씨, 유채씨, 삼씨(대마), 시소 열매, 산초가루, 파래 등의 일곱 가지 재료를 섞어 만든 것. 가케우동이나 닭꼬치구이 등의 요리에 뿌린다.

• **싯포쿠요리**(しっぽくりょうり) : 일본화 된 중국식 요리.

• **시바에비**(しばえび) : 중하(shiba shrimp). 시바새우.

• **시부미**(しぶみ) : 떫은 맛(astringent taste).

• **시마다이**(しまだい) : 돌돔. = 이시다이

• **시메사바**(しめさば) : 오로시 한 고등어육을 소금에 절였다가 식초물에 담가 절여 놓은 것.

• **시모후리**(しもふり) : 상강.
① 재료를 뜨거운 물에 재빨리 데쳐 냉수에 담가 씻는 것.
② 육류의 육질 속의 지방 분포도. 또는, 교잡도(marbling).

• **시모후리니쿠**(しもふりにく) : 마블링(marbling)이 좋은 고기. 일본 마쓰사카 지방에서 특수 사육한 마쓰사카니쿠(松阪肉)와 고베 지방의 고베니쿠가 유명.

• **쟈가이모**(じゃがいも) : 감자(potato). 쟈카고렌콘(じゃかごれんこん) 연근을 돌려 깎기 한 것.

• **샤쿠시**(しゃくし) : 주걱.

• **샤코**(しゃこ) : 갯가재(squilla).

• **쟈노메**(じゃのめ) : 오이를 씨 빼는 도구로서 신누끼한 다음, 고구치기리한 것.

• **쟈바라**(じゃばら) : 쟈바라. 양면에 어슷하게 칼집을 잘고 깊게 넣고 소금물에 절여 쟈바라처럼 늘어나도록 하는 것.

• **샤부샤부**(しゃぶしゃぶ) : 샤브샤브(shabu shabu).

• **샤리**(しゃり) : ① 사리 ② 초밥집의 은어로서, 초밥요리에 들어가는 초밥.

• **슈토**(しゅとう) : 다랑어 젓갈. 다랑어의 내장을 소금에 절여서 만든 시오카라.

• **쥬바코**(じゅうばこ) : 찬합. 음식을 넣어 들고 다닐 수 있도록 만든 용기.

• **순**(しゅん) : 제철. 생선이나 채소, 과실 등이 가장 맛이 좋은 시기 또는 계절.

• **순키쿠**(しゅんきく) : 쑥갓(garland chrysanthemum).

• **쥰사이**(じゅんさい) : 순채(water shield).

• **쇼가**(しょうが) : 생강(ginger).

• **쇼가쓰요리**(しょうがつりょうり) : 정월요리. 정초에 먹는 요리. = 오세찌료리

• **쥬고**(じょうご) : 깔때기. 액체를 병에 따르는데 사용되는 용기. 로우도라고도 한다.

• **쇼진요리**(しょうじんりょうり) : 정진요리 일본 사찰 요리로서 불교 사상의 영향을 받아 채소 및 채소의 건조품만 사용한 요리.

• **쇼유**(しょうゆ) : 간장(soy sauce).
– 우수구치쇼유(うすくちしょうゆ) : 연간장, 색이 연한 간장, 국 간장.

- 고이구치쇼유(こいくちしょうゆ) : 보통 간장, 색이 진한 간장, 진간장.
- 사이시코미쇼유(さいしこみしょうゆ) : 소금 대신 간장을 이용하여 만든 간장.
- 시라쇼유(しらしょうゆ) : 흰 간장. 밀가루로 만듦.
- 타마리쇼유(たまりしょうゆ) : 색이 아주 진한 간장.

• **쇼쿠엔**(しょくえん) : 식염(salt). 소금.

• **시라아에**(しらあえ) : 두부를 우라고시한 것을 이용하여 만든 채소 무침요리. 주로 청색 채소를 이용.

• **시라우오**(しらうお) : 뱅어(ice fish).

• **시라카유**(しらがゆ) : 흰죽. 쌀에 물만 부어서 쑤어낸 죽.

• **시라가**(しらが) : 백발. 재료를 백발처럼 가늘게 자른 것을 의미하며, 회의 곁들임 채소나 맑은 국의 재료에 사용한다. 무, 파, 땅두릅 등이 시라가의 재료로 사용된다.

• **시라코**(しらこ) : 생선의 정소. 이리(milt).

• **시라스보시**(しらすぼし) : 마른 멸치.

• **시라다키**(しらたき) : 실곤약. = 이도곤약.

• **시라니**(しらに) : 시로니. 하쿠니. 간장을 사용하지 않고 오징어, 백합근 등의 흰색 재료의 색을 그대로 살려 낸 조림요리.

• **시라야키**(しらやき) : 생선에 아무 양념도 하지 않고 그대로 굽는 것. = 시로야키.

• **시루**(しる) : 국 또는 국물이 있는 음식물.

• **시루코**(しるこ) : 단팥죽.

• **시루모노**(しるもの) : 국. 국물이 있는 요리.

• **시로쇼유**(しろしょうゆ) : 백간장. 밀가루를 주원료로 하여 만들어 낸 맑은 간장.

• **시로미**(しろみ) : ① 흰살생선. ② 난백(卵白).

• **시로미소**(しろみそ) : 백된장. 흰 콩과 쌀로 쑨 메주로 담근 된장.

• **징기스칸나베**(ジンギスカンなべ) : 철 투구와 같은 모양의 냄비. 또는, 이것을 사용하여 채소와 양고기를 다레를 곁들여 가며 구워 먹는 요리.

• **스**(す) : 식초(vinegar). 초산을 주성분으로 하는 조미료로서 양조초와 합성초로 대별.

• **스아에**(すあえ) : 초무침. 재료에 식초 또는 혼합초를 넣어 새콤달콤하게 무쳐낸 초무침요리.

• **스아게**(すあげ) : 재료에 튀김옷을 묻히거나 입히지 않고 그대로 튀겨낸 튀김요리.

• **스아라이**(すあらい) : 재료를 식초나 식초를 희석한 물에 담가 이취나 이미를 제거하는 것.

• **스이아지**(すいあじ) : 맑은 국과 같은 정도로 약하게 간이 된 국물.

• **스이카**(すいか) : 수박(watermelon).

- 스이쿠치(すいくち) : 맑은 국에 향을 내어주는 재료. 기노매, 파, 차조기, 유자, 생강 등.
- 스이지(すいじ) : 싱겁게 간을 한 맑은 국의 국물. 스이다시(吸出し)라고도 한다.
- 스이톤(すいとん) : 일본식 수제비.
- 스이모노(すいもの) : 맑은 국 = 스마시지루. 오스마시.
- 스에히로기리(すえひろぎり) : 채소를 부채처럼 점차로 끝이 퍼져가도록 자른 것.
- 스가키(すがき) : 굴 초회.
- 스가타(すがた) : 모습. 모양. 형태. 새나 어패류 등이 살아있을 때의 생긴 모양 그대로 조리한 것. 초밥, 회, 구이, 튀김 등.
- 스가타즈시(すがたずし) : 생선을 내장만 제거하고 소금과 초로 절여, 초밥을 뱃속에 넣어 만든 초밥.
- 스가타모리(すがたもり) : 생선을 내장을 제거하고 손질하여 회나 튀김, 구이 등으로 조리하여 재료 원형대로 담아내는 것. 후나모리(舟盛)라고도 한다.
- 스가타야키(すがたやき) : 생선을 구울 때 꼬치를 꽂아 구워서, 마치 생선이 헤엄치는 모습이나 움직이는 듯한 원형대로 익혀서 담아내는 것.
- 스키야키(すきやき) : 스키야키. 전골냄비. = 우시나베
- 스키야키나베(すきやきなべ) : 스끼야끼용 냄비.
- 스케(すけ) : 주방일이 바쁠 때 도와주는 보조, 또는 대리 조리사. 마와시. 헬퍼(helper).
- 스케토다라(すけとうだら) : 명태(pollack).
- 스시(すし) : 초밥. 생선초밥.
- 스지(すじ) : ① 동물의 힘줄이나 근육의 막. ② 삶은 어묵.
- 스시오케(すしおけ) : 초밥 용기. 초밥요리를 담아내는 전용 용기로서 높이가 낮고 넓은 칠기그릇.
- 스시스(すしす) : 초밥초. 초밥을 비빌 때 밥에 넣어 사용하기 위해 만든 혼합초. 촛물. 배합초.
- 스시다네(すしだね) : 초밥요리에 사용되는 생선이나 채소 등의 주재료. = 타네. 네다.
- 스시메시(すしめし) : 초밥.
- 스즈키(すずき) : 농어(sea bass).
- 스즈메즈시(すずめずし) : 작은 도미를 이용하여 만든 초밥. 참새 모양을 하기도 함.
- 스즈메다이(すずめだい) : 자리돔(damselfish).
- 스즈메야키(すずめやき) : ① 참새구이. ② 붕어꼬치구이.
- 스다치(すだち) : 스다치. 영귤. 가을에 나는 작은 향산성 녹색 감귤. 초귤. 산귤. 송이, 복요리 등에 사용되며, 폰즈 등의 소스에 유자 대신 사용
- 스즈케(すづけ) : 초절임. 재료를 식초 또는 혼합초에 담가 맛을 낸 요리.

• **슷폰**(すっぽん) : 자라(snapping turtle).

• **슷폰지루**(すっぽんじる) : 자라국. 자라맑은국.

• **슷폰나베**(すっぽんなべ) : 자라냄비.

• **슷폰니**(すっぽんに) : 자라조림. 자라를 볶아서, 간장과 청주를 넣어 졸인 조림요리.

• **스도리쇼가**(すどりしょうが) : 생강초절임. 생강의 뿌리나 줄기를 아마스(甘酢) 등에 담가 절인 것.

• **스마시지루**(すましじる) : 맑은 국. = 스이모노(吸い物).

• **스미**(すみ) : 목탄. 숯.

• **스미소**(すみそ) : 초된장.

• **스리코기**(すりこ木) : 일본식 절구봉. = 스리보

• **스리바치**(すりばち) : 일본식절구. 흙으로 구워 만든 내부의 빗살무늬 절구로서, 스리보라는 막대봉과 세트로 사용하여 식재료를 으깨거나 갈 때 사용.

• **스리미**(すりみ) : 으깬 어육.

• **스루메**(するめ) : 말린 오징어. 오징어를 손질하여 내장 등을 제거하고 건조한 것.

• **스루메이카**(するめいか) : 물오징어. 오징어(common squid).

• **즈와이가니**(ずわいがに) : 바다참게(queen crap).

• **세고시**(せごし) : 작은 생선을 손질하여 통째로 잘게 썰어 낸 생선회요리.

• **세리**(せり) : 미나리(water dropwort).

• **세와타**(せわた) : 새우 등 쪽에 있는 긴 내장.

• **센기리**(せんぎり) : 채 썰기(julienne).

• **젠고**(ぜんご) : 전갱이의 좌우 측면 중앙에서 꼬리까지 일자로 붙은 비늘.

• **젠사이**(ぜんさい) : 전채(appetizer). 외국 요리의 영향을 받아서 생긴 식전 전채요리. 식욕을 돋워 주며, 계절감을 살려주고, 하늘과 산과 물에서 나는 재료를 색깔별로 골고루 사용.

• **센차**(せんちゃ) : 녹차(green tea). 어린 찻잎을 따서 열풍건조한 것으로 뜨거운 물로 우려내어 사용.

• **센베이**(せんべい) : 쌀이나 밀가루를 반죽하여 금형을 이용하여 구운 과자.

• **소이**(そい) : 볼락(rockfish). 우럭류의 생선.

• **조스이**(ぞうすい) : 죽(gruel). 밥에 어개류나 채소 등을 첨가하여 만든 죽.

• **소멘** (そうめん) : 소면. 실국수. 밀가루로 만든 가느다란 건면의 일종. 가락국수.

• **소바**(そば) : 메밀. 메밀국수(buckwheat noodle).

• **소바코**(そばこ) : 메밀가루(buckwheat flour). 메밀 종자를 탈곡하여 제분한 것.

- 소바즈시(そばずし) : 메밀초밥. 메밀로 만든 김초밥.
- 소바다시(そばだし) : 메밀국물. 메밀국수에 곁들이는 국물. = 소바쓰유.
- 소바무시(そばむし) : 메밀찜. = 신슈무시(信州蒸し).
- 소바유(そばゆ) : 메밀국수를 삶아낸 물. 전문점에서 차처럼 마신다.
- 소보로(そぼろ) : 소보로. 닭고기, 새우, 생선살 등을 삶아서 말리며 간을 하여 부셔 놓은 것. 오보로(朧)라고도 한다.
- 소메오로시(そめおろし) : 무즙에 간장과 부순 김 등으로 색과 맛을 낸 것으로 생선구이에 곁들임.
- 소라마메(そらまめ) : 잠두콩(broad beans).

타(た)

- 다이(たい) : 도미(sea bream).
- 다이콘(だいこん) : 무(radish).
- 다이콘오로시(だいこんおろし) : 무즙. 무를 강판을 이용하여 갈아낸 것을 취한 것.
- 다이쇼에비(だいしょえび) : 대하(prawn).
- 다이즈(だいず) : 콩. 대두(soy beans).
- 다이즈코(だいずこ) : 콩가루.
- 다이즈고항(だいずごはん) : 콩밥.
- 다이즈모야시(だいずもやし) : 콩나물. = 마메모야시(豆萌).
- 다이즈유(だいずゆ) : 콩기름. 식용유. 콩을 압착 추출하여 얻은 원유를 정제한 것. 샐러드, 튀김 등에 이용.
- 다이다이(だいだい) : 등자(나무). 등자 열매. 향산성 녹색 감귤로서 요리나 혼합초를 만드는데 즙을 사용.
- 다이차즈께(たいちゃづけ) : 도미차밥.
- 다이지리(たいちり) : 도미지리. 도미냄비.
- 다이묘오로시(だいみょおろし) : 칼로 중골 위의 뼈를 누르면서 단번에 오로시 하는 것. 사요리 등의 생선에 이용.
- 다이메시(たいめし) : 도미를 사용한 밥.
- 다이멘(たいめん) : 삶은 소면에 도미조림을 얹어낸 요리. 타이소우멘의 약어.
- 다이야키(たいやき) : 붕어빵처럼 앙금을 넣어 도미 모양으로 구워낸 과자.
- 다이라기(たいらぎ) : 키조개(pan shell).

- 다카노즈케(たかのづけ) : 갓 절임.
- 다쿠안즈케(たくあんづけ) : 단무지. 에도시대의 승려 다꾸안이 무의 저장을 위해 개발한 무절임.
- 다케노코(たけのこ) : 죽순(bamboo shoot).
- 다케야키(たけやき) : 대나무구이. 대나무에 어패류와 채소를 넣고 오븐에서 구워낸 요리.
- 다코(たこ) : 문어(octopus).
- 다코히키(たこひき) : 길게 사각 진 사시미용 칼. 다코히키보우초우의 준말.
- 다코야키(たこやき) : 낙지구이. 낙지풀빵구이.
- 다시(だし) : 다시. 다시국물.
- 다시카케(だしかけ) : 조미한 국물을 음식에 끼얹어내는 요리.
- 다시콘부(だしこんぶ) : 다시용 다시마.
- 다시마키(だしまき) : 달걀말이. 타시마키다마고의 준말.
- 다시와리(だしわり) : 간장이나 조리료 등을 다시 국물로 희석하여 간을 연하게 한 것.
- 다타키(たたき) : ① 칼등이나 손으로 두들겨 다진 것. ② 생선의 다타키요리.
- 다타키아게(たたきあげ) : 닭고기 등을 칼로 다져 동그랗게 튀겨낸 요리.
- 다타키나마스(たたきなます) : 생선회 조리법 중 하나. 전갱이나 다랑어를 다져서 된장과 파를 섞어 먹는 것.
- 다치우오(たちうお) : 갈치(hairtail). 헤엄칠 때 서서 있는 것 같아 붙여진 이름
- 다쓰쿠리(たつくり) : 말린 잔멸치. 또는, 이것을 간장과 설탕, 술 등으로 졸인 것.
- 다쓰다(たつた) : 간장이나 새우 등의 재료로 음식에 단풍과 같은 색이 나도록 만든 것.
- 다즈나즈시(たずなずし) : 김발 위에 랩을 깔고, 그 위에 생선 등의 초밥 재료를 2~3가지 올려놓은 다음, 초밥을 길게 올려 말아낸 초밥요리.
- 다즈나누키(たずなぬき) : 채소를 나선 모양으로 파내는 데 이용하는 조각 도구.
- 다즈나마키(たずなまき) : 부드러운 재료 세 가지를 김발 위에 어슷하게 놓고 말아낸 초밥.
- 다테가와(だてがわ) : 스리미에 계란을 풀어 섞어 두껍게 구운 것.
- 다테구시(たてぐし) : 생선의 머리에서 꼬리까지 일자로 꼬치를 꽂은 것.
- 다테이다(たていた) : 주방장의 보조인 부주방장. 또는, 주임급 역할의 조리사.
- 다테시오(たてしお) : 염분 농도로 만든 소금물로서 생선을 씻거나 채소를 절이는데 사용.
- 다테바요리(たてばりょうり) : 길거리요리(street food).
- 다테마키(だてまき) : 오세치요리에 이용되는 달걀말이.
- 다테마키즈시(だてまきずし) : 타데가와에 초밥을 얹고 김초밥의 속재료를 넣어 김발로 말아낸 것.

• 다마고(たまご) : 알의 총칭. 주로 달걀을 뜻하며 게이란(鶏卵)이라고도 한다.

• 다마고자케(たまござけ) : 달걀술.

• 다마고쇼유(たまごしょうゆ) : 달걀간장.

• 다마고지루(たまごじる) : 달걀물.

• 다마고도우후(たまごどうふ) : 달걀두부.

• 다마고토지(たまごとじ) : 음식 위에 달걀을 다시에 풀어 엉기게 하여 얹어낸 요리.

• 다마고돈부리(たまごどんぶり) : 달걀덮밥. 다마고도지를 만들어 밥에 얹어 담아낸 요리.

• 다마고마키(たまごまき) : 달걀말이. 타시마끼(出汁巻)라고도 한다.

• 다마고마키나베(たまごまきなべ) : 달걀말이 판. 철이나 알루미늄으로 되어 있는 달걀말이 전용 사각 팬.

• 다마고유데키(たまごゆでき) : 달걀을 삶는 전기기구.

• 다마자케(たまざけ) : 술과 물을 반씩 섞은 것으로 손질된 생선을 씻는데 사용.

• 다마지(たまじ) : 달걀물. = 다마고지루(卵汁).

• 다마네기(たまねぎ) : 양파(onion).

• 다마미소(たまみそ) : 기본 된장. 흰된장에 난황, 청주, 미림 등을 넣어 가열하면서 굳힌 된장.

• 다마리죠우유(たまりじょうゆ) : 다마리간장. 대두와 식염으로만 만든 색이 진한 간장으로서 요리의 색을 내는 데 사용.

• 다라(たら) : 대구(cod fish).

• 다라코(たらこ) : 명태의 난소를 염장한 것. 모미지꼬라고도 함.

• 다라코부(たらこぶ) : 대구 맑은국.

• 다라치리(たらちり) : 대구냄비요리. 대구지리.

• 다라노키(たらのき) : 두릅나무.

• 다라노메(たらのめ) : 두릅나물. = 다라노키.

• 다루(たる) : 나무통. 술이나 간장 등을 넣어두는 통. 크고 둥글며 뚜껑이 있다.

• 다레(たれ) : 다래. 테리야키소스.

• 단고(だんご) : 경단. 단자.

• 단자쿠기리(たんざくぎり) : 채소를 폭 1cm, 길이 4~5cm 정도의 크기로 얇게 써는 것.

• 단스이카부쓰(たんすいかぶつ) : 탄수화물(carbohydrate).

• 단파쿠시쓰(たんぱくしつ) : 단백질(protein).

• 단포포(たんぽぽ) : 민들레(dandelion).

- 지아이(ちあい) : 치아이니쿠. 생선살 사이의 검붉은 부분(dark mussel).
- 지카라우동(ちからうどん) : 떡을 올려놓은 가케우동.
- 지쿠젠니(ちくぜんに) : 닭고기 야채조림. 가메니(がめ煮)라고도 함.
- 지꾸와(ちくわ) : 원통형의 어묵.
- 지샤(ちしゃ) : 상추(lettuce). 치사라고도 함.
- 지다이(ちだい) : 붉돔(crimson sea bream).
- 지누(ちぬ) : 감성돔. 치누다이, 구로다이라고도 함.
- 지누키(ちぬき) : 피 빼기.
- 지마키즈시(ちまきずし) : 초절임한 생선을 얇게 저며 초밥을 만들어 대나무 잎으로 만 것.
- 자(ちゃ) : 차(tea). 찻잎을 열풍 건조시킨 것을 열수로 추출하여 낸 음료. 발효 여부에 따라 녹차(비발효), 홍차(발효), 우롱차(반발효) 등으로 분류.
- 자가시(ちゃがし) : 차와 같이 먹는 과자.
- 자가유(ちゃがゆ) : 차로 끓인 죽.
- 자킨즈시(ちゃきんずし) : 얇은 지단이나 생선으로 동그랗게 말아 싸낸 초밥.
- 자코시(ちゃこし) : 차를 거르는 동그란 망으로 된 도구.
- 자센기리(ちゃせんぎり) : 채소에 빗살무늬 모양으로 잔 칼집을 넣어 차를 마시는 주전자 모양을 낸 것.
- 자센나스(ちゃせんなす) : 가지를 챠센기리한 것.
- 자소바(ちゃそば) : 건조한 찻잎 가루를 섞어 만든 메밀국수.
- 자즈케(ちゃづけ) = 오차즈케
- 자메시(ちゃめし) : 차를 달인 물에 소금과 술로 간을 하여 지은 밥.
- 자완(ちゃわん) : 일본의 대표적인 식기로서 밥, 국, 차 등을 담는 용도의 자기그릇.
- 자완무시(ちゃわんむし) : 달걀찜.
- 잔코나베(ちゃんこなべ) : 씨름꾼들이 만들어 먹던 냄비요리.
- 자부다이(ちゃぶだい) : 식사용 탁자, 즉 밥상 = 한다이
- 잔퐁(チャンポン) : 짬뽕.
- 주카요리(ちゅうかりょうり) : 중화요리 = 츄우고꾸료우리(중국요리).
- 주쇼쿠(ちゅうしょく) : 점심. 1일 3식 중 두 번째로 하는 식사.
- 주리키코(ちゅうりきこ) : 중력분. 글루텐 함량이 강력분보다 적어 제면 및 제과에 적합한 밀가루.
- 조쇼쿠(ちょうしょく) : 조식. 조반. 아침식사(breakfast).
- 조센즈케(ちょうせんづけ) : 한국의 김치. = キムチ.

• 조센닌징(ちょうせんにんじん) : 인삼(ginseng). = 코우라이닌징(高麗人蔘).

• 조센야키(ちょうせんやき) : 불고기. 일본에 가장 널리 알려진 한국요리.

• 조센요리(ちょうせんりょうり) : 한국요리.

• 조미(ちょうみ) : 조미. = 아지쓰케

• 조미쇼유(ちょうみしょうゆ) : 조미간장. 겨자나 와사비, 다시 등을 넣어 조미를 하여 맛을 낸 간장.

• 조미즈(ちょうみず) : 조미식초. 식초에 간장, 설탕, 소금, 술 등의 재료를 넣어 만든 혼합초. 니하이즈, 삼바이즈, 도사스, 아마스, 고마스등.

• 조리(ちょうり) : 조리(cooking).

• 조리시(ちょうりし) : 조리사(cook, chef).

• 조리시호우(ちょうりしほう) : 조리사법. 일본에서 조리사에 관한 사항을 구체적으로 명시하여, 국민 식생활의 향상을 목적으로 1958년에 제정된 법률.

• 조리바(ちょうりば) : 주방(kitchen). 조리장.

• 조리바케(ちょうりばけ) : 조리용 붓.

• 지라시아게(ちらしあげ) : 덴푸라를 튀길 때 꽃이 피도록 고로모를 뿌리며 튀기는 것.

• 지라시즈시(ちらしずし) : 일본식 회덮밥.

• 지리스(ちりす) = 폰즈(ポンズ)

• 지리나베(ちりなべ) : 지리 냄비.

• 지리무시(ちりなし) : 지리찜. 지리처럼 재료를 담아서 다시에 술을 넣고 찜기에 쪄낸 요리.

• 지리멘자코(ちりめんざこ) : 치리멘. 마른 잔멸치를 무즙 위에 얹어낸 요리. 또는 잔멸치 건조품.

• 진피(ちんぴ) : 귤의 껍질.

• 진미(ちんみ) : 진미. 귀한 음식.

• 쓰키다시(つきだし) : 츠키다시. 식사 전에 나오는 간단한 안주요리.

• 쓰키미(つきみ) : 난황을 달처럼 보이도록 음식 위에 담아 올린 요리.

• 쓰키미토로로(つきみとろろ) : 산마즙에 난황을 위에 얹어낸 요리.

• 쓰쿠다니(つくだに) : 어류, 해조류, 채소 등을 간장, 미림, 설탕 등으로 달게 졸여낸 요리.

• 쓰쿠네(つくね) : 민치(mince)한 재료에 달걀을 넣어 반죽하여 당고로 만든 것.

• 쓰쿠리(つくり) : 생선회. 오츠쿠리, 츠쿠리미 라고도 한다.

• 즈케(づけ) : 참치초밥. 초밥집의 은어로서 간장에 절여서 보존했기 때문에 붙여진 이름.

• 쓰케아게(つけあげ) : 어묵튀김. 사츠마아게 라고도 한다.

• **쓰케죠우유**(つけじょうゆ) : 요리에 곁들이는 간장.

• **쓰케모노**(つけもの) : 채소절임(일본김치).

• **쓰케야키**(つけやき) : 타레를 발라가며 구운 요리. = 테리야키

• **쓰즈기리**(つつぎり) : 썰기 방법 중의 하나로서 생선을 통째로 써는 것.

• **쓰즈미아게**(つつみあげ) : 향미를 살리고 타지 않도록, 재료를 은박지 등으로 싸서 튀긴 요리.

• **쓰즈미야키**(つつみやき) : 재료를 조미하여 은박지 등으로 싸서 구운 요리.

• **쓰나기**(つなぎ) : 재료에 점성을 높이기 위하여 달걀이나 산마즙, 밀가루, 전분 등을 넣는 것.

• **쓰바키**(つばき) : 동백나무(camellia).

• **쓰부**(つぶ) : 고둥. 소라고둥(whelk).

• **쓰부우니**(つぶうに) : 성게의 생식소로 만든 젓갈.

• **쓰보**(つぼ) : 혼젠요리에서 사용하는 식기. 주로 니모노를 담는다.

• **쓰보누키**(つぼぬき) : 생선의 아감딱지에 칼이나 저분을 넣어 아가미와 내장을 빼내는 것.

• **쓰보야키**(つぼやき) : 소라의 껍질을 그릇으로 이용하여 조리하는 것.

• **쓰마**(つま) : 생선회나 국에 곁들이는 채소나 해조. 특히 생선회에 쓰이는 부재료.

• **쓰마미**(つまみ) : 간단한 안주요리. = 오쓰마미(お摘み), 츠마미모노(摘み物)

• **쓰유**(つゆ) : 맑은 장국 또는 국물.

• **쓰루시기리**(つるしぎり) : 생선을 매달아 놓고 오로시 하는 것. 아귀를 손질할 때 사용되는 방법.

• **데이쇼쿠**(ていしょく) : 정식요리(set menu).

• **데우치**(でうち) : 수타. 면을 손으로 반죽하여 쳐서 국수 등을 만들어 내는 것.

• **데즈**(てず) : 초밥을 쥘 때 손에 묻히는 식초물.

• **뎃카돈부리**(てっかどんぶり) : 초밥에 참치의 붉은 살을 얹은 요리.

• **뎃카마키**(てっかまき) : 참치김초밥.

• **뎃사**(てっさ) : 복사시미. 복어의 별명인 철포의 사시미란 뜻의 약어.

• **뎃센**(てっせん) : 요리에 부채 모양의 꼬치를 꿰거나 부채 모양으로 자른 요리의 명칭.

• **뎃자리**(てっちり) : 복지리. 복어냄비.

• **뎃판야키**(てっぱんやき) : 철판구이. 철판구이요리.

• **뎃포**(てっぽう) : 복어의 별명.

• **뎃포마키**(てっぽうまき) : 박고지조림을 넣어 만든 호소마키 = 간표마키

• **뎃포야키**(てっぽうやき) : 고추된장을 발라 구운 요리.

• 데바보쵸(でばぼうちょう) : 생선 오로시용 칼. = 데바
• 데비라끼(でびらき) : 손을 이용하여 작은 생선의 머리와 내장을 제거하는 방법.
• 데미즈(でみず) : 밥이나 떡을 만질 때 손에 붙지 않도록 손에 묻히는 물.
• 데리니(てりに) : 재료에 테리처럼 윤기가 흐르도록 졸인 요리.
• 데리야키(てりにき) : 타레(垂れ)를 발라가며 구운 구이요리.
• 덴가꾸(でんがく) : 두부된장구이. 두부산적. 덴가쿠도우후의 약어.
• 덴가쿠미소(でんがくみそ) : 일본식 맛 된장. 닭고기를 갈아 된장에 넣고 졸여 낸 된장.
• 덴카스(てんかす) : 튀김 찌꺼기. = 아게다마(揚げ玉).
• 덴구사(てんくさ) : 우뭇가사리. 홍조류의 일종으로 한천과 도코로텐(心太)의 원료.
• 덴쓰유(てんつゆ) : 텐푸라를 담가서 묻혀먹는 소스. = 텐다시(天出汁)
• 덴돈(てんどん) : 덴푸라덮밥. 밥 위에 튀김을 얹어 낸 것.
• 덴피(てんぴ) : 오븐(oven).
• 덴푸라(てんぷら) : 밀가루에 난황과 냉수로 반죽한 고로모를 묻혀 튀긴 일본의 대표적인 튀김요리.
• 덴푼(てんぷん) : 전분. 갈분, 감자, 고구마, 옥수수의 전분, 쌀, 밀가루, 고사리, 전분 등.
• 덴포야키(てんぽうやき) : 토기에 가늘게 썬 파를 깔고 생선살을 넣어 익힌 요리.
• 덴모리(てんもり) : 요리의 돋보임을 위하여, 요리 위에 색과 의미가 있는 재료를 얹는 것.
• 도이시(といし) : 숫돌. 칼을 가는 돌.
• 도가라시(とうがらし) : 홍고추(red pepper).
• 도우키(とうき) : 도자기. 자기그릇.
• 도우자니(とうざに) : 채소 등을 간장과 술을 넣어 짜게 졸여낸 요리.
• 도우뉴(とうにゅう) : 두유(soy milk).
• 도후(とうふ) : 두부(bean curd).
• 도묘지아게(とうみょうじあげ) : 찹쌀을 쪄서 말린 식품을 재료에 묻혀 튀겨 낸 튀김요리.
• 도모로코시(とうもろこし) : 옥수수(corn).
• 도코부시(とこぶし) : 오븐재기(ear shell). 떡조개.
• 도코로텐(ところてん) : 우무. 우뭇가사리의 한천질을 추출, 응고시켜 만든 식품.
• 도사까노리(とさかのり) : 닭볏(계관) 모양의 홍조류 해초로서, 초회나 장식에 사용.
• 도사(とさ) : 가쓰오부시의 산지. 도사가 들어간 요리는 가쓰오부시를 사용한 요리.
• 도사쇼유(とさしょうゆ) : 가쓰오부시, 미림, 술 등으로 간을 하여 끓여 맛을 낸 간장.

• **도사즈**(とさず) : 혼합초의 일종으로 혼합초 제조 시, 가쓰오부시를 사용한 것.
• **도시코시소바**(としこしそば) : 해넘기기 소바.
• **도죠**(どじょう) : 미꾸라지(loach).
• **돗쿠리**(とっくり) : 뜨거운 청주를 담아 마시는 작은 술병
• **도데나베**(どてなべ) : 굴 냄비요리.
• **도나베**(となべ) : 질그릇 냄비. 흙은 구워 만든 냄비.
• **도비우오**(とびうお) : 날치(flying fish).
• **도빈**(どびん) : 질주전자. 조리용기로서 송이버섯의 주전자찜 요리에 사용.
• **도빈무시**(どびんむし) : 주전자찜. 송이버섯요리가 대표적.
• **도부로쿠**(どぶろく) : 막걸리. 청주의 제조 공정에서 거르지 않은 탁한 술.
• **도메완**(とめわん) : 가이세키(會席)요리 가장 끝에 나오는 식사와 함께 나오는 국물요리.
• **도라후구**(とらふぐ) : 범복(tiger puffer). 복어 중에서 최상품.
• **도리가이**(とりがい) : 새조개(cockle).
• **도리니쿠**(とりにく) : 닭고기(chicken).
• **도리메시**(とりめし) : 닭고기밥. 닭육수에 간장, 소금으로 간을 하고 닭고기를 넣어 지은 밥.
• **도로**(トロ) : 참치의 뱃살. 오오도로(大-), 츄우도로(中-), 세도로(背-) 등.
• **도로로**(とろろ) : 산마즙. 산마를 강판에 갈아 술과 소금 등으로 간을 한 것.
• **도로로이모**(とろろいも) : 산마. 마(yam).
• **도로로콘부**(とろろこんぶ) : 다시마를 가늘게 썰어서 만든 다시마 가공 식품.
• **도로로지루**(とろろじる) : 산마즙을 넣은 장국.
• **도로로소바**(とろろそば) : 산마즙 메밀국수. 소바다시에 산마즙을 넣어 먹는 메밀국수.
• **돈지루**(とんじる) : 돈육국물 = 부다지루
• **돈소쿠**(とんそく) : 돼지족발.
• **돈지리**(とんちり) : 돈육지리냄비.
• **돈부리**(どんぶり) : ① 덮밥요리. ② 덮밥용 그릇 = 돈부리바치
• **돈부리메시**(どんぶりめし) : 덮밥. 돈부리바치에 밥을 넣고, 그 위에 조리한 재료를 얹어낸 식사요리.

나(な)

- 나가이모(ながいも) : 참마.
- 나가사키요리(ながさきりょうり) : 나가사키요리.
- 나가시바코(ながしばこ) : 찜틀. 굳힘틀.
- 나시(なし) : 배(pear).
- 나스(なす) : 가지(eggplant).
- 낫토(なっとう) : 대두를 삶아 단순발효에 의해 숙성 시킨 일본의 대표적인 콩 발효 식품.
- 나쓰미칸(なつみかん) : 여름 밀감.
- 나쓰메(なつめ) : 대추(jujube).
- 나나메기리(ななめぎり) : 어슷썰기.
- 나노하나(なのはな) : 유채꽃.
- 나베(なべ) : 냄비. 흙으로 만든 냄비를 나베라고 했으나 현재는 냄비라는 뜻으로 통칭하여 사용 함.
- 나베모노(なべもの) : 냄비요리. = 나베요리
- 나베야키우동(なべやきうどん) : 냄비우동.
- 나마코(なまこ) : 해삼(sea cucumber).
- 나마스(なます) : 회. 생선이나 육류 등을 비가열 조리한 요리의 총칭.
- 나마즈(なまず) : 메기(common catfish).
- 나마후(なまふ) : 생부. 밀기울을 이용하여 만든 일종의 조리용 떡.
- 나메코(なめこ) : 나메코. 식용버섯으로 된장국이나 요리의 덴모리에 이용.
- 나메미소(なめみそ) : 반찬으로 먹을 수 있도록 여러 가지 재료를 섞어 조미한 된장.
- 나라즈케(ならづけ) : 참외지. 장아찌. 술지게미로 만든 나라지방의 향토식 절임요리.
- 나레즈시(なれずし) : 염장 생선을 밥과 함께 절인 저장성 식품으로서 초밥의 원형.
- 난킨마메(なんきんまめ) : 낙화생(땅콩). = 랏카세이
- 난반요리(なんばんりょうり) : 포르투갈, 스페인의 영향을 받아 생긴 중국풍 요리.
- 난부(なんぶ) : 깨를 사용하여 요리에 곁들인 것.
- 니오이(におい) : 냄새.
- 니가미(にがみ) : 쓴맛(bitter taste).
- 니기리(にぎり) : 미림이나 술의 알코올을 제거하는 것.

- 니기리즈시(にぎりずし) : 생선초밥. 주먹초밥.
- 니기리메시(にぎりめし) : 주먹밥. = 오니기리(御握り).
- 니쿠단고(にくだんご) : 고기 단자.
- 니쿠타타키(にくたたき) : 다짐 망치. 고기를 두들겨 육질을 연하게 하는 금속제 기구.
- 니코고리(にこごり) : 생선의 젤라틴으로 굳힌 요리. 복어의 니코고리가 대표적.
- 니신(にしん) : 청어(herring).
- 니쓰메(につめ) : 초밥 재료에 바르는 다레. 간단히 쓰메라고도 한다.
- 니바이즈(にばいず) : 이배초. 혼합초로서 간장과 식초를 동량으로 섞는 것.
- 니반다시(にばんだし) : 2번 다시.
- 니보시(にぼし) : 다시용 마른 멸치.
- 니혼슈(にほんしゅ) : 청주. 일본술.
- 니혼요리(にほんりょうり) : 일본요리. = 와쇼꾸(화식).
- 니마이오로시(にまいおろし) : 두장 뜨기.
- 니마메(にまめ) : 콩조림. 불린 콩을 약한 불에 은은하게 끓인 후, 간을 하여 졸인 것.
- 니모노(にもの) : 삶거나 졸인 조림요리.
- 니라(にら) : 부추(chive).
- 니와도리(にわとり) : 닭(chicken), 보통은 도리라고 함.
- 닌진(にんじん) : 당근(carrot).
- 닌니쿠(にんにく) : 마늘(garlic).
- 누카즈케(ぬかづけ) : 무 쌀겨절임.
- 네기(ねぎ) : 파(Welsh onion).
- 네지우메(ねじうめ) : 매화 모양으로 만들어 각 잎사귀마다 입체적으로 각을 주어 깎는 것.
- 노시구시(のしぐし) : 새우를 삶을 때 등이 굽지 않도록 꼬치를 꽂아 주는 것.
- 노리(のり) : 김(laver).
- 노리마키(のりまき) : 김초밥.

하(は)

- 하이(はい) : 잔. 술잔.
- 하이가(はいが) : 배아. 씨의 구성 성분으로 열매의 일부분이며, 발아에 중요한 역할을 함.
- 바이카타마고(ばいかたまご) : 메추리알을 삶아 매화꽃 모양으로 만든 것. 아시라이로 사용.
- 바이니쿠(ばいにく) : 바이니쿠. 매화열매의 과육을 우라고시 하여, 설탕 등으로 조미하고 시소잎으로 색을 낸 것. 주먹밥, 죽 등에 뿌리거나 넣어서 사용.
- 바카가이(ばかがい) : 개랑조개. = 아오야기.
- 학사이(はくさい) : 배추(Chinese cabbage).
- 하쿠리키코(はくりきこ) : 박력분. 글루텐 함량이 가장 적어 튀김요리에 적합한 밀가루.
- 바쿠슈(ばくしゅ) : 맥주. = 비루
- 하케(はけ) : 요리용 붓.
- 하코즈시(はこずし) : 상자초밥.
- 하시(はし) : 젓가락. 저분.
- 하시오키(はしおき) : 젓가락 받침.
- 하지가미(はじがみ) : ① 생강. ② 산초의 옛 이름.
  ③ 생강의 대(잎)를 끓는 물에 데쳐 혼합초에 초절임한 것.
- 바쇼가지키(ばしょうかじき) : 돛새치(sailfish).
- 바시라(ばしら) : 조개관자. 가이바시라(貝柱)의 약어.
- 하스(はす) : 연꽃. 연근(lotus).
- 하제(はぜ) : 문절망둑(goby). 망둥어.
- 파세리(パセリ) : 파슬리(parsley).
- 하다(はた) : 능성어(grouper).
- 하다하다(はたはた) : 도루묵(sandfish).
- 하치(はち) : 주발, 사발 등의 그릇.
- 하치미쓰(はちみつ) : 벌꿀(honey).
- 핫쵸미소(はっちょうみそ) : 콩된장 중 하나로서 오카자키(岡崎) 지방의 등록상표명.
- 밧테라(ばってら) : 고등어 초밥.
- 핫포다시(はっぽうだし) : 조림용 국물.

• 하나가쓰오(はながつお) : 각종 부시를 가늘게 깎아 이도가키해 놓은 것.

• 하나산쇼(はなさんしょう) : 산초나무꽃.

• 하나렌콘(はなれんこん) : 연근의 주변을 꽃 모양으로 조각하여 조리한 것.

• 바니쿠(ばにく) : 말고기. = 사쿠라니쿠(백합조개).

• 하마구리(蛤:합 ; はまぐり) : 대합(clam).

• 하마치(はまち) : 방어의 중치.

• 하모(はも) : 갯장어(pike conger), 바다 갯장어.

• 하란(はらん) : 엽란.

• 하리우치(はりうち) : 조리 시 몸통을 꼬챙이로 찔러 굽는 방법.

• 하리기리(はりぎり) : 재료를 바늘처럼 가늘게 써는 것.

• 하리쇼가(はりしょうが) : 생강을 가늘게 채 썰기 하여 냉수에 담가 헹궈낸 것.

• 하리노리(はりのり) : 김을 살짝 구워서 가늘게 채 썰기 한 것.

• 하리네기(はりねぎ) : 파를 4cm 길이로 썰어, 옆으로 가늘게 바늘처럼 채 쳐서 물에 헹군 것.

• 하루사메(はるさめ) : 당면(glass noodle).

• 한게쓰기리(はんげつぎり) : 기본 썰기 방법 중 하나로서, 재료를 반달 모양으로 자르는 것.

• 한다이(はんだい) : 밥상. = 챠부다이

• 한다이(はんだい) : 초밥 비빔통. 한기리라고도 함.

• 반차(ばんちゃ) : 센차의 일종으로 잎을 따낸 뒤에 줄기를 따서 만든 차. 나중에 나온 차라는 의미로 만차라고도 하며, 어린잎으로 만든 것보다는 맛이 떨어짐.

• 피망(ピマン) : 피망(a green pepper). 서양고추. 튀김, 볶음요리 등의 아오미 등으로 활용됨.

• 비루(ビール) : 맥주(beer). 맥아, 호프, 물을 원료로 하여 발효시킨 알코올음료. = 바쿠슈(麥酒).

• 히카리모노(ひかりもの) : 초밥집 용어로서 전갱이, 전어, 고등어 등, 등 부위에서 푸른빛이 나는 생선.

• 히키기리(ひきぎり) : 사시미 써는 방법 중 하나로서 짧고 힘 있게 당겨 써는 것을 말함.

• 히키니쿠(ひきにく) : 간 고기. 민치고기. 햄버거, 미트볼, 소보로 등을 만드는 데 사용.

• 히시오(ひしお) : 옛날 간장.

• 히시키(ひじき) : 녹미채. 톳.

• 히즈(ひず) : 연어나 참치 머리의 연골.

• 히모(ひも) : 피조개나 가리비 등의 조개류의 지느러미와 같은 살. 또는, 육류의 내장.

• 히모노(ひもの) : 건물(포). 건어물.

- 히야시스이모노(ひやしすいもの) : 냉국. 차게 한 국물요리. 맑은 국보다 약하게 조미.
- 히야시모노(ひやしもの) : 여름철에 차게 하여 먹는 요리의 총칭.
- 히야소멘(ひやそうめん) : 냉소면. 삶아낸 소면국수에 차가운 국물을 곁들인 면 요리.
- 히야무기(ひやむぎ) : 냉국수. 소면보다는 굵고, 우동보다는 가는 국수로서 건면류의 일종.
- 히야얏코(ひややっこ) : 냉두부요리. 생두부에 차가운 다시를 부어 간장으로 간을 한 요리.
- 효시기기리(ひょうしぎぎり) : 기본 썰기 방법 중 하나로서, 길이 4~5cm에 폭 1cm의 사각의 막대 모양으로 써는 것.
- 히라타케(ひらたけ) : 느타리버섯.
- 히라즈쿠리(ひらづくり) : 칼을 힘 있게 당겨 살을 평평하게 써는 것. 참치회 썰기에 적합한 방법.
- 히라마사(ひらまさ) : 부시리(amberjack).
- 히라메(ひらめ) : 광어(halibut).
- 히레(ひれ) : 지느러미.
- 히레자케(ひれざけ) : 생선의 지느러미를 말려 구워 청주에 담가 먹는 술. 복어의 히레사케가 대표적.
- 히레지오(ひれじお) : 구이요리 시, 지느러미가 타는 것을 방지하기 위해 소금을 듬뿍 묻혀주는 것.
- 후키요세(ふきよせ) : 겨울철 요리로서 바람이 부는 가을부터 초겨울에 걸쳐 먹는 음식.
- 후킨(ふきん) : 행주.
- 후구(ふぐ) : 복어(puffer).
- 후투사요리(ふくさりょうり) : 향응 음식을 약식화한 정식요리로서, 후에 혼젠요리(本膳料理)가 됨.
- 후구조스이(ふぐぞうすい) : 복어죽.
- 후구지리(河豚ちり) : 복어지리냄비. = 뎃지리(鐵ちり).
- 후쿠메니(ふくめに) : 연한 간으로 오랫동안 졸여 낸 조림요리.
- 후구라시코(ふぐらしこ) : 베이킹파우더(baking powder. BP).
- 후쿠로(ふくろ) : 유부 속에 채소와 고기를 볶아 넣어 칸뾰 등으로 묶은 것.
- 후차요리(ふちゃりょうり) : 보차요리. 중국식의 쇼진요리로서 대부분 야채를 재료로 사용한다. 1654년 중국의 황벽종포교 당시 일본에 콩과 약품 등을 전하여 일본의 문화에 크게 기여했던 승려인 은원에 의하여 전래되었다. 좌불행이나 법요 등의 행사가 끝난 후, 차를 마시며 의논을 하는 차례 뒤에 나오는 식사가 후차요리인 것이다.
- 부도(ぶどう) : 포도(grape).
- 부도슈(ぶどうしゅ) : 포도주(wine).
  포도과즙을 발효시켜 만든 술로서 음료와 조리 첨가 재료로 사용.

- **부도슈니**(ぶどうしゅに) : 포도주를 사용하여 색과 향을 살린 조림요리.
- **부도마메**(ぶどうまめ) : 검정콩을 달게 졸인 콩 조림요리.
- **후토마키즈시**(ふとまきずし) : 김초밥. = 후도마끼.
- **후나**(ふな) : 붕어(carp).
- **후나즈시**(ふなずし) : 붕어초밥. 붕어의 나레즈시로서, 염지한 붕어에 밥을 넣고 반년 이상 일 년 정도 장기간 숙성, 발효시켜 얇게 썰어서 사용.
- **후하이**(ふはい) : 부패(decomposition). 미생물이 증식하여 생성해 낸 효소에 의해 식품 성분이 분해되어 가식성(可食性)을 잃는 것을 말한다. 이와 같이 단백질이 미생물의 작용으로 분해된 것을 부패라고 말하며, 탄수화물이 분해되어 유기산이나 알코올을 생성하여 내는 것은 발효라고 하고, 지질이 분해되는 현상은 변패라고 구분한다. 그러나 식품의 구성 성분이 복잡하게 되어 있어서, 이것들을 확실하게 구별하기는 곤란하며, 인체에 유익을 주는 경우를 제외하고는 대부분 부패 혹은, 변패라고 한다.
- **부리**(ぶり) : 방어(yellowtail). 전갱이과의 바닷물고기로서 성장하는 동안 이름이 변한다. 관동에서는 어릴 때를 와까시, 와카나고, 중간 정도 성장한 것을 이나다, 와라사, 그리고 성어를 부리라고 부르며, 크기는 약 1m에 이른다. 관서에서는 츠바스, 와카나, 하마치, 메지로, 부리라고 부른다.
- **후리가케**(ふりかけ) : ① 밥 위에 뿌려 먹도록 만든 혼합 분말 조미료. ② 음식 위에 곁들이는 재료 따위를 뿌리는 행위.
- **후리시오**(ふりしお) : 재료에 소금을 뿌리는 것.
- **벤토**(べんとう) : 도시락.
- **호이로**(ほいろ) : 건조기. 은은한 불판 위에 종이를 깔고 그 위에 김이나 미역, 차 등을 건조시키는 기구.
- **호지차**(ほうじちゃ) : 번차를 볶아서 달인 차로서, 강한 향이 있어 맛이 좋음.
- **호초**(包丁:포정 ; ほうちょう) : 식칼. 조리용 칼. 원래는 조리사를 지칭하는 용어였으나 지금은 식품을 자르는 도구의 총칭.
- **호보**(ほうぼう) : 성대(red gurnard).
- **호렌소**(ほうれんそう) : 시금치(spinach).
- **호로쿠**(ほうろく) : 질냄비. 높이가 낮고 넓은 질그릇 냄비로서 무시야키 하는데 사용되며, 식탁에 그대로 올려서 조리한다.
- **호로쿠야키**(ほうろくやき) : 질그릇 소금구이. 냄비에 소금을 깔고 어패류나 채소 등을 올려놓은 다음, 뚜껑을 덮어 오븐에 넣고 무시야키 하여 익힌 요리. 호우큐야키라고도 함.
- **호시아와비**(ほしあわび) : 말린 전복. 카누바오라고도 한다.
- **호시이이**(ほしいい) : 말린 밥. 보존을 위해 건조한 것. 과거에는 군대의 식량으로 사용하였으나 현재는 레도르트 식품으로 가공, 생산됨.

- **호시우동**(ほしうどん) : 건면. 마른 우동국수.
- **호시에비**(ほしえび) : 말린 새우.
- **호시가이바시라**(ほしがいばしら) : 건패주. 말린 조개관자. 가누베이(干貝柱)라고도 한다.
- **호시가키**(ほしがき) : 곶감. 감의 껍질을 벗겨 일광, 또는 가열 건조시켜 말린 것.
- **호시시이다케**(ほししいたけ) : 건표고. 말린 표고버섯.
- **호시소바**(ほしそば) : 건메밀국수. 마른 국수의 일종으로서 메밀국수를 건조한 것.
- **호시나마코**(ほしなまこ) : 건해삼. 말린 해삼. = 이리코
- **호시부도우**(ほしぶどう) : 건포도.
- **호소마키즈시**(ほそまきずし) : 반장의 김으로 말아낸 가는 김초밥. ↔ 후도마키즈시
- **호다데가이**(ほたてがい) : 가리비(scallop).
- **호다루이카**(ほたるいか) : 꼴뚜기(firefly squid).
- **홋키가이**(ほっきがい) : 함박조개(hen clam).
- **홋케**(ほっけ) : 임연수어(atka mackerel).
- **홋코쿠아카에비**(ほっこくあかえび) = 아마에비
- **호네키리**(ほねぎり) : 가는 잔가시를 발라내지 않고, 잘라가며 생선살을 오로시 하는 것.
- **호네누키**(ほねぬき) : 생선의 잔가시를 제거하는 것. 또는, 그 기구(핀셋).
- **호야**(ほや) : 멍게. 우렁쉥이(sea squirt).
- **보라**(ぼら) : 숭어(common mullet).
- **폰즈**(pons) : 과즙초. 카보스나 타이다이, 스다치 등을 이용하여 만든 향산성 식초 소스. 요즘에는 식초와 간장, 다시를 사용하여 만들며, 폰즈쇼우유. 또는, 지리스 라고도 한다.
- **혼젠요리**(ほんぜんりょうり) : 본선요리. 일본요리 형식의 기초가 된 일본의 사찰요리.
- **혼부시**(ほんぶし) : 고급품의 가쓰오부시.
- **혼마구로**(ほんまぐろ) : 참다랑어. 참치. = 구로마구로.

마(ま)

- **마아지**(まあじ) : 전갱이(jack mackerel). = 아지.
- **마이카**(まいか) : 오징어. 동경에서는 고이카(갑오징어), 북해도에서는 스루메이카, 야마구치에서는 켄사

키이카를 지칭함.

- **마이와시**(まいわし) : 정어리(pilchard). = 이와시.
- **마카지키**(まかじき) : 청새치(striped marlin).
- **마키스**(まきす) : 김발. 대나무 발로서, 마키즈시를 마는 도구.
- **마키즈시**(まきずし) : 김초밥(roll sushi).
- **마구차**(まぐちゃ) : 참치 차밥. 참치로 만든 차즈케(茶漬)로서, 간장에 담가 두었던 참치살을 썰어 김가루와 함께 밥에 얹어 차를 부어 낸 요리.
- **마쿠노우치**(まくのうち) : 도시락. 밥과 각종의 반찬을 담은 도시락으로서, 막간을 이용해서 먹는다는 뜻에서 유래되었으며, 마쿠노치벤토의 준말.
- **마구로**(まぐろ) : 다랑어(tuna). 고등어과 다랑어속 물고기의 총칭. 참치류와 새치류로 대별되고, 구로마구로가 가장 대표적이며 혼마구로 라고도 함.
  - 참치류 : 구로마구로(참다랑어), 메바치(눈다랑어), 기하다(황다랑어), 빈나가(날개다랑어)
  - 새치류 : 마가지키(청새치), 메가지키(황새치), 바쇼가지키(돛새치), 구로가지키(흑새치) 시로가지키(백새치).
- **마곤부**(まごんぶ) : 다시마 중에서 가장 크고 맛이 좋은 고급다시마.
- **마사고아에**(まさごあえ) : 알 무침.

  대구나 청어의 알 등 모래알처럼 작은 크기의 알을 술로 씻어 조미하여 오징어 채 썬 것 등 가느다란 재료에 섞어 무친 요리.
- **마사고아게**(まさごあげ) : 미징코나 겨자씨 등 모래알같이 작은 알갱이를 재료에 묻혀 튀긴, 일종의 가와리아게 요리.
- **마사바**(まさば) : 고등어. = 사바.
- **마스**(ます) : 송어(cherry salmon).
- **마제메시**(まぜめし) : 비빔밥.

  재료에 따로 진한 맛으로 조미하여 밥과 섞어낸 요리. 공손한 표현으로는 마제고항(混ぜ御飯)이라고 한다.
- **마다이**(まだい) : 참돔(sea bream). = 다이.
- **마다코**(まだこ) : 참문어(common octopus). = 다코
- **마다라**(まだら) : 대구(cod). = 다라.
- **마쓰카사이카**(まつかさいか) : 오징어 몸에 가늘고 비스듬하게 격자형 칼집을 넣어 끓는 물에 데쳐 솔방울 모양을 낸 것.
- **마쓰카사다이**(まつかさだい) 비늘을 제거한 도미의 살을 끓는 물에 데쳐낸 것.
- **마츠가와즈쿠리**(まつがわづくり) : 작은 도미를 시모후리하여 껍질을 벗기지 않고 만든 생선회 요리. =

시모후리즈쿠리

- 마츠다케(まつたけ) : 송이버섯. 자연송이(fine mushroom).
- 마츠다케메시(まつたけめし) : 송이버섯밥. 곤부다시에 소금과 간장, 술로 조미한 것으로 밥을 지어 얇게 썬 송이버섯을 넣고 뜸을 들여 완성. 마츠타게고항이라고도 한다.
- 맛차(まっちゃ) : 녹차를 갈아서 분말로 한 고급 가루차. 히키차라고도 한다.
- 마츠노미(まつのみ) : 오엽송의 종자. 솔방울 안에 있는 백색의 열매로서 껍질을 벗겨 술안주로 식용.
- 마츠바아게(まつばあげ) : 마른소면이나 건메밀 국수를 1cm 정도록 잘라 재료의 겉에 묻혀서 튀겨 낸 가와리아게요리.
- 마츠바오로시(まつばおろし) : 생선 손질 법 중 하나로서 다이묘오로시(大名 : 대명사)하여 가운데 뼈만을 제거하는 것.
- 마츠바가니(まつばがに) : 바다참게. = 즈와이가니.
- 마츠바기리(まつばぎり) : 재료를 솔잎처럼 가늘게 써는 것. 또는, 썰어 놓은 것.
- 마쓰바야키(まつばやき) : 송이버섯이나 은행, 흰살생선 등을 종이나 알루미늄포일로 말아서 무시야키 하는 것. 또는, 솔잎을 깔아 향을 베이게 굽는 요리.
- 마쓰마에즈(まつまえず) : 다시마를 첨가하여 지미 성분을 우려내어 만든 혼합초.
- 마나이타(まないた) : 도마. 나무도마.
- 마나가쓰오(まながつお) : 병어(pomfret).
- 마메(まめ) : 콩. 두류.
- 마메미소(まめみそ) : 콩된장. 삶은 대두를 누룩으로 하여 식염수에 담가 만든 것.
- 마메모야시(まめもやし) : 콩나물(bean sprout).
- 마루아게(まるあげ) : 생선이나 닭고기 등의 재료를 손질하여 물에 씻어 통째로 기름에 튀기는 것.
- 마루니(まるに) : 재료를 자르지 않고 통째로 끓이거나 졸이는 것. 또는, 자라조림요리.
- 만쥬(まんじゅう) : 만두. 밀가루를 반죽하여 내용물을 넣어 싸서 찌거나 구운 과자.
- 만보(まんぼう) : 개복치(sunfish).
- 미진기리(みじんぎり) : 재료를 잘게 다지 듯 써는 것.
- 미진코(みじんこ) : 찹쌀 미숫가루. 쪄서 말린 찹쌀을 분쇄한 것으로서, 화과자의 원료로서 사용.
- 미진코아게(みじんこあげ) : 카와리아게 중 하나로서 튀김 재료에 미진꼬를 묻혀서 튀기는 것.
- 미즈(みず) : 물(water). 수소(H)와 산소(O)의 화합물.
- 미즈아메(みずあめ) : 물엿. 조청. 조미엿.
- 미즈가이(みずがい) : 여름철 전복회 요리.

- **미즈가시**(みずがし) : 과일. = 쿠다모노(果物). = 카지쓰루이(果實類).
- **미즈다키**(みずだき) : 닭 냄비요리로서 지리처럼 끓여낸 것.
- **미소**(みそ) : 된장(soy bean). 콩을 삶아 식염과 물을 섞어 누룩으로 발효, 숙성시킨 것. 여기에서 나온 액즙으로 간장을 만든다. 제법은 중국에서 조선을 거쳐 일본으로 전해졌으며, 명칭은 조선의 밀조(蜜祖-ミソ)의 발음에서 유래하였다고 한다.
- **미소시루**(みそしる) : 된장국(soy bean soup).
- **미소스키**(みそすき) : 된장으로 끓인 냄비요리로서, 스키야키에 된장을 넣어 조리한 것을 말하며 소, 돼지, 말고기 등을 재료로 사용하기도 한다.
- **미소즈케**(みそづけ) : 된장 절임. 재료를 된장에 조미하여 절이는 것. 어류와 육류는 된장구이로, 채소는 절임요리로서 사용.
- **미소니**(みそに) : 된장조림. 조림요리 중 하나. 각종 재료를 된장으로 진하게 졸여낸 것. 미소다키라고도 함.
- **미쓰바**(みつば) : 셋잎. 파드득나물, 참나물의 어린 잎.
- **묘가**(みょうが) : 양하.
- **묘반**(みょうばん) : 명반(alum).
- **미린**(みりん) : 미림.
- **미루**(みる) : 청각(sea staghorn).
- **미루가이**(みるがい) : 왕우럭조개. = 미루쿠이.
- **무기**(むぎ) : 보리(barley).
- **무기코**(むぎこ) : 보릿가루를 뜻하나 보통은 고무기코(밀가루)를 지칭.
- **무키모노**(むきもの) : 조각품. 요리가 돋보이도록 식재료를 동물이나 꽃 등의 모양으로 세공하여 만든 것.
- **무코이타**(むこういた) = 이타마에(板前). 칼판. 또는 그 앞에 서있는 사람. 조리사를 말함.
- **무코즈케**(むこうづけ) : 회석요리에서 나오는 생선회.
- **무시키**(むしき) : 찜통. 찜기.
- **무시모노**(むしもの) : 찜요리.
- **무시야키**(むしやき) : 간접구이 조리 방법으로서 오븐구이가 대표적.
- **무스비**(むすび) : 매듭. 또는, 주먹밥.
- **무라사키**(むらさき) : 간장. 간장의 별명. = 쇼유.
- **메우치**(めうち) : 조리용 송곳.
- **메카지키**(めかじき) : 황새치(swordfish).

- 메시(めし) : 밥. 백반. 식사. 쌀로 지은 밥. 고항이라고도 함.
- 메지소(めじそ) : 차조기 순. 어린 시소 잎으로 샐러드, 쓰마 등에 이용.
- 메시야(めしや) : 음식점. 밥집.
- 메다마야키(めだまやき) : 달걀부침. 달걀프라이. 달걀을 풀지 않고 그대로 난황의 모양을 살려낸 것. 익힘의 정도는 기호에 따라 완숙 또는 반숙으로 함.
- 메누케(めぬけ) : 눈이 큰 붉돔(redfish).
- 메네기(めねぎ) : 파의 싹.
- 메바치(めばち) : 눈다랑어(bigeye tuna).
- 메바루(めばる) : 볼락(darkbanded rockfish). 천징어.
- 메론(メロン) : 서양과. 머스크메론(muskmelon).
- 멘다이(めんたい) : 명태. = 스케도우다라
- 멘다이코(めんたいこ) : 명란젓. 명태알에 고춧가루를 넣어 만든 젓갈.
- 멘도리(めんとり) : 요리에 사용하는 무, 순무 등의 면을 다듬는 것.
- 멘루이(めんるい) : 면. 면요리.
- 모치(もち) : 떡.
- 모치코(もちこ) : 찹쌀가루.
- 모치고메(もちこめ) : 찹쌀(glutinous rice).
- 모도스(もどす) : 건조된 식재료를 물에 담가 불리거나 데워서 원래의 상태로 복원하는 것.
- 모나카(もなか) : 생과자 종류 중 하나로서 팥소를 사이에 두고 두장을 붙여 만든 것.
- 모미지오로시(もみじおろし) : 빨간 무즙. 무즙을 홍고추로 물들인 것으로서, 단풍잎의 색과 같다 하여 붙여진 이름. 무에 고추를 박아 넣어 강판에 갈거나, 무즙에 고춧가루와 고추의 즙을 섞어 무쳐서 사용. = 아까오로시
- 모미노리(もみのり) : 부순 김. 김을 구워 부숴놓은 것.
- 모멘도후(もめんどうふ) : 두부. 간수를 넣어 굳힌 보통 두부. 성형하여 탈수할 때 헝겊으로 덮었다고 하여 지어진 이름.
- 모모(もも) : 복숭아(peach).
- 모모니쿠(ももにく) : 대퇴부. 육류의 넓적다리 부위.
- 모모야마(ももやま) : ① 과자명(菓子名-찹쌀 반죽에 흰 팥소를 넣어 구운 과자)
  ② 시대명(時代名-豊臣秀吉의 활약을 중심으로 하여 일본이 번성했던 安土桃山時代)
  ③ 지명(地名-京都시 안의 한 지명)

• 모야시(もやし) : 콩나물(bean sprout). = 마메모야시

• 모리아와세(もりあわせ) : 여러 가지 요리를 하나의 그릇에 모아 담는 것.

• 모리소바(もりそば) : 메밀국수.

• 모리쓰케(もりつけ) : ① 음식담기. ② 음식을 담는 업무를 담당하는 조리사.
③ 일본요리 조리사의 서열상의 계급.

야(や)

• 야칸(やかん) : 주전자. 원래는 약용 냄비였으나 지금은 물을 끓이는 용기로 전용.

• 야키아미(やきあみ) : 석쇠.재료를 올려서 직화구이 할 때 사용하는 조리도구.

• 야키이모(やきいも) : 군고구마.

• 야키구리(やきぐり) : 군밤.

• 야키고메(やきごめ) : 올벼를 볶아 절구로 찧어 왕겨를 벗긴 햅쌀. = 이리코메(炒り米).

• 야키자카나(やきざかな) : 생선구이.

• 야키시오(やきしお) : 호우로쿠에 넣었던 볶은 소금. 식염으로서 고순도.

• 야키시모(やきしも) : 재료의 표면만을 강한 불에 구워 만드는 생선회 조리법.

• 야키소바(やきそば) : 메밀볶음. = 챠오미에누(チャオミエヌ).

• 야키도후(やきどうふ) : 군두부. 냄비요리나 조림에 사용하기 위하여 직화로 구운 두부.

• 야키도리(やきどり) : 닭꼬치구이.

• 야키노리(やきのり) : 구운 김. 맛김.

• 야키하마구리(やきはまぐり) : 대합구이.

• 야키메(やきめ) : 재료를 구워서 겉 표면에 탄 자욱이 남은 것.

• 야키메시(やきめし) : 볶음밥. = 챠-항(チャーハン).

• 야키모치(やきもち) : 구운 떡.

• 야키모노(やきもの) : 구이요리.

• 야쿠미(やくみ) : 요리에 곁들이는 양념. 또는 향신료.

• 야사이(やさい) : 채소

• 야나기바(やなぎば) : 끝이 뾰족한 생선회용 칼.

- 야바렌콘(やばれんこん) : 초절임한 연근을 살깃 모양으로 자른 것. 축제요리에 사용.
- 야마이모(やまいも) : 산마(yam). = 야마노이모(山の芋).
- 야마카케(やまかけ) : 음식 위에 산마즙을 뿌려낸 요리. 야마이모카케(山芋掛)의 준말.
- 야마메(やまめ) : 담수에서 자란 송어.
- 야마모리(やまもり) : 고봉 담기. 음식을 산처럼 수북하게 담아내는 모양.
- 야리이카(やりいか) : 한치오징어(arrow squid).
- 야와라카니(やわらかに) : 문어, 오징어 등의 건어물을 장시간 졸여서 부드럽게 하는 것.
- 유아라이(ゆあらい) : 생선회 조리법 중 하나로서, 회를 더운 물에 살짝 데쳐 냉수에 담갔다가 건진 것.
- 유안야키(ゆうあにゃき) : 유안츠케. 구이요리 방법 중 하나로서 간장에 미림, 유자즙을 섞어 재료를 담갔다가 굽는 것
- 유쇼쿠(ゆうしょく) : 석식. 저녁식사.
- 유키히라나베 : 두꺼운 도기(陶器) 냄비로서 손잡이와 뚜껑, 주둥이가 붙어있으며, 보온력이 좋다.
- 유사이(ゆさい) : 유채. = 사이싱(菜心).
- 유즈(ゆず) : 유자. 향이 좋아 생즙이 소스에 이용되고, 껍질은 스이구치로 사용되며, 설탕 조림을 하여 여러 가지 요리에 활용.
- 유데다마고(ゆでだまご) : 삶은 달걀.
- 유데루(ゆでる) : 삶기, 데치기.
- 유바(ゆば) : 두유막. 두유를 가열할 때 표면에 응고된 막. 조림이나 국물 재료로 사용.
- 유비키(ゆびき) : ① 생선살에 끓는 물을 끼얹은 후 냉수로 식혀 만든 생선회.
  ② 닭털을 뽑기 위해 더운 물에 데치는 것.
- 유무키(ゆむき) : 재료를 뜨거운 물에 담그거나, 재료에 뜨거운 물을 뿌려서 껍질을 벗기는 것. 토마토 등.
- 유리네(ゆりね) : 백합근(lily root).
- 요칸(ようかん) : 양갱. 팥으로 만든 화과자의 일종.
- 요지(ようじ) : 이쑤시개.
- 요시노(よしの) : 갈분을 이용한 요리 또는 갈분을 요리에 이용하는 것
- 요세나베(よせなべ) : 모둠냄비.
- 요세모노(よせもの) : 흰살생선을 스리미로 가공하여 만든 식품.
- 요모기(よもぎ) : 쑥(mugwort).

라(ら)

- 라이교(らいぎょ) : 가물치(snakehead).
- 락카세이(なっかせい) : 땅콩. 낙화생(peanut). = 난킨마메(南京豆).
- 락교(らっきょう) : 염교(scallion). 초절임하여 초밥을 곁들임.
- 란기리(らんぎり) : 연근, 우엉, 당근 등의 채소를 한 손으로 돌려가며 칼로 어슷하게 잘라 삼각 모양이 나도록 자르는 것.
- 료쿠차(りょくちゃ) : 녹차(green tea). 찻잎의 녹색을 유지하도록 만든 비발효차.
- 링고(りんご) : 사과(apple).
- 링고슈(りんごしゅ) : 사과주(cider). 사과를 발효시켜 만든 알코올 음료.
- 레몬(レモン) : 레몬(lemon).
- 렌콘(れんこん) : 연근(lotus).
- 로바다야키(ろばだやき) : 술안주용 꼬치구이. 또는 꼬치조림을 말하며, 이러한 메뉴를 취급한 주점을 일컫기도 한다.

와(わ)

- 와카사기(わかさぎ) : 빙어(smelt).
- 와가시(わがし) : 화과자. 일본과자.
- 와카메(わかめ) : 미역(kelp).
- 와기리(わぎり) : 기본 썰기 방법 중 하나로서 둥근 모양의 재료를 길게 놓고 써는 것.
- 와케기(わけぎ) : 당파. 실파.
- 와사비(わさび) : 고추냉이. 와사비.
- 와쇼쿠(わしょく) : 일본요리. 일본식의 식사.
- 와타(わた) : 내장(창자). 고노와다의 준말로서 사용.
- 와타리가니(わたりがに) : 꽃게. = 카자미.
- 와라사(わらさ) : 50~60cm 정도의 방어.
- 와라비(わらび) : 고사리(bracken).

- **와라비코**(わらびこ) : 고사리전분.
- **와리시타**(わりした) : 냄비요리에 사용하기 위하여 미리 간장, 설탕, 미림 등의 조미료로 간을 해 끓여 놓은 국물. 와리시타지(割下地)의 준말.
- **와리쇼유**(わりしょうゆ) : 묽은 간장. 간장을 다시로 희석한 것.
- **와리바시**(わりばし) : 일회용 나무젓가락.
- **완**(わん) : ① 음식물을 담는 그릇. ② 식기. 밥이나 국을 담을 수 있는 자기그릇.
- **완다네**(わんだね) : 맑은 국의 주재료.
- **완쓰마**(わんつま) : 맑은 국의 주재료에 곁들여지는 부재료.
- **완모리**(わんもり) : 생선, 닭고기, 채소 등을 주재료로 하여 큰 그릇에 담아낸 국물요리. 맑은 국 또는 된장국물을 주로 이용하며, 차완모리 라고도 한다.

부록 2

+ 일본 조리사법

"아직 우리나라에는 없는 법이지만 조리사들의 권익과 신분 보장을 위하여, 그리고 우리나라의 외식 문화 발전을 위하여 하루빨리 우리나라에도 조리사법이 제정되길 기원한다."

일본조리사법

(1958년 5월 10일 법 제147)
시행 1958년 2월 9일(부칙 참조)
개정 1981년 법89, 1986년 법109

(목적)

제1조 : 이 법률은 조리사의 자격 등을 정하여, 조리 업무에 종사하는 사람의 자질을 향상시켜 보다 조리기술의 합리적인 발달을 꾀하고, 나아가서 국민의 식생활의 향상에 바탕이 되는 것을 목적으로 한다.

(정의)

제2조 : 이 법률에서 조리사란 조리사의 명칭을 사용하여 조리업무에 종사할 수 있는 자로서 도도부현지사(都道府縣知事)의 면허를 받은 자를 말한다.

(조리사의 면허)

제3조 : 조리사의 면허는 다음 각 호의 하나에 해당하는 자로서, 그 신청을 받아 도도현부지사(都道府縣知事)가 수여한다.

1) 학교교육법(1947년 법률제26호) 제47조(고등학교의 입학자격)에 규정한 자로서, 후생대신(厚生大臣)이 지정한 조리사양성시설에서 1년 이상 조리, 영양 및 위생에 관한 조리사로서의 필요한 지식 및 기능을 습득한 자.
2) 학교교육법 제47조에 규정한 자로서, 다수의 사람들에게 음식물을 조리하여 제공하는 시설 또는, 영업장에서 후생성령(厚生省令)이 정하는 자로서, 2년 이상 조리업무에 종사한 후, 조리사시험에 합격한 자.

2. 후생대신(厚生大臣)은 전항 제1호에 규정한 조리사양성시설의 지정에 관한 사무의 일부를 도도부현지사에 위임할 수 있다.

(조리사시험)

제3조의 2 : 조리사시험은 후생대신이 정하는 기준에 의하여 조리, 영양 및 위생에 관련한 필요한 지식 및 기능에 관하여 도도부현지사가 행한다.

2. 도도부현지사는 후생성령으로 정한 것에 따라, 민법(1954년 법률 제89호) 제34조에 규정한 것에 의하여 설립한 법인으로서, 조리사시험의 실시에 관한 사무(이하 '시험사무' 라고 한다)를 적정하고, 확실하게 실시할 수 있다고 인정되는 곳으로, 후생대신이 미리 지정한 자(이하 '지정시험기관' 이라 한다.)에게 시험사무의 전부 또는, 일부를 시행하게 할 수 있다.

3. 시험지정기관의 임원, 직원 또는 이것의 담당자는 시험사무에 관하여 알고 있는 비밀을 누설해서는 안 된다.
4. 시험사무에 종사한 지정시험기관의 임원 또는 직원은, 형법 그 외의 벌칙의 적용에 있어서 법령에 의하여 공무에 종사하는 직원으로 간주한다.
5. 조리사시험을 수검하려는 자는 도도부현(지정시험기관이 시험사무의 전부를 시행하는 경우에는 지정시험기관)에서 정령(政令)으로 정한 곳에 따라 수험수수료를 납부하지 않으면 안 된다.
6. 전항의 규정에 의해 지정시험기관에 납부한 수험수수료는 지정시험기관의 수입으로 한다.

(면허를 수여하지 않는 경우)

제4조 : 다음 각 호의 하나에 해당하는 자에 대하여는 앞의 면허를 수여하지 않는다.
1) 정신병자 또는 마약, 아편, 대마, 각성제의 중독자.
2) 소행이 현저하게 불량한 자.
3) 제6조 제2항의 규정에 의해 면허의 취소처분을 받은 후 1년이 경과되지 않은 자.

(조리사명부, 등록 면허증 교부)

제5조 : 도도부현에 조리사 명부를 갖추어, 면허에 관계된 사항을 등록한다.
2. 면허는 조리사명부에 등록하는 것으로 시행된다.
3. 도도부현지사는 면허를 수여할 때 조리사 면허증을 교부한다.

(면허의 취소)

제6조 : 도도부현지사는 조리사가 제4조 제1호 또는, 제2호에 해당할 때에는 그 면허를 취소한다.
2. 도도부현지사는 조리사가 조리의 업무에 관련된 식중독, 그 외의 위생상 중대한 사고를 발생시켰을 때에는 그 면허를 취소시킬 수 있다.
3. 도도부현지사는 제2항의 규정에 의한 처분을 해야할 때, 미리 해당처분을 받은 자에게 그 처분의 이유를 통지하고, 변명 및 유리한 증거의 제출의 기회를 주어야 한다.

(정령에의 위일)

제7조 : 이 법률이 정한 것 외에 조리사의 면허, 등록과 지정시험기관 및 그 시행하는 시험사무에 관한 필요한 사항은 정령으로 정한다.

(명칭의 사용제한)

제8조 : 조리사가 아니면, 조리사 또는 이와 유사한 명칭을 사용해서는 안 된다.

(조리사의 설치)

제 8 조의 2 : 다수의 사람들에게 음식물을 조리하여 제공하는 시설 또는 영업장으로서, 후생성령이 정하는 것의 설치자 또는 영업자는 해당 시설 또는 영업장의 경우, 조리업무를 행하기 위한 해당 시설 또는 영업장의 시설에 조리사를 반드시 두도록 해야한다.

[후생성령 = 규칙4]

(조리기술의 심사)

제8조의 3 : 후생대신은 조리사의 자질의 향상을 위해, 조리기술에 관계된 심사를 시행할 수 있다.

2. 후생대신은 전항의 조리기술에 관계된 심사의 사무에서 후생성령의 정한 것을 그 지정한 단체에게 위탁할 수 있다.

3. 제1항의 조리기술에 관한 심사에 관련된 필요한 사항은 후생성령으로 정한다.

제2항의 [후생성령]=규칙25,26. 제3항의 [후생성령]=규칙15-24.

(조리사회)

제9조 : 조리사는 조리사의 자질의 향상 및 합리적인 조리기술의 발달에 기여하는 것을 목적으로 하여 조리사회를 조직할 수 있다.

2. 조리사회는 조리사의 지도 및 연락, 조리기술의 연구, 조리사의 복지증진, 그 외 전항의 목적을 달성하기 위하여 필요한 사업을 시행한다.

3. 둘 이상의 조리사회는, 상호연락 및 사업의 조정을 위해 연합회를 조직할 수 있다.

(벌칙)

제10조 : 제3조의 2, 제3항의 규정을 위반한 자는, 1년 이하의 징역 또는 30만 엔 이하의 벌금에 처한다.

제11조 : 제8조의 규정을 위반한 자는 5,000엔 이하의 벌금에 처한다.

[五千円 이하의 벌금] = 罰金臨四 I

부칙

(시행기일)

1. 이 법률은, 공포한 날부터 시작하여 6월을 넘지 않는 범위 내에서 정령으로 정한 날부터 시행한다.[1958년 정령 제302호로서 동년 2월 9일부터 시행]

(경과규정)

2. 이 법률의 시행직전의 도도부현지사의 면허에 따라 조리사 또는 조리사로서 있는 자는, 이 법률의 시행 후 3년에 한하여 제3조, 제1항의 면허를 받은 자로 간주한다.
3. 국민학교령(1941년 칙령 제148호)에 따라 국민학교의 고등과를 수료한 자, 중등학교령(1943년 칙령 제36호)에 따라 중등학교의 2년의 과정을 마친 자 또는, 후생성령으로 정한 곳에서 이와 동등이상의 학력이 있다고 인정되는 자는, 당분간 제3조 제1항의 규정을 적용하여, 학교교육법 제47조에 규정된 자로 간주한다. [후생성령] = 규칙부칙2항

부칙(소61 법109) 초(抄)

(시행기일)

제1조 : 이 법률은, [중략]당해 각 호에 정한 날부터 시행한다.

1. 2. [생략]

3. 제8조의 규정[중략] 1987년 10월 1일

4. 5. [생략]

(조리사법의 一일부개정에 동반한 경과조치)

제13조 : 도도부현지사는, 제8조의 규정의 시행 직전의 동조의 규정에 따라 개정 전의 조리사법(이하 이 조에서는 '법' 이라 한다.) 제3조 제1항 제2호에 해당하는 자 또는, 규칙부칙 제3항에 규정한 자에 대해서는, 제8조의 규정에 따라 개정 후의 조리사법(이하 이 조에서는 '신법' 이라 한다.) 제3조 제1항의 규정에 관계없이 동항의 면허를 수여할 수 있다.

2. 제8조의 규정의 시행 전의 법 제3조 제1항 제3호에 규정된 시험에 합격한 자는, 신법 제3조 제1항 제2호의 조리사시험에 합격한 것으로 간주한다.

(그 외의 처분, 신청 등에 관련된 경과조치)

제6조 : 이 법률(부칙 제1조 각 호에 내건 규정에 관하여는, 당해 각 규정. 이하 이 조 및 부칙 제8조에 있어서 같다.)의 시행 전에, 개정 전의 각기 법률 규정에 의한 허가 등의 처분, 그 외의 행위(이하 이 조에서 '처분 등 행위' 라 한다.) 또는, 이 법률의 시행의 직전, 개정전의 각각의 법률의 규정에 의하여 적용을 받고 있는 허가 등의 신청 그 외의 행위(이하 이조에서 '신청 등의 행위' 라고 한다.)로 이 법률의 시행 일에 있어서, 이것의 행위에 관련된 행정사무를 시행할 만한 자가 같지 않게 된 것은, 부칙 제2조부터 5조까지 의 규정 또는 개정 후의 각각의 법률(이것에 의거한 명령을 포함.)의 경과조치에 관한 규정에 정한 것을 제거, 이 법률의 시행일 이후에 있어서 개정 후의 각각의 법률의 적용에 관해서는, 개정 후의 각각의 법률의 상응하는 규정에 의하여 한 처분 등의 행위 또는 신청 등의 행위로 간주한다.

(벌치에 관한 경과조치)

제8조 : 이 법률의 시행 전에 한 행위 및 부칙 제2조 제1항에 의하여 종전의 예로 인한 것을 한 경우에 있어서 제4조의 규정의 실시 후에 한 행위에 대한 벌칙의 적용에 관해서는 역시 종전의 예에 의한다.

조리사법 시행령

(1958. 2. 4. 령 303)
시행 1958. 2. 9 (부칙 참조)
개정 1987. 정 309

(면허의 신청)

제1조 : 조리사의 면허를 받고자 하는 자는, 신청서에 후생성령으로 정한 서류를 첨부, 이것을 주소지의 도도부현지사에게 제출해야 한다.
[후생성령] = 규칙 1

(지정시험기관의 지정)

제2조 : 조리사법(이하 '법' 이라 한다.) 제3조의 2 제2항의 지정은, 시험사무를 행하는 자의 신청에 의하여 행한다.

2. 후생대신은, 전항의 신청이 다음의 요건을 충족하고 있다고 인정되지 않으면, 법 제3조의 2 제2항의 지정을 해서는 안 된다.
  1) 직원, 설비, 시험사무의 실시방법, 그 외에 사항에 대하여 시험사무 실시에 관한 계획이, 시험사무에 적정함과 동시에 확실한 실시를 위하여 적절한 자일 것.
  2) 전항의 시험사무의 실시에 관한 계획의 적정함과 확실한 실시에 필요한 합리적 및 기술적인 기초를 가지고 있을 것.
3. 후생대신은, 제1항의 신청이 다음의 어느 것이든 해당할 때, 법 제3조의 2 제2항의 지정을 해서는 안 된다.
  1) 신청자가 민법(1896년 법률 제89호) 제34조의 규정에 의하여 설립한 법인 이외의 자인 것.
  2) 신청자가, 그 행하는 시험사무 이외의 업무로 인하여, 시험사무를 공정하게 실시할 수 없을 우려가 있는 것.
  3) 신청자가, 제7조 제1항 또는 제2항의 규정에 의하여 지정을 취소하여, 그 취소한 날부터 계산하여 2년을 경과하지 않은 자.
  4) 신청자의 임원 중에, 법을 위반하여 형의 처분을 받고 그 집행을 끝내거나 또는, 집행을 받은 날부터 계

산하여 2년을 경과하지 않은 자.
4. 후생대신은, 법 제3조의 2 제2항의 지정을 했을 때에는, 그 취지를 공시해야 한다.

(시험사무규정)

제3조 : 지정시험기관은, 시험사무의 개시 전, 시험사무의 실시에 관한 규정(이하 '시험사무규정')을 정하여, 후생대신의 승인을 받아야 한다. 이것을 변경할 때에도, 같은 방법으로 한다.
2. 지정시험기관은, 시험사무규정을 변경하려 할 때, 법 제3조의2 제2항의 규정에 의하여 지정시험기관에 시험사무를 행하도록 한 도도부현지사(이하 '위임도도부현지사' 라고 한다.)의 의견을 들어야 한다.
3. 시험사무규정으로 정한 온당한 사항은 후생성령으로 정한다.

(시험위반)

제4조 : 지정시험기관은, 시험사무를 행하는데 있어, 조리사로서 필요한 지식 및 기능을 보유하고 있는지의 판정에 관한 사무에 대하여, 시험위원에게 시행하도록 해야 한다.
2. 지정시험기관은, 시험위원을 선임하고자 할 때, 후생성령으로 정한 요건을 갖춘 자 중에서 선임하여야 한다.
3. 지정시험기관은, 시험위원을 선임할 때, 후생성령으로 정한 것에 의하여, 후생대신에게 그 취지를 신고하여야 한다. 시험위원에게 변경이 있을 때에도 이와 같이 한다.

(장부의 준비 등)

제5조 : 지정시험기관은, 후생성령으로 정한 것에 의하여, 시험사무에 관한 사항을 후생성령으로 정한 것을 기재한 장부를 갖추고, 이것을 보존해야 한다.

(시험사무의 휴폐지)

제6조 : 지정시험기관은, 시험사무의 전부 또는 일부를 중지, 또는 폐지하려 할 때에는 후생성령으로 정한 것에 의하여, 후생대신에게 신고해야 한다.
2. 후생대신은, 전항의 신고가 있을 때, 그 취지를 관계위임 도도부현지사에게 통지함과 동시에 공시하여야 한다.

(指定의 취소)

제7조 : 후생대신은, 지정시험기관이 제2조 제3항 각 호(제3호 제외)에 해당하는 경우, 그 지정을 취소해야 한다.
2. 후생대신은, 시험지정기관이 다음의 어떠한 경우에라도 해당될 때에는, 그 지정을 취소할 수 있다.
 1) 제2조 제2항 각 호의 요건을 만족하지 못했다고 인정될 때.
 2) 제2조 제1항의 승인을 받은 시험사무규정에 의하지 않고, 시험사무를 시행했을 때.

3) 제4조 제1항 또는 제2항의 규정을 위반한 경우.
4) 전 3호에 달할 경우 외에, 적절한 시험사무를 행하지 않았다고 인정될 때.

3. 후생대신은, 전 2항의 규정에 따라 지정을 취소하려 할 때, 사전에 대상자에게 그러한 처분의 이유를 통지하고, 변명 및 유리한 증거의 제출기회를 주어야 한다.
4. 후생대신은, 제1항 또는 제2항의 규정에 따라 지정의 취소를 할 때, 그 취지를 관계 위임 도도부현지사에게 통지함과 동시에, 공시해야 한다.

(보고)

제8조 : 후생대신은, 시험사무의 적정한 실시를 확보하기 위하여 필요하다고 인정될 때, 그 필요한 한도에서 지정시험기관에 대해 보고를 요구할 수 있다.

(시험 수수료)

제 9 조 : 법 제3조의2 제5항의 규정에 따라 납부 수수료의 금액은, 4,200엔으로 한다.

(등록사항)

제10조 : 조리사명부(이하 '명부')에 등록하는 사항은 다음과 같다.
1) 등록번호 및 등록년월일
2) 본적지 도도부현명(일본국적이 아닌 자는 그 국적), 성명, 생년월일 및 성별
3) 면허취득 자격의 종별
4) 면허의 취소에 관한 사항
5) 그 외 후생성령이 정한 사항
[후생성령] = 규칙2

(명부의 정정)

제11조 : 조리사는 전 조 제2호의 등록사항을 변경해야 할 때, 30일 이내에 정정을 신청하여야 한다.
2. 전항의 신청을 하려면, 신청서에 신청사유를 정확히 쓰고 서류를 첨부하여, 이 면허를 수여해 준 도도부현지사에게 제출하여야 한다.

(등록의 취소)

제12조 : 명부의 등록취소를 하려면, 신청서를 면허를 수여해 준 도도부현지사에게 제출하여야 한다.
2. 조리사가 사망시, 또는 실종선고를 받았을 때, 호적법(1947년 법률 제224호)에 따라 사망 또는 실종의 신고의무자는, 30일 이내에 명부등록을 취소를 신청하여야 한다.

(면허증의 서환교부)

제13조 : 조리사는 조리사면허증(이하 '면허증' 이라 한다.)의 기재사항이 변경되었을 때에는, 면허증의 교환교부를 신청할 수 있다.

2. 전 항의 신청을 하려면, 신청서에 면허증을 첨부하여, 이것을 면허를 수여한 도도부현지사에게 제출해야 한다.

(면허증의 재교부)

제14조 : 조리사는 면허증을 파손, 훼손 또는 분실했을 때, 면허증의 재교부를 신청할 수 있다.

2. 전항의 신청을 하려면, 신청서를 면허 수여 도도부현지사에게 제출하여야 한다.
3. 면허증을 파손, 또는 훼손한 조리사가 제1항의 신청을 하는 경우, 신청서에 그 면허증을 첨부하여야 한다.
4. 조리사는, 면허증을 재교부 받은 후, 분실했던 면허증을 찾았을 때에는, 5일 이내에, 이것을 면허 수여 도도부현지사에게 반납하여야 한다.

(면허증의 반납)

제15조 : 조리사는, 명부의 등록취소를 신청할 때에는, 면허증을 면허를 수여한 도도부현지사에게 반납하여야 한다. 제12조 제2항의 규정에 따라 명부의 취소를 신청한 자도 이와 같이 한다.

2. 조리사는 면허의 취소처분을 받았을 때, 5일 이내에 면허증을 면허를 수여한 도도부현지사에게 반납하여야 한다.

(위임사두)

제16조 : 법 제3조 제2항의 규정에 따라 도도부현지사에 위임한 사무는 다음과 같다.

1) 양성시설의 지정을 시행하는데 필요한 조사에 관한 사무
2) 지정 양성시설에 관한 지정 취소이유의 유무조사에 관한 사무

(통지)

제17조 : 도도부현지사는, 다른 도도부현지사의 면허를 받은 조리사에 대하여, 면허의 취소가 적절하다고 인정되었을 때에는, 그 이유를 첨부하여 면허를 내준 도도부현지사에게, 그 취지를 통지하여야 한다.

(성령의 위임)

제18조 : 이 정령에서 정한 것 외에, 신청서 및 면허증의 양식, 그 외 조리사의 면허에 관한 필요한 사항들과 지정시험기관 및 그 시행시험사무소에 관해서 필요한 사항은 후생성령으로 정한다.

[후생성령] = 규칙

부칙 초(抄)

(시행기일)

1. 이 정령은, 조리사법의 시행일(1958년 11월 9일)부터 시행한다.

부칙(1987 政309) 초

(시행기일)

제1조 : 이 정령은 1987년 10월 1일부터 시행한다.

(경과조치)

제2조 : 이 정령의 시행 전에 실시 공고한 조리사시험을 수검한 자가 납부해야 하는 수험수수료의 금액은, 역시 종전의 예에 따른다.

조리사법 시행규칙

(1958년 12월 13일. 후생성령46)

시행 : 1958년 12월 13일 (부칙참조)

개정 : 1962년 후령18	1969년 후령17
1971년 후령24	1973년 후령14
1978년 후령55	1981년 후령51
1982년 후령53	1984년 후령8, 20
1986년 후령20	1987년 후령17, 42

제1장 조리사의 면허 등

(면허의 신청수속)

제1조 : 조리사법 시행령(1958년 정령 제303호. 이하 '령' 이라 한다.) 제1조의 조리사의 면허의 신청서는, 양식 제1에 따른 것으로 한다.

2. 령 제1조에 규정한 후생성령으로 정해진 서류는 다음과 같다.

1) 조리사법(1958년 법률 제147호. 이하 '법' 이라 한다.) 제3조 제1항의 각 호의 1에 해당하는 자인 것을 증빙하는 서류.

2) 호적의 등본 또는 초본.

3) 정신병 또는 마약, 아편, 대마초 또는, 각성제 등의 중독자인지의 여부에 관한 의사의 진단서.

(등록사항)

제 2 조 : 령 제10조 제5호에 규정한 후생성령으로 정한 사항은 다음과 같다.

1) 면허증을 교환 교부하거나, 재교부하는 경우에는, 그 취지 및 이유와 생년월일.

2) 등록 취소를 할 경우에는, 그 취지 및 이유와 생년월일.

(면허증의 양식)

제3조 : 법 제5조 제3항의 면허증은, 양식 제2에 의한 것으로 한다.

(시설 또는 영임의 지정)

제4조 : 법 제3조 제1항 제2호 및 법 제 8조의 2에 규정한 후생성령으로 정한 시설 또는 영업은, 다음과 같다.

1) 기숙사, 학교, 병원 등의 시설에 있어 음식물을 조리하여 제공하는 것.

2) 식품위생법 시행령(1953년 정령 제 229호) 제5조 제1호, 제2호, 제11호 또는, 제28호에 언급한 영업.

제2장 조리사 양성시설

(지정의 신청)

제5조 : 법 제3조 제1항 제1호에 규정한 지정을 받으려 하는 조리사양성시설의 설립자는, 다음에 언급한 사항을 기재한 신청서에 조리사양성시설의 장 및 교원의 이력서를 첨부하여, 이것을 조리사양성시설을 설립하려는 날의 4개월 전까지 해당 조리사양성시설 소재지의 도도부현지사를 경유하여, 후생대신에게 제출하여야 한다.

1) 조리사양성시설의 명칭, 소재지 및 설립예정 연월일.

2) 설립자의 주소 및 성명(법인 또는 단체의 경우에는 명칭, 주 사무소 소재지 및 대표자의 주소와 성명.

3) 조리사양성시설의 長의 성명.

4) 교원의 성명 및 담당과목.

5) 학생의 정원 및 동시에 수업 가능한 학생의 수.

6) 입소자격.

7) 입소시기.
8) 수업시간, 각 교과과목과 실습을 포함한 총 수업시간 수.
9) 시설의 각 실의 용도 및 면적, 건물의 배치도 및 평면도.
10) 설비상황
11) 설립자의 자산상황 및 조리사양성시설의 경영방법.
12) 지정 후 2년간의 재정계획 및 이것에 동반한 수지예산.

(양성시설지정의 기준)

제6조 : 조리사 양성시설 지정의 기준은 다음과 같다.

1) 교과과목 및 수업시간 수는, 다음과 같다.
   - 위생법규 : 30시간 이상
   - 공중위생학 : 140시간 이상
   - 영양학 : 140시간 이상
   - 식품학 : 120시간 이상
   - 식품위생학 : 140시간 이상
   - 사회 : 30시간 이상
   - 조리이론 및 실습 : 600시간 이상
2) 조리사 양성시설의 장은, 오로지 조리사양성시설의 관리의 소임을 다할 수 있는 자인 동시에 조리사의 양성에 적절하다고 인정되는 자일 것.
3) 교원의 수는, 별표 제1에 언급한 계산식에 따라서 산출한 인원수(그 수가 5명 미만일 경우 5명) 이상이고, 동시에, 교원 수의 1/3 이상이 전임으로 있을 것.
4) 전임교원 중 1인 이상은 조리사가 있을 것.
5) 교원은, 조리사의 양성에 적합하다고 인정되는 자일 것.
6) 동시에 수업을 실시할 수 있는 학생의 수는, 대체로 50명 정도일 것. 다만, 제1호에서 언급한 위생법규와 사회 과목에 대해서는, 이 것을 넘는 수(특별한 경우를 제외하고 100명을 한도로 한다.)로 할 수 있다.
7) 교사는, 교원실, 사무실, 동시에 수업을 행하는 학급의 수를 넘는 수의 보통 교실 및 조리실습실을 완비하여 놓을 것.
8) 보통교실의 면적은, 학생 1인당 1.65 평방미터 이상일 것.
9) 조리실습실의 면적은, 실습인원 1인당 1.65 평방미터 이상일 것.
10) 교실의 책상 및 칠판의 조도는, 50 룩스 이상일 것.
11) 별표 제2에 정한 학습용 기구, 그 외 비품을 보유하고 있을 것.
12) 입학료, 수업료 및 학습비는, 각자 적당하다고 인정되는 금액일 것.
13) 경영방법은 적절하고 확실한 것일 것.

(변경의 승인)

第7조 : 지정을 받은 조리사양성시설(이하 '지정양성시설' 이라고 한다.)의 설립자는, 제5조 제5호, 제8호(수업시간 및 교과과정에의 제한) 및 제9호에 언급한 사항의 변경에 언급한 사항에 관하여는, 학생의 정원을 변경하기 위한 것에의 제한)을 하려고 할 때에는, 후생대신의 승인을 받아야 한다.

2. 지정양성시설의 설립자는, 제5조, 제9호에 언급한 사항의 변경(학생의 정원을 변경하기 위한 것을 제외)을 하려 할 때에는, 해당 지정양성시설의 소재지의 도도부현지사의 승인을 받아야 한다.

(변경의 승인신청)

第8조 : 제7조 제1항의 규정에 따라 승인을 받으려는 지정양성시설의 설립자는, 해당 지정양성시설의 명칭 및 소재지, 승인을 받기 위한 사항 또는 사유, 변경예정 연월일, 변경 이유들을, 다음의 표의 상단에 언급한 사항 또는 이유의 구분에 따라 각각 동표의 해당 칸 아래 언급한 사항을 기재한 신청서를 변경하려 한 1개월 전(제5조 제5호에 언급한 사항 '학생정원의 제한' 을 변경하려 할 경우는 6개월 전)까지, 해당 지정양성시설 소재지의 도도부현지사를 경유하여, 후생대신에게 제출하여야 한다.

언급한 사항	교과과정	수업기한	제5조 제5호에 언급한 사항	승인을 받으려고 하는사항, 사유
제5조 제5호와 제7호에 언급한 사항들을 변경한 후 2년 간의 재정계획 및 이것에 동반되는 수지예산	제5조 제7호, 제8호(교과과정에 관련된 부분은 제외.) 제9호와 제10호에 언급한 사항들의 담당과목별 교원수	제5조 제7호, 제8호(수업기간에 관계되는 부분은 제외), 제9호 및 10호에 언급한 사항	제5조 제7호, 9호 10호에 언급한 사항, 해당과목별 교원수, 변경 후 2년 간의 재정계획 및 이것에 동반된 수지예산	기재사항

2. 전 조 제2항의 규정에 따른 승인을 받으려 하는 지정양성시설의 설립자는, 해당지정양성시설의 명칭 및 소재지, 승인을 받으려 하는 사항, 변경예정 연월일, 변경이유, 제5조 제5호 및 제7호에 언급된 사항들을 변경 후 2년 간 의 재정계획 및 이것에 동반되는 수지예산을 기재한 신청서를 변경하려 하는 2개월 전까지, 해당 지정양성시설 소재지의 도도부현지사에게 제출하여야 한다.

(변경 등의 신고)

第9조 : 지정양성시설의 설립자는, 제5조 제1호, 제6호, 제7호에 언급한 사항, 설립자의 주소와 성명(법인 또는 단체인 경우, 명칭 또는 주사무소 소재지) 또는, 조리사양성시설의 長의 변경을 할 경우에, 그 취지를 기재한 신고서를 해당 지정양성시설 소재지의 도도부현지사를 경유하여, 후생대신에게 제출하여야 한다. 이 경우에 있어서, 그 신고가 조리사양성시설의 長의 변경에 관계되는 경우 새로운 조리사양성시설의 장이 될 자의 이력서를, 신고서에 첨부시켜야 한다.
2. 지정 양성시설의 설립자는, 그 지정 양성시설을 폐지할 때, 신속히 그 취지, 폐지이유, 폐지 연월일 및 재학생의 처리 등을, 해당 지정 양성시설 소재지의 도도부현지사를 경유하여 후생대신에게 제출하여야 한다.

(보고의 징수 및 표시)

제10조 : 후생대신은, 필요가 있다고 인정될 때, 지정 양성시설의 설립자에 대해 필요한 보고를 요구할 수 있다.
2. 후생대신은, 지정 양성시설의 교육방법, 시설, 그 외의 내용이 적절하지 않다고 인정될 때는, 그 설립자에 대해 필요한 지시를 할 수 있다.

(지정의 취소)

제11조 : 후생대신은, 지정 양성시설이 제6조의 규정에 따라 기준에 적합하지 않다고 인정될 때, 지정 양성시설의 설립자가 제7조의 규정에 위반되었을 때, 또는 전 조 제2항의 규정에 따른 지시에 따르지 않을 때, 그 지정을 취소할 수 있다.

(수지결상의 보고)

제12조 : 지정 양성시설의 설립자는, 매년 7월 31일 까지, 다음의 사항을 해당 지정 양성시설 소재지의 도도부현지사에게 보고해야 한다.
 1) 전년의 4월 1일부터 금년 3월 31일까지의 수지결산 세목.
 2) 금년의 4월 1일부터 내년 3월 31일까지의 수지예산 세목.
 3) 전년의 4월 1일부터 금년 3월 31일까지의 졸업자에 관련된 학급별, 교과목별의 수업시간 수.

(입학 및 졸업의 신고)

제13조 : 지정 양성시설의 설립자는, 학생들을 입학 또는, 졸업시킬 때, 15일 이내에 입학 또는 졸업자의 수를 해당 지정 양성시설 소재지의 도도부현지사에게 신고하여야 한다.
제14조 : 지정 양성시설의 長은, 전 과목의 과정을 수료했다고 인정되는 자에게, 다음에 언급된 사항을 기재한 졸업증서를 수여하여야 한다.
 1) 졸업자의 본적지
 2) 졸업 연월일
 3) 지정 양성시설의 명칭, 소재지 및 장의 성명

제2장의 2 지정시험기관

(시험사무의 범위)

제14조의 2 : 도도부현지사는, 법 제3조의 2 제2항의 규정에 따라 지정 시험기관에 시험사무의 전부 또는 일부를 시행하려고 할 때, 지정시험기관에게 행하게 하는 시험사무의 범위를 정한 것으로 한다.

(지정시험기관 지정의 신청)

제14조의 3 : 제2조 제1항의 규정에 따른 신청은, 다음에 언급된 사항을 기재한 신청서에 의해 행한다.

1) 명칭 및 주사무소의 소재지.
2) 시험사무 중 시행하려는 것의 범위.
3) 지정을 받으려 하는 연월일.

2. 전 항의 신청서에는, 다음에 언급한 서류를 첨부하여야 한다.

1) 정관 또는 기부행위 및 등기부 등본.
2) 신청일을 포함한 사업년도 직전의 사업년도에 걸친 재산목록 및 대차대조표(신청일을 포함한 사업년도에 설립한 법인에 있어서는, 그 설립시의 재산목록)
3) 신청일을 포함한 사업년도의 사업계획서 및 수지예산서.
4) 신청에 관계된 의사의 결정을 증빙하는 서류.
5) 임원의 성명 및 약력을 기재한 서류.
6) 현재 행하고 있는 업무의 개요를 기재한 서류.
7) 시험사무를 취급하는 사무소의 명칭 및 소재지를 기재한 서류.
8) 시험사무의 실시에 관한 계획을 기재한 서류.
9) 그 외 참고가 되는 사항을 기재한 서류.

(지정시험기관 지정의 공시 등)

제14조의 4 : 영 제2조 제2항의 규정에 따른 공시는 다음에 언급한 사항에 관하여 행하여야 한다.

1) 지정 시험기관의 명칭 및 주 사무소의 소재지.
2) 시행할 수 있는 시험사무의 범위.
3) 지정한 연월일.

2. 지정 시험기관은, 그 명칭 또는 주 사무소의 소재지를 변경하려 할 때, 변경하려는 날부터의 2주 전 까지, 다음에 언급한 사항을 기재한 신고서를 후생대신에게 제출하여야 한다.

1) 변경 후의 지정시험기관의 명칭 또는 주 사무소의 소재지.
2) 변경하고저 하는 연월일.
3) 변경 이유

3. 후생대신은 前 항의 규정에 따른 신고가 있을 경우, 그 취지를 공시하여야 한다.

(지정시험기관 위임의 공시 등)

제14조의 5 : 법 제3조의 2, 제2항의 규정에 따라, 지정 시험기관에게 그 시험사무를 시행하게 한 도도부현지사(이하 '위임도도부현지사' 라 한다.)는, 다음에 언급한 사항을 후생대신에게 보고하는 것과 함께 공시하여야 한다.

1) 해당 지정시험기관의 명칭, 주 사무소의 소재지 및 해당 시험사무를 취급하는 사무소의 소재지.

2) 시행하려는 시험사무의 범위.

3) 해당 시험사무소를 시행하게 한 연월일.

2. 지정 시험기관은, 그 명칭, 주 사무소의 소재지 또는 시험사무를 취급하는 사무소의 주소지를 변경하려 할 때에는, 변경하려는 날의 2주 전까지 다음에 언급한 사항을 기재한 신고서를 위임 도도부현지사(시험사무를 취급하는 사무소의 소재에 관하여는 관계 위임도도부현지사)에게 제출하여야 한다.

1) 변경 후의 지정 시험기관의 명칭, 주 사무소의 소재지 또는 시험사무를 취급하는 사무소의 소재지.

2) 변경하려 하는 연월일.

3) 변경 이유.

3. 위임 도도부현지사는, 전항의 규정에 따른 신고가 있을 때에는, 그 취지를 공시하여야 한다.

(시험사무규정의 승인시험)

제14조의 6 : 지정 시험기관은 영 제3조 제1항 전단의 규정에 의하여 시험사무규정의 승인을 받으려 할 때에는, 그 취지를 기재한 신청서에 해당 시험사무규정을 첨부하여, 이것을 후생대신에게 제출하여야 한다.

2. 지정 시험기관은 슈 제3조 제1항의 후단의 규정에 따라 시험사무규정의 변경승인을 받으려 할 때에는, 다음에 언급한 사항을 기재한 신청서를 후생대신에게 제출하여야 한다.

1) 변경내용.

2) 변경하려 하는 연월일.

3) 변경이유.

4) 위임 도도부현지사의 슈 제3조 제2항의 규정에 기초한 의견의 개요.

(시험사무소규정의 기재사항)

제14조의 7 : 제3조 제3항의 시험사무규정에서 정한 사항은, 다음과 같다.

1) 시험사무의 실시방법에 관한 사항.

2) 수험수수료의 수납방법에 관한 사항.

3) 시험사무에 대해 알게된 비밀의 유지에 관한 사항.

4) 시험사무에 관한 장부 및 서류의 보존에 관한 사항.

5) 그 외 시험사무의 실시에 관해 필요한 사항.

(시험위원의 요건)

제14조의 8 : 영 제4조 제2항의 후생성령으로 정한 요건은, 다음의 각 호의 하나에 해당되는 자로 한다.

1) 학교교육법(1947년 법률 제26호)에 기초한 대학에서 조리, 영양, 그리고 위생에 관한 과목을 담당한 교수나 조교수의 직에 있는 자, 또는 있었던 자.
2) 학교교육법에 기초한 대학에서, 조리, 영양, 또는 위생에 관한 과목을 배우고 졸업한 자로서, 그 후 10년 이상 국가나 지방의 공공단체, 민법(1896년 법률 제89호) 제34조의 규정에 의하여 설립한 법인이나, 이에 준하는 연구기관에서 조리, 영양 또는, 위생에 관한 연구에 종사한 경험이 있는 자.
3) 국가 또는, 지방공공단체의 직원 또는, 직원으로 있었던 자로서, 조리, 영양 또는, 위생에 관하여 전문적인 지식 또는, 기능을 보유한 자.
4) 지정양성시설에서 조리, 영양 또는, 위생에 관한 과목을 5년 이상 담당한 경험이 있는 자.
5) 조리사의 면허를 받은 후, 15년 이상 실무에 종사한 경험이 있는 자.
6) 후생대신이 前 5호에 언급한 자 또는, 동등 이상의 지식 또는, 기능을 보유했다고 인정한 자.

(시험위원의 선임 또는 변경신고)

제14조의 9 : 영 제4조 제3항의 규정에 따라 시험위원의 선임 또는, 변경의 신고는, 다음에 언급한 사항을 기재한 신고서에 따라 행하여야 한다.

1) 선임한 신고위원의 성명 및 약력 또는 변경한 시험위원의 성명.
2) 선임시, 또는 변경된 연월일.
3) 선임 또는 변경 이유.

(장부)

제 14 조의 10 : 슈 제5조의 후생성령으로 정한 사항은 다음과 같다.

1) 위임 도도부현지사.
2) 시험을 시행한 연월일.
3) 시험 장소.
4) 수험자의 수험번호, 성명, 주소, 생년월일 및 합격여부.

2. 영 제5조에 규정한 장부는, 위임 도도부현지사 마다 갖추고, 시험사무를 폐지할 때까지 보존하여야 한다.

(시험사무의 중지 또는 폐지의 신고)

제14조의 11 : 영 제6조 제1항의 신고는, 시험사무를 중지하거나 또는, 폐지하려는 날의 6개월 전까지, 다음에 언급한 사항을 기재한 신고서에 따라 행하여야 한다.

1) 중지 또는 폐지하려 하는 시험사무의 범위.
2) 중지하려 하는 연월일 및 그 기한 또는, 폐지하려는 연월일.
3) 중지 또는 폐지 이유.

(시험결과의 보고)

제14조의 12 : 지정 시험기관은 조리시험을 실시했을 때, 늦지 않게, 다음에 언급한 사항을 기재한 보고서를 위임 도도부현지사에게 제출하여야 한다.

1) 시험을 시행한 날짜.
2) 시험장소.
3) 수험신청자 수.
4) 수험자 수.
5) 합격자 수.

2. 前 항의 보고서에는, 합격한 자의 수험번호, 성명, 주소 및 생년월일을 기재한 합격자일람표를 첨부하여야 한다.

(시험사무의 위임 해제)

제14조의 13 : 위임 도도부현지사는, 지정시험기관에 시험사무의 전부 또는, 일부를 행하지 않도록 하려 할 때에는, 6개월 전까지 그 취지를 지정시험기관에 통지해야 한다.

2. 위임 도도부현지사는, 지정시험기관에 시험사무의 전부 또는 일부를 시행하지 않게 하려 할 때에는, 그 취지를 후생대신에게 보고함과 동시에 공시하여야 한다.

(위임 도도무현지사에 따른 시험사무의 실시 등)

제14조의 14 : 도도부현지사는 법 제3조의 2 제2항의 규정에 따라, 지정시험기관에게 시험사무의 전부 또는 일부를 시행하도록 했을 때에는, 해당 시험사무의 전부 또는 일부를 시행하지 않는 것으로 한다.

2. 위임 도도부현지사는 지정시험기관이 시험사무의 전부 또는, 일부를 중지했을 때, 또는 지정 시험기관이 천재, 그 외의 사유로 시험사무의 전부 혹은 일부를 실시하는 것이 곤란하게 된 경우, 후생대신이 필요하다고 인정될 때 해당 시험사무의 전부 또는 일부를 시행하는 것으로 한다.

3. 후생대신은 위임 도도부현지사가 전항의 규정에 의하여 시험사무를 시행하게 될 경우, 또는 위임 도도부현지사가 동항의 규정에 따라 시험사무를 행하게 되는 사유가 되지 않을 때, 빨리 그 취지를 해당 위임 도도부현지사에게 통지하여야 한다.

4. 위임 도도부현지사는 전항의 규정에 따라 통지를 받았을 때, 그 취지를 공시하여야 한다.

(시험사무의 계승 등)

제14조의 15 : 지정시험기관은 전조 제2항의 규정에 따라 위임 도도부현지사가 시험사무를 행하게 될 경우, 시험사무의 전부 혹은 일부를 폐지한 경우, 영 제7조 제1항 또는, 제2항의 규정에 따라 지정을 취소한 경우 또는, 위임 도도부현지사가 지정시험기관에 시험사무의 전부 혹은 일부를 시행할 수 없게 한 경우에는, 다음에 언급한 사항을 행하여야 한다.

1) 시험사무를 위임 도도부현지사에게 계승할 것.

2) 시험사무에 관한 장부 및 서류를 위임 도도부현지사에게 인도할 것.

3) 그 외 후생대신 또는 위임 도도부현지사가 필요하다고 인정되는 사항을 행할 것.

제3장 조리기술에 관한 심사

(기술심사의 실시)

제15조 : 법 제8조의 3 제1항의 규정에 따라 조리기술에 관한 심사(이하 '기술심사' 라고 한다.)는 적어도 매년 1회 실시한다.

2. 기술심사는 학과시험 및 실기시험(이하 '기술심사시험' 이라 한다.)으로 한다.

3. 후생대신은 기술심사시험의 실시기일 및 실시장소 등에, 기술심사수험 신청서의 제출기한, 그 외 기술심사의 실시에 필요한 사항을 미리 관보에 공고한다.

(시험과목)

제16조 : 학과시험의 시험과목은 다음과 같다.

1) 조리일반
2) 조리법
3) 재료
4) 식품위생 및 공중위생
5) 식품 및 영양
6) 관계법규
7) 안전위생

2. 실기시험의 수험과목은 다음의 각 호에 언급한 것 중에서, 기술심사를 받을 자가 미리 선택한 하나의 과목으로 한다.

1) 일본요리
2) 서양요리
3) 면요리
4) 중국요리
5) 초밥요리

(수험자격)

제17조 : 기술심사는 다음 각 호의 하나에 해당하는 자가 아니면, 받을 수 없다.

1) 제4조에 규정한 시설 또는 영업장에서 조리업무에 종사한 기간(이하 '실무기간' 이라 한다.)이 8년 이상의 조리사로서 있는 동시에, 실무기간 중 조리사면허를 소유한 기간이 3년 이상인 자.

2) 지정 양성시설을 졸업하고, 실무기간이 6년 이상인 조리사인 동시에 실무기간 중 조리사면허를 소지한 기간이 3년 이상인 자.
3) 앞에서 언급한 자와 동등 이상의 기술을 가진 자로서 후생대신이 정한 자.

(시험의 면제)

제18조 : 다음 표의 상단에 언급한 자는, 기술심사 시험에 대하여, 각각 동 표의 하단에 언급한 것의 면제를 받을 수 있다.

실기시험에 합격한 자와 동등 이상의 기능을 보유한 자로서 후생대신이 정한 자	학과시험에 합격한 자와 동등 이상의 학력이 있는 자로서 후생대신이 정한 자	지정양성시설의 졸업자로서 지정양성시설에 있어 적확하게 시행되었다고 인정되는 기술고사에 합격한 자	실기시험에 합격한 자	학과시험에 합격한 자	면제를 받을 수 있는 자
실기시험 중에서 후생대신이 정한 시험과목에 관계된 것의 전부	학과시험의 전부	학과시험의 전부	실기시험(해당 합격한 실기시험에서 선택한 제16조 제2항 각 호에 언급한 시험과목에 관계된 것에 한정)의 전부	학과시험의 전부	면제의 범위

(시험의 신청)

제19조 : 기술심사를 받으려 하는 자는, 기술심사 수험신청서에 다음에 언급한 서류를 첨부하여 후생대신에게 제출하여야 한다.
1) 제17조 각 호의 하나에 해당하는 것을 증빙하는 서류.
2) 전 조의 규정에 따라 학과시험 또는 실기시험의 면제를 받으려 하는 자는, 해당시험의 면제를 받을 수 있는 자인 것을 증명하는 서류.

(시험의 합격통지)

제20조 : 후생대신은 학과시험 또는 실기시험에 합격한 자에게, 서면으로 그 사실을 통보한다.

(인정증서)

제 21 조 : 후생대신은 기술심사에 합격한 자에게, 양식 제 3에 의한 인정증서를 교부한다.

2. 인정증서를 분실, 훼손한 자 또는 성명을 변경한 자는, 후생대신에게 인정증서를 재교부 받을 수 있다. 이 경우에 있어서 해당 신청이 인정증서를 훼손한 것일 경우에는 인정증서를, 성명을 변경하는 경우에는 인정증서 및 성명을 변경한 것을 증명하는 서류를 첨부하여야 한다.

(기술심사에 합격한 자의 명칭)

제22조 : 기술심사에 합격한 전 조 제1하의 인정증서의 교부를 받은 자는, 그 합격한 심사의 실기시험(제18조의 규정에 따라 면제를 받은 실기시험을 포함.)에서 선택한, 다음 표의 상단에 언급한 시험과목에 부응하는, 동 표의 하단에 언급한 명칭을 칭할 수 있다.

초밥요리	중국요리	면요리	서양요리	일본요리	시험과목
초밥요리 전문조리사	중국요리 전문조리사	면요리 전문조리사	서양요리 전문조리사	일본요리 전문조리사	명칭

(부정 시험자에 대한 조치)

제23조 : 후생대신은 기술심사에 있어 부정의 행위가 있을 때, 그 부정행위에 관련이 있는 자에 대해서, 그 기술심사를 정지시키거나, 또는 기술심사시험의 합격의 결정을 취소할 수 있다.

2. 후생대신은 전 항의 부정행위에 관련된 자에 대해, 기간을 정하여 기술심사를 받지 못하도록 할 수 있다.

3. 제1항의 규정에 따라 기술심사시험의 합격의 결정을 취소 받은 자는, 당해 시험에서 합격의 결정에 따라 교부 받은 인정증서가 있을 경우, 그 것을 바로 후생대신에게 반납하여야 한다.

(부정행위의 금식)

제24조 : 기술심사에 관한 사무를 취급하는 자는, 그 사무의 시행에 당연히 공정을 유지하고, 부정행위가 없도록 하여야 한다.

(사무의 위락)

제 25 조 : 법 제8조의 3 제2항의 규정에 기초한, 후생대신이 지정한 단체에 위탁할 수 있는 기술심사에 관한 사무는, 다음과 같다.

1) 기술심사 수험신청서의 수리에 관한 사무.

2) 기술심사시험의 실시에 관계된 사무.

3) 전 2호에 언급한 사무에 부수적인 사무.

(수락단체에 의한 기술심사시험의 실시)

제26조 : 법 제8조의 3 제2항의 규정에 기초한 후생대신의 위탁을 받은, 전 조에 언급한 사무를 행하는 단체(이하 '수탁단체' 라고 한다.)는 기술심사시험의 시험문제 및 시험실시요령을 작성하고, 또한 변경하려는 경우 미리 후생대신의 승인을 받아야 한다.

2. 수탁단체가 실시하는 기술심사시험을 받으려 하는 자는, 해당 수탁단체가 미리 후생대신의 승인을 받고 정한 수수료를 해당 수탁단체에 납부하여야 한다.

3. 수탁단체가 기술심사를 실시하는 경우에 있어서는, 다음 표의 상단에 언급한 규정 중 중단의 어구는 하단의 어구와 교체하여 적용하는 것으로 한다.

제23조 제1항	제21조 제2항 제23조 제2항	제21조 제1항	제20조	제19조
후생대신은	후생대신에게	교부한다.	후생대신은	후생대신에게
후생대신 또는 수탁단체의 장은	수탁단체의 장을 경유하여 후생대신에게	수탁단체의 장을 경유하여 교부한다.	수탁단체의 장은	수탁단체 장에게

부칙

(시행기일)

1. 이 성령은, 공포일(1958년 2월 4일)부터 시행한다.

(실시 또는 영입의 지정)

2. 지방공공단체의 집행기관이 국가의 기관으로서 행하는 사무의 정리 및 합리화에 관한 법률(1986년 법률 제109호) 제8조의 규정에 따라, 개정 전의 법 부칙 제3항에 규정한 후생성령으로 정한 시설 또는 영업은, 다음과 같다.

1) 기숙사, 학교, 병원 등의 시설에서 음식물을 조리하여 제공하는 것.

2) 식품위생법 시행령 제5조 제1호, 제2호 또는, 제11호에 언급한 영업.

(국민학교의 고등과를 수료한 자와 동등 이상의 학력이 있다고 인정되는 자)

3. 법 부칙 제3항의 규정에 따라 구 국민학교령(1941년 칙령 제148호)에 따라 국민학교의 교등과를 수료한 자 또는, 구 중등학교령(1943년 칙령 제36호)에 따라 중등학교의 2년의 과정을 마친 자와 동등 이상의 학력이 있다고 인정되는 자는, 다음과 같다.

1) 구 사범교육령(1943년 칙령 제109호)에 따라 부속중학교 또는 부속고등여학교의 제 2학년을 수료한 자.
2) 구 맹학교급 농아학교령(1922년 칙령 제375호)에 따라 농아학교의 중등부 2학년을 수료한 자.
3) 구 고등학교령(1917년 칙령 제389호)에 따라 고등학교(심상과)의 제 2학년을 수료한 자.
4) 구 청년학교령(1939년 칙령 제254호)에 따라 청년학교의 보통과의 과정을 수료한 자.
5) 1943년 문부성령 제63호(뇌지 이외의 지역에 있어서의 학교의 학생, 아동, 졸업자 등의 기타의 학교에 입학 및 전학에 관한 규정) 제1조부터 제3조까지 및 제7조의 규정에의한 국민학교의 고등과를 수료한 자, 중등학교의 2년의 과정을 마친 자 또는, 제3호에 언급한 자 또는 동일의 취급을 받는 자.
6) 구 국민학교령에 의한 국민학교의 초등과를 마친 자 또는, 학교교육법(1947년 법률제26호)에 따라 소학부를 수료한 자로서, 제4조의 규정에 따른 시설이나 영업장에서 5년 이상 조리업무에 종사한 자.
7) 전 각호에 언급한 자 외에, 후생대신에게 지정양성시설의 입학에 관해 국민학교의 고등과를 수료한 자 또는, 중등학교의 2년의 과정을 마친 자와 대체로 동등의 학력을 가졌다고 인정되는 자.

부칙 (1973년 厚令14)

1. 이 성령은, 공포일(1973년 4월 10일)부터 시행한다. 다만, 제6조 제6호의 개정규정은, 1973년 10월 1일부터 시행한다.
2. 이 성령의 시행 직전에 교부하고 있는, 이 성령에 따라 개정전의 양식에 따른 조리사면허증은, 이 성령에 따른 개정 후의 양식에 따른 조리사면허증으로 간주한다.
3. 이 성령의 시행 직전에 있는, 이 성령에 따라 개정전의 양식에 따른 조리사면허증의 용지는, 1974년 3월 31일까지는, 이것을 사용할 수 있다.

부칙(1986년 후령20)

(시행기일)

1. 이 성령은, 1986년 4월 1일부터 시행한다.

(경과조치)

2. 이 성령의 시행 직전에, 이 성령에 따라 개정 전의 조리사법 시행규칙 제8조의 규정에 기초하여 시행한,

변경의 승인신청에 관하여는, 역시 종전의 예를 따른다.

3. 조리사법 시행규칙 제12조 제1호 및 제3호에 언급한 사항의 보고에 관하여는, 1986년 7월 31일까지의 사이에, 역시 종전의 예를 따른다.

4. 조리사법 시행규칙 13조에 규정한 입학 또는, 졸업자의 수의 신고에 있어, 동시에 이 성령의 시행 전에 입학 또는 졸업한 학생들에게 관계된 것에 대해서는, 역시 종전의 예에 따른다.

부칙(1987년 후령17)

(시행기일)

1. 이 성령은 1987년 4월 1일부터 시행한다.

(경과조치)

2. 이 성령의 시행직전에 교부한 성령에 따라 개정 전의 양식에 따른 조리사 면허증은, 이 성령에 따라 개정 후의 양식에 따른 조리사면허증으로 간주한다.

부칙(1987년 후령42)

이 성령은 1987년 10월 1일부터 시행한다.

양식 제1 (제1조 관계)

조리사면허신청서

1. 0000년 00월 조리사법 제3조 제1항 제0호 해당

2. 면허의 취소처분을 받은 적이 없습니다.(있을 경우는, 그 이유 및 연월일)

위와 같이 조리사 면허증을 신청합니다.

0000년 00월 00일

본적지 도도부현명(국적)

주소

성명 (인)

0000년 00월 00일생

도도부현지사 전

(주의)

1.용지의 크기는 일본공업규격 B5로 할 것.

2. 글자는 검정색 잉크 등을 사용하고,해서(楷書)로 쓸 것.

양식 2 (제3조 관계)

조리사면허증

본적지 도도부현 명 (국적)

성명

0000년 00월 00일생

조리사법(1958년 법률제 147호)에 따라 조리사의 면허를 수여함.

따라서 이 증을 교부한다.

0000년 00월 00일

도도부현지사 (인)

조리사명부 등록번호

(주의)

용지의 크기는 일본공업규격 B4로 할 것.

양식 제3 (제21조 관계)*

제 호

oooo요리전문조리사인정증서

본적지 도도부현 명 (국적)

성명

oooo년 oo월 oo일생

조리사법 (1958년 법률제 147호) 제 8조의 3의 규정한 조리기술의 심사에 합격한

00전문 조리사인 것을 인정함.

000년 00월 00일

후생대신 (인)

(주의) 이 용지는 일본공업규격 B3로 한다.

별표 제1 (제6조 관계)

정원×1학급의 적당한 평균수업시간 수 / 50×12

별표 제2 (제6조 관계)

현미경환등기조리실습기구냉장고 오븐렌지 주방렌지조리대학생용걸상및책상한 실습실에 1대 1대 10 조 1대 1대 10 조 10조 정원 수 이상

* 역자 주 : 위의 인정증서의 원본은 우측부터의 세로쓰기로 되어 있음.

[참고문헌]

국립수산진흥원, 태평양산원양어류도감, 한글그라픽스, 1999.

국립수산진흥원, 한국새우류도감, 한글그라픽스, 2001.

김용억 외, 한국해산어류도감, 도서출판 한글, 2001.

박병학, 기본일본요리, 형설출판사, 2000.

송청락, 관광호텔 일식메뉴 개선에 관한 연구, 경희대학교 경영대학원 석사학위논문, 1996.

스기다고이치, 안용근 역, 조리요령의 과학, 전파과학사, 1989.

오혁수, 식사메뉴 안내용 전문가 시스템의 개발, 동국대학교 식품공학 석사학위논문, 1996.

오혁수, 일본요리, 백산출판사, 2002.

조리직무교재, (주)롯데호텔, 1990.

中村昌次, 和食の料理用語辭典, 旭屋出版, 2001.

社団法人全國調理師養成施設協會, 調理用語辭典, 図書印刷株式會社, 1993.

畑耕一郎, プロのためのわかりやすい日本料理, 柴田書店, 1999.

プロ調理の基本(日本料理), 大阪あべの辻調理師専門學校, 1995.

辻勳, 日本料理, 辻調理師専門學校, 1999.

長田眞澄, 日本料理(理論と實習), 新評論, 1992.

調理師敎科全書6(調理理論), 社団法人全國調理師養成施設協會, 1994.

調理師敎科全書7(調理實習), 社団法人全國調理師養成施設協會, 1994.

科學技術廳資源調査會, 魚ガイドブック, 女子榮養大學出版部, 1991.

科學技術廳資源調査會, 野菜ガイドブック, 女子榮養大學出版部, 1991.

科學技術廳資源調査會, 肉ガイドブック, 女子榮養大學出版部, 1991.

荒木信次, すし技術敎科書(江戸前ずし), 旭屋出版, 1997.

荒木信次, すし技術敎科書(關西ずし), 旭屋出版, 1997.

[저자 소개]

● 오혁수

식품공학박사, 신안산대학교 호텔조리과 교수
전국조리과교수협의회 부회장
한국조리학회 부회장
롯데호텔 조리팀 근무(1988~1998, 일식당 모모야마, 벤케이)
제주한라대학 호텔조리과 교수(1998, 국내 최초 일식 전임교수)
한국산업인력공단 조리실기문제 출제, 검토, 감독위원
중등교사 임용고시 출제위원(조리 과목)
[저서]
알기 쉬운 식품학개론(2007) 백산출판사
외식레스토랑 주방조리시설관리론(2009) 형설출판사
고급일본요리(2011) 백산출판사

● 김홍열

신안산대학교 초빙교수
일본요리 전문점 '광수사(光壽司)' 경영
일본 동경 다까나와 프린스 호텔 근무
서울 프라자호텔 일식당 조리장
TV요리방송 출연 국내 1호(MBC, KBS, SBS)
한국 식당 최초 알밥 개발 특허 보유(원조)
86아시안게임 요리 메뉴 개발

● 김현룡

서원대학교 호텔외식조리학과 교수(외식산업전공 이학박사)
서울 코리아나호텔 일식조리부 수장
필코리아 경주힐튼호텔 총주방장
세계최초 일본요리 상설뷔페 개발
대구하계유니버시아드대회 급식 전문위원
경주시 참전복 특성화단지조성 조리연구위원
KBS 2TV 「세상의 아침」 한국, 일본, 중국, 유럽의 계란요리 출연

● 송승헌

이학박사, 김포대학교 호텔조리과 교수
(사)한국외식산업개발협회 이사
(사)조리기능인협회 상무이사
(사)외식조리마이스터협회 이사
서울밀레니엄힐튼호텔 일식 과장
G20 정상국빈만찬 담당

● 여서구

대구공업대학교 호텔외식조리계열 교수
계명대학교 대학원 한국문화학과 석사
제주신라호텔 근무
한국조리기능장협회 이사
대구 센도리 일식집 이사
경북생활과학고등학교 산학협력 교사

● 이성희

이학박사,신안산대학교 겸임교수
(전)동원대학교 호텔조리과 겸임교수
한국 외식경영학회 이사
국제요리 경연대회 금상
국가공인 조리기능장
한국산업관리공단 기능장, 기능사 검토, 감독위원
롯데호텔 서울 근무

● 송청락

한림성심대학 관광외식조리과 교수, 한국조리학회 부회장
단국대학교 대학원 식품영양학과 박사과정 수료
경희대학교 대학원 조리외식경영학과 박사졸업(조리외식경영학 박사)
롯데호텔 조리부 근무(1985~2001)
국가공인 조리기능장, 식품 기술사
조리기능장, 조리기능사 실기시험감독(1998~현재)

● 정수식

동원대학교 호텔조리과 교수/조리기능장
경기대학교 관광대학원 외식산업경영과 박사과정
그랜드 인터컨티넨탈호텔 조리부팀장
기능장려협회이사, 조리학회 이사
김대중대통령상 수상, 보건복지부장관상 수상
전국기능경기대회 심사위원

● 송용도

세종대학교 대학원 조리학석사
오산대학교 겸임교수
대경대학교 겸임교수
한림성심대학교 외래교수
메이필드호텔스쿨 외래교수
(현)르네상스 서울호텔 일식조리팀 근무

국가직무능력표준(NCS)에 따른

일식조리

2020년 3월 6일 1판 1쇄 인쇄
2020년 3월 13일 1판 1쇄 발행

지은이: 오혁수 · 이성희 · 김홍열 · 송청락 · 김현룡
정수식 · 송승헌 · 송용도 · 여서구

펴낸이: 박정태

펴낸곳: **광 문 각**

10881
경기도 파주시 파주출판문화도시 광인사길 161
광문각빌딩
등　　록: 1991. 5. 31 제12-484호
전화(代): 031)955-8787
팩　　스: 031)955-3730
E-mail: kwangmk7@hanmail.net
홈페이지: www.kwangmoonkag.co.kr

ISBN 978-89-7093-983-4 93590

정가 : 30,000원

한국과학기술출판협회회원